U0837730

Storm：大数据流式计算及应用实践

丁维龙　赵卓峰　韩燕波　编著

電子工業出版社
Publishing House of Electronics Industry
北京·BEIJING

内 容 简 介

本书共分为三篇，第一篇从流式计算的原理入手，论述了大数据环境下的挑战及流式计算的基本理论与技术；第二篇详细讲解了开源工具 Storm 实现的大数据流式处理的基础，包括 Storm 的系统架构、通信模型、作业单元、数据源编程单元、数据处理编程单元、功能性保障、非功能性保障、分布式远程过程调用、事务性作业、非 Java 语言的开发等；第三篇系统性地总结了 Storm 的应用实践流程，以实际案例为例，讲解了 Storm 的系统部署、开发、调试，并分析了笔者参与的一个实际项目。

本书结合理论逐步落地实践，使读者不仅能够深入地了解当前大数据带来的挑战与机遇，还可以通过书中的案例获得更直观的感性认识，快速上手 Storm 的开发，解决个性化实践处理的需求。本书编纂严谨，非常适合业界专业人士基于 Storm 进行大数据流式处理编程与实践，也适合高等院校学生以 Storm 为参照系统，自学分布式流式数据处理技术。

图书在版编目（CIP）数据

Storm：大数据流式计算及应用实践 / 丁维龙，赵卓峰，韩燕波编著. —北京：电子工业出版社，2015.1
ISBN 978-7-121-19568-6

Ⅰ. ① S… Ⅱ. ① 丁… ② 赵… ③ 韩… Ⅲ. ① 数据处理软件 Ⅳ. ① TP274

中国版本图书馆 CIP 数据核字（2014）第 286291 号

责任编辑：董亚峰　　特约编辑：王　纲
文字编辑：吴长莘
印　　刷：北京建宏印刷有限公司
装　　订：北京建宏印刷有限公司
出版发行：电子工业出版社
　　　　　北京市海淀区万寿路 173 信箱　　邮编：100036
开　　本：787×1 092　1/16　印张：16.5　字数：400 千字
版　　次：2015 年 1 月第 1 版
印　　次：2025 年 3 月第 3 次印刷
定　　价：88.00 元

凡所购买电子工业出版社图书有缺损问题，请向购买书店调换。若书店售缺，请与本社发行部联系，联系及邮购电话：（010）88254888。

质量投诉请发邮件至 zlts@phei.com.cn，盗版侵权举报请发邮件至 dbqq@phei.com.cn。

服务热线：（010）88258888。

前言

信息技术行业在过去的不长时期内，经历了多种概念的出现、发展和消亡。而当今，最火热的IT词汇，无外乎“大数据”、“云计算”和“物联网”；而相应的支撑技术，诸如Hadoop、HDFS和Cassandra等，均得到了广泛关注和研究。特别是以Hadoop生态系统为代表的大规模数据处理技术，已经成为业界事实上的标准之一。Hadoop/MapReduce这类数据处理技术和所构建的分布式系统，针对数据边界清晰的数据进行批处理操作，涉及作业的启动、中间结果写盘缓存和基于共享存储的数据传输，使得数据处理结果存在较长延迟，无法提供持续处理的能力。基于Hadoop/MapReduce计算框架的系统，可针对海量数据实现批处理，但在高速并发的环境下，无法满足实时、连续处理的需求。于是，针对实时数据处理，缺少编程标准化、可靠和可伸缩的计算模型和框架，成为一个巨大缺失，Twitter公司开源的Storm，恰好填补了这个空白。

Storm作为开源的实时数据处理系统，针对流式数据较之Hadoop，不仅降低了数据处理的并行编程的复杂度，也提供了数据不丢失的保证和集群节点动态部署的特性。具体来说，Storm的关键特性如下。

1．编程语义的简化和跨编程语言的集成。通过Storm的核心编程抽象，如Topology，Spout和Bolt，可以便捷地接入和接收数据、更新数据和追踪数据，并可以灵活地指派数据在组件之间的分片方式。特别是由于采用了Apache Thrift接口，Storm仅要求组件间遵循同一套接口描述，而不绑定两端具体的实现语言。因此，Storm有着广泛的适用场景，可在异构环境下，集成处理数据流和更新持久化数据，并行化地连续查询指定数据流。

2．数据处理的可靠性保障。在可用性要求高的场景下，数据是不允许丢失的，要求系统必须保证所有的数据被成功地处理。Storm通过配置消息反馈策略，可保证到达系统的数据被最终处理，而节点的故障会被及时捕获并使得业务计算自动重新分配，保证数据处理的连续性和可靠性。同时，在数据正确性要求高的场景下，为了避免数据冗余和保证数据仅被处理一次，Storm给出了事务型处理的概念和模型，可在用户业务逻辑不改变的情况下，通过配置编程组件实现。这类因素也是相对于早先Yahoo开源同类系统的S4最重要的优势。

3．计算节点的可伸缩性和集群配置简便易行。Storm集群管理只需要通过维护有限数量的配置文件完成，保证集群中节点可管可控，其节点的动态接入和作业自动重分配也是一大亮点。若当前的计算资源成为瓶颈，可以通过水平扩展节点实现数据处理的伸缩，即增加机器和提升计算的并行度。官网的实验结果表明，10个节点的Storm集群下，应用的吞吐量可达每秒1000 000个消息，其中还包括每秒100多次的数据库存取调用。

正是由于上述特点，Storm 获得了业界的广泛关注与赞誉。同时，由于活跃的社区贡献，其代码日趋成熟与稳定，在开源后的两年内，已经在数十个企业中实现了商业级应用，如Groupon、The Weather Channel、Twitter、Yahoo、淘宝和阿里巴巴等。

本书全面介绍了Storm的理论基础、溯源发展、核心概念和集群配置、可靠性保障关键技术、常用的并行流模型编程范式、关键数据结构和源码解析等。本书的一大特色是，书中所有实例均来自编者所在团队的实际应用，是一个在智能交通背景下的分布式实时车牌流监控系统。希望通过理论结合实践，本书能为当前火热的大数据背景下的分布式系统开发，贡献一点微不足道的力量。

本书在撰写过程中，得到了许多同仁和朋友的帮助。云计算中心的硕士生张帅、卢帅参与了本书的校稿和整理，电子工业出版社的董亚峰和吴长莘两位编辑为本书的面世也付出大量心血。在此，对他们表示衷心的感谢！

由于时间和水平有限，书中的不妥之处在所难免，衷心希望广大读者能够批评指正，以便我们再版时修订。

编　者

2014后3月

作者简介

丁维龙

博士，2013 年 1 月毕业于中国科学院计算技术研究所，现任教于北方工业大学，在大规模流数据集成与分析技术北京市重点实验室从事实时数据处理与分布式系统方向的研究，已在 SCI 检索期刊和领域知名国际会议发表多篇学术论文，主持并参与多项科研课题。中国计算机学会（CCF）、ACM（Association for Computing Machinery）会员，目前是旗舰期刊 IEEE Transaction on Service Computing、 IEEE Transactions on Industrial Informatics 和计算机学报审稿人，同时担任第七届中国传感器网络学术会议（The 7th China Conference on China Wireless Sensor Networks, CCF CWSN2013）、IEEE SDPI workshop 的程序委员会成员。

赵卓峰

博士，2005 年 1 月毕业于中国科学院计算技术研究所，现任北方工业大学云计算研究中心副研究员、副主任，中国计算机学会高级会员、服务计算专委会委员，IEEE/ACM 会员。作为负责人，作者承担多项国家和省部级课题，目前从事云计算、物联网等环境下新型应用系统的架构设计及开发方面的研究与工程实践，在公安应急、智能交通、科技信息服务、电子政务、先进制造等应用领域完成 10 余项应用实践，申报专利及软件登记等知识产权 40 余项，向华为、东方通科技、神州数码、万方等公司输出多项技术。

韩燕波

博士，毕业于柏林工业大学，现任北方工业大学教授、北方工业大学云计算研究中心主任。中国计算机学会服务计算专业委员会副主任、中国计算机学会大数据专家委员会委员、中国电子学会云计算专家委员会委员、计算机学报编委。曾就职于德国国家计算机研究中心、德国弗郎霍夫软件技术研究所和美国大规模分布系统实验室等机构，归国后2000年被聘为中科院计算技术研究所研究员，入选中科院海外杰出人才计划（百人计划），任网络重点实验室研究员、博士生导师、中科院研究生院教授。主要研究领域包括分布式系统、互联网服务、业务流程管理和协同等，在多个领域主持完成了多项863、973和自然基金重点项目，发表论文140余篇，出版专著4部。申报或合作申报发明专利和软件登记50项，其中5项已向工业界转化。

目 录

第一篇 基础篇 流式数据处理概论

第二篇 系统篇 流式数据处理系统 Storm 的基础原理

第一篇　基础篇

流式数据处理概论

第 1 章

大数据环境下的云计算与物联网

根据维基百科的定义，大数据是指无法在一定时间内用常规软件工具对其内容进行抓取、管理和处理的数据集合。数据已成为与自然资源、人力资源一样重要的战略资源，隐含巨大的价值，已引起学术界和工业界的重视。大数据的有效组织和使用，将对社会发展产生巨大推动作用，孕育着前所未有的机遇。O' Reilly 公司断言："数据是下一个 Intel inside 未来属于将数据转换成产品的公司和人们。"

大数据的繁荣，离不开云计算和物联网技术的发展。一方面，以云计算为代表的资源虚拟化为数据处理提供了高效、健壮的基础设施，以物联网为代表的网络形态产生了规模庞大的原始数据，逐步积累了大数据；另一方面，大数据的相关研究和技术，必将影响现有的云计算和物联网的发展趋势。云计算、物联网等信息技术的发展使得物理世界、信息世界和人类社会已融合成一个三元世界（the ternary human-cyber-physical universe），大数据是形成统一的三元世界的纽带。

本章主要与大数据相关的云计算、物联网的发展和兴盛，分析大数据来源、特征和数据处理的需求。

1.1 云计算与物联网

1.1.1 云计算

云计算（Cloud Computing）是一种基于互联网的计算方式，通过这种方式，共享的软硬件资源和信息可以按需提供给计算机和其他设备。

云计算为数据的处理提供了便利的基础设施条件，包括更便宜的分布式存储、计算设备和网络。一方面，技术和业务需求的双重推动会让越来越多的政府机构、公司企业和个人意识到数据是巨大的经济资产，将带来全新的创业方向、商业模式和投资机会；另一方面，大数据处理的兴起也将改变云计算的发展方向，云计算正在进入以 AaaS（Analysis as a Service，分析即服务）为主要标志的时代。

云计算是大规模计算机系统自客户-服务器的转变之后的又一种巨变：用户不再需要了解基础设施的细节，甚至不必具有相应的专业知识，而是采用一种基于互联网的新的 IT 服务和交付模式，通常涉及通过互联网来提供动态易扩展而且经常是虚拟化的资源。在软件即服务（SaaS，Softuare as a Service）的服务模式当中，用户能够访问服务软件及数据。服务提供者则维护基础设施及平台，以维持服务正常运作。这使得企业能够通过外包硬件、软件维护及支持服务给服务提供者来降低 IT 运营费用。另外，由于应用程序是集中供应的，更新可以实时发布，无须用户手动更新或安装新的软件，使得企业能够更迅速地部署应用程序，并降低管理的复杂度及维护成本，同时允许 IT 资源的迅速重新分配以适应企业需求的快速改变。

云计算通过大规模分布式资源的共享形成规模效应，集成大量的资源供多个用户使用。使用者可以请求（租借）资源，而非拥有资源，并可随时调整使用配额，多余资源可被终止收回。这降低了使用者使用的经费，可以更加高效地使用并可按需配置服务提供者的资源。

1. 从部署模型的角度分类

从部署模型的角度分类，云计算可以被分为如下四种类型。这个分类标准最初来源于美国国家标准技术研究所（NIST），现在已被广泛采纳。

（1）公用云（Public Cloud）。

公用云服务通过网络及第三方服务供应者开放给客户使用。“公用”意味着服务广泛的使用范围，而不一定代表免费和无限制使用。在亚马逊、VMware 和 Ubuntu 社区提供的公用云服务中，云供应商通常会对用户实施访问控制机制。公用云作为资源管理的解决方案，不仅可以保障不同用户（不同付费水平）的服务质量（QoS 和 SLA），而且使得资源管理具有成本效益。弹性的云服务是公用云的一个显著特征，按需使用服务降低了用户的系统运维成本。国外著名的公用云提供商有亚马逊、IBM 和微软等，国内著名的公用云提供商有新浪、百度和阿里巴巴等。

（2）私有云（Private Cloud）。

私有云与公用云的差别主要在于提供的服务的管理模式不同。私有云中服务的数据与程序皆在组织内管理，而且往往对资源限制较为宽松（如网络带宽、安全规范、法规影响等）。此外，私有云服务通过机构/公司内部的虚拟化资源，用户更细粒度、高权限地掌控基础架构、安全策略和使用模式的设计与调整。著名的私有云产品主要有开源产品 Eucalyptus 和 OpenStack，以及收费的商业产品 WMware vCenter 和微软 Windows Server 产品线。

（3）社区云（Community Cloud）。

社区云由众多利益相仿的组织掌控及使用，如特定安全要求、共同宗旨等。社区成员共同使用云数据及应用程序。社区云也可以看成公用云的一种特例，更多的是跨组织的行业视角的云服务应用。社区云虽然不是新概念，但它的发展确实是当前最为新兴的一类。例如，国际赌博科技公司（International Game Technology）最近推出了 IGT Cloud，面向赌博公司赌场的业务管理。又如，联合健康集团（United Health Group）推出了 Optum Health Cloud（Optum 健康云），面向医疗保健行业的公司客户，旨在充分利用全美保险服务的云资源。此外，弗吉尼亚社区学院（VCCS）与企业合作推出的教育社区云，为 40 个校园、23 所高校提供了服务，达到了提高效率和改善服务的双赢效果。

（4）混合云（Hybrid Cloud）。

混合云是介于公用云及私有云之间的云服务使用模式，在私有云的私密性和公用云的灵活低廉性之间进行权衡。用户通常将非关键信息外包在公用云上处理，同时将企业关键服务及数据放在机构内部处理。相对而言，混合云的案例较少，但也有相关的商业公司提供了完善的解决方案。例如，Amazon 提供的 VPC（Virtual Private Cloud，虚拟私有云）将 Amazon EC2 的部分计算能力接入企业的防火墙内；VMware 提供的 vCloud，可将自动化业务连续性与支持虚拟化的安全性和合规性相结合，针对 IT 服务的访问、安置和成本提供个性化的控制力。

2．从使用模式的角度分类，云计算通常存在如下三种服务模式。

从使用模式的角度分类，云计算通常存在如下三种服务模式。

（1）软件即服务（SaaS）。

用户使用应用程序，但并不掌控操作系统、硬件或运作的网络基础架构。这是一种基础服务模式，软件以付费或免费租赁的方式被提供。典型的操作模式是，服务提供商提供一组账号和密码，用户根据用户信息认证和按配额使用。例如，客户资源管理的服务提供商 Microsoft CRM 与 Salesforce.com 提供了相关的 SaaS 服务。

（2）平台即服务（PaaS）。

用户使用虚拟平台操作应用程序，掌控运作应用程序的环境，包括部分主机的操作权，但并不掌控操作系统、硬件或运作的网络基础架构。平台通常是指应用程序的管理环境，包括应用服务器和 Web 服务器等基础环境。例如，Google 公司提供的 App Engine 和新浪公司的 Sina App Engine。

（3）基础架构即服务（IaaS）。

用户使用一台或数台机器的基础计算资源，如处理能力、存储空间、网络和中间件，但并不掌控整个虚拟化环境。用户部署操作系统，使用存储空间，使用已部署的应用程序及防火墙和负载平衡器等，可以按自己的需求开发配置适合的应用，属于最底层的云服务。例如，Amazon AWS 和 Rackspace 就是典型的这类服务。

用户通常希望商业化的产品能够满足服务质量（QoS）的要求，并且一般情况下要提供服务水平协议。同时，开放标准对于云计算的发展是至关重要的，开源软件可对众多不同需求的客户提供快速、高效的部署和实施过程。自从 Google 公司提出了著名的三大件，即无共享架构便捷编程的 MapReduce 框架、针对数据极少修改的大文件提供持续存储的分布式文件系统 GFS，以及压缩的高可扩展性的非结构化存储 Big Table，相关开源相关技术也开始蓬勃发展。自此，出现了 Apache 社区对应的 Hadoop、HDFS 和 HBase 等开源工具，也出现了像 Cloudera 这样的开源服务提供商，都极大地推动了云计算的发展。

云计算的发展和繁荣，使大数据应用成为可能。借助云计算技术，数据处理应用可以提高系统整体的弹性和灵活性，降低管理成本和风险，提高应用服务的可用性和可靠性。同时，云计算不仅为大数据处理打造了一个高效、可靠的系统环境，而且充分发挥了平台的优势，为大数据发掘更多的应用牵引。总之，云计算可以用于解决大数据带来的问题，而随大数据出现带来的理论与技术趋势，也成为云计算发展的契机。所以，两者殊途同归，云计算与大数据是相辅相成的。

1.1.2 物联网

物联网（Internet of Things, IoT）诞生于 1999 年，旨在把实物通过射频识别等信息传感设备与互联网连接起来，实现智能化识别和管理，是通过传感器和互联网实现物物衔接的新技术。物联网是传感网（Sensor Network）、无线网（Wireless Network）、互联网（Internet）等网络技术和分布式系统（Distributed System）、高性能计算（High Performance Computation）等数据处理技术交叉融合和发展的产物。

物联网体系结构的设计也是分层次的。按照欧盟第七科技框架 CASAGRAS 工作组的定义，物联网体系结构包括 4 个层次：感知层、传输层、数据处理层和应用层。

① 感知层是传感器和射频标签（RFID）形成的网络，协同感知环境或自身状态，并初步处理获取的数据和根据既定规则响应状态的变化。该层的主要功能是信息感知与采集，包括二维码标签和识读器、RFID 标签和读写器、摄像头、各种传感器（如温度感应器、声音感应器、振动感应器、压力感应器等），完成物联网应用的数据感知和设施控制。

② 传输层是宽带无线网络、光纤网络、蜂窝网络或各种专用网络，主要融合和传输来自感知层的数据。传输层的核心是各类网络，承担物联网接入层与应用层之间的数据通信任务。它主要包括现行的通信网络，如 2G、3G/B3G、4G 移动通信网，以及互联网、Wi-Fi、WiMAX、无线城域网（Wireless Metropolitan Area Network，WMAN）、企业专用网等。

③ 数据处理层，处理和存储数据，通常由分布式系统完成数据检索、挖掘和模式识别等功能，为数据分析、局势判断和控制决策等提供服务。该层的数据处理过程可以采用云计算的模式，使用感知数据管理与处理技术，实现以数据为中心的技术。感知数据管理与处理技术包括物联网数据的存储、查询、分析、挖掘、理解，以及基于感知数据决策的技术。

④ 应用层是不同领域中的各种应用，如灾害监测、交通数据分析、物流供应链、智能农业和医疗保健等。应用层由各种应用服务器组成（包括数据库服务器），其主要功能包括对采集数据的汇聚、转换、分析，以及用户层呈现的适配和事件触发等。这些应用服务器根据用户的呈现设备，完成信息呈现的适配，并根据用户的设置，触发相关的通告信息。同时，当需要完成对前端的控制时，应用层还能完成控制指令生成和指令下发控制。此外，

应用层要为用户提供物联网应用 UI 接口，包括用户设备（如 PC、手机）、客户端浏览器等。

物联网的应用和业务，可以借助云计算弹性、可伸缩的处理存储和网络带宽能力，达到具有一定性价比的效果。云计算基础设施的服务，不仅可为物联网应用提供海量的计算和存储资源，还可以提供统一的数据存储格式和数据处理方法，更重要的是可为不同的物联网应用提供统一的交付平台。通过云计算，可降低物联网应用的开发、交付和使用成本，并大幅提高处理效率。同时，物联网作为云计算一个重要的落地方案，也促使云计算不断发展和完善，无论是商业层面还是技术层面。

物联网的产生、发展和繁荣，使得大数据的采集、分析和应用变为现实。同时，大数据环境下的物联网面临着如下挑战。

① 物联网的数据处理。产生、接入和处理作为中间结果的大规模数据，事实上并不总是需要传输到数据中心。这种需求，一方面，来源于基础设施的网络带宽的限制，数据中心的网络传输总是有限的；另一方面，也反映了物联网应用的实时性需求，实时响应相邻层次。此外，系统的可靠性也是被更多考虑的因素。当较低层次的设备出现故障时，中继节点的边缘计算能力，可以实现及时的容错控制和补偿反应。这在大规模分布式系统中，都是非常重大的挑战。

② 物联网的中间件。大规模数据被物联网的传感器采集后，经过传输层的网络和边缘计算处理送到数据中心。在这个过程中，物联网中间件是迫切的需求，要对数据及时进行处理与管理，特别是作为最终业务应用的预处理。当然，并不是所有的应用都存在预处理的需求，但是作为中间件适配的特征，数据可以在正确的时间以合适的方式传递到正确的目标，是中间件在物联网中的重要作用。

③ 物联网的管理平台。通过物联网的体系结构可以看到，这是一个物物相连的基础设施，用于实现数据的连网获取、传输和处理。但是，当物联网应用在关乎国计民生的重要行业中时，如电网或者医疗保险，系统本身必须设计得复杂、安全和可靠，必然需要管理平台对物联网基础设施实现管理和监控。

应该看到，当前被研究的大数据，更多的是指互联网中累积的大规模历史数据，在已经产生的数据中去搜索或做关联分析。事实上，物联网中的大数据相比互联网，存在一些自有的特点。例如，在交通、电网及公共安全等智慧城市的各种应用中，物联网的大数据更多的是指实时的甚至预测未来的数据。传感器持续不断地接入数据，这些数据是流式数据，需要在指定的时间阈值内进行处理、分析、存储和分发。所以，相比于传统的互联网，物联网大数据的研究内容往往有着更多的实时性需求。

以智慧城市建设为例，物联网不仅需要在架构和核心技术上取得突破，还需要在旧商业模式基础上进行技术创新，根据新技术建立新的应用/商业模式。在智慧城市的探索中，基础设施投资巨大，可以逐步提供一些服务。例如，美国纽约市开放了部分城市数据，并邀请开发者基于这些数据开发，可以让纽约市民的生活更加便利的应用；爱尔兰的都柏林也提出了类似的计划 Dublinked。在国内，目前已有超过 180 个城市开始以大数据和物联网为依托建设智慧城市，通信网络和数据平台等基础设施建设投资规模接近 5000 亿元人民币。据分析，研究重点包括智慧公共服务、智慧社会管理、智慧交通、智慧医疗、智慧物流、智慧安居等方面的建设。从中可以看到：

① 智慧城市是城市信息化向智慧化发展的必经阶段，而通过物联网由城市数字化到城市智慧化，关键是要实现对数字信息的智慧处理，其核心是引入大数据处理技术，大数据技术必将成为智慧城市建设的新引擎。

② 从智慧城市的体系结构来看，由于智慧城市的基础在于物联网技术，因此智慧城市的体系架构和物联网的体系结构相类似，可分为四层，分别为感知层、传输层、平台层和应用层。

③ 大数据技术是处理感知层数据的必然选择。感知层是智慧城市体系对现实世界进行感知、识别和信息采集的基础性物理网络，大规模数据在感知层产生并获取。以视频监控为例，北京目前用于视频监控的摄像头有 50 万个，一个摄像头一个小时的数据量就在 GB 级，每天北京市的视频采集数据量在 3PB 左右，而一个中等城市每年视频监控产生的数据在 300PB 左右，这些摄像头实时回传信息，海量数据对数据存储、并发处理的要求是近乎苛刻的。同时，对于海量数据的处理不仅是智能化的必然需求，也是对 IT 投资的一种保护，否则非但不能充分挖掘数据的价值，还将为大规模数据所累。

④ 大数据为智慧城市的各个领域提供强大的决策支持。在城市规划方面，通过对城市地理、气象等自然信息和经济、社会、文化、人口等人文社会信息的挖掘，可以为城市规划提供强大的决策支持，提高城市管理服务的科学性和前瞻性。在交通管理方面，通过对道路交通信息的实时挖掘，能有效缓解交通拥堵，并快速响应突发状况，为城市交通的良性运转提供科学的决策依据。在舆情监控方面，通过网络关键词搜索及语义智能分析，能提高舆情分析的及时性、全面性，全面掌握社情民意，提高公共服务能力，应对网络突发的公共事件，打击违法犯罪。在安防与防灾领域，通过大数据的挖掘，可以及时发现人为或自然灾害、恐怖事件，提高应急处理能力和安全防范能力。

物联网的发展和繁荣，为大数据应用积累了应用需求和技术，为数据处理服务提供了目标和背景。借助物联网技术，数据处理应用可以提高数据处理的速度、可靠性和实用性，并且持续改进应用的服务质量。同时，物联网不仅为大数据处理提供实际的、迫切的需求环境、实用技术和最终目标，而且充分发挥现有优势，为大数据发掘更多的应用牵引。总之，物联网可以用于解决大数据的问题，而大数据发展而来的理论与技术趋势，也成为物联网发展的契机。所以，两者也是殊途同归，物联网与大数据也是相辅相成的。

1.2 大数据下的新挑战

1.2.1 大数据及其特征

随着互联网时代的发展，博客、社交网络、基于位置服务为代表的新型信息发布方式的不断涌现，以及云计算、物联网等技术的兴起，数据正以前所未有的速度在不断地增长和累积，大数据随着 IT 系统的发展已经成为当前不可忽视的问题，学术界、工业界甚至政府机构都已经开始密切关注大数据问题。《Nature》早在 2008 年就推出了 Big Data 专刊，计算社区联盟（Computing Community Consortium）在 2008 年发布的技术报告中综述了大数据研究背景下的挑战问题，《Science》在 2011 年 2 月也推出专刊探讨科学研究中大数据的问题。麦肯锡（McKinsey）咨询公司于 2011 年 6 月发布了对大数据的影响、关键技术和应用领域等进行详尽分析的报告。2012 年 1 月的达沃斯世界经济论坛把大数据确定为主题之一。2012 年 3 月美国政府正式启动“大数据发展计划”，计划在科学研究、环境、生物医学等领域利用大数据技术进行突破。联合国也启动了 Global Pulse 倡议项目，以适应大数据时代各国的发展需求。

关于大数据的特征，业界有着不同的视角和总结。本书结合现有的学术和技术文献，将大数据的特征总结为如下几点。

1．数据体量大（Volume）

IDC 公司发布的数字宇宙研究报告称：全球信息总量每两年就会增长一倍，2011 年全球被创建和被复制的数据总量为 1.8ZB，其中 75%来自个人。2011 年企业创造、采集、管理和储存信息的成本已经下降到 2005 年的 1/6，而同期企业关于数据的总投资反而上升了 50%。

数据体量大，不仅指全部互联网累积的数据，也包括某些单个组织的业务数据。例如，Google 公司通过大规模集群和 MapReduce 软件，每天处理超过 20PB 的数据,每个月处理的数据量超过 400PB。淘宝网有 3.7 亿名会员，在线商品 8.8 亿件，每天交易数千万元，产生约 20TB 数据。Yahoo 的 Hadoop 云计算平台有 34 个集群，超过 3 万台机器，总存储容量超过 100PB（按照欧盟的规定，不能存储超过一年的用户数据）。

2．数据类型多（Variety）

数据被分为结构化数据和非结构化数据。相对于以往的以文本为主的结构化数据，非结构化数据越来越多，包括网络日志、音频、视频、图片、地理位置信息等，这些数据对数据的处理能力提出了更高要求。数据量增大和类型增多源于数据成本的下降，而新的数据源和数据采集技术的出现则大大增加了未来数据的类型，数据类型的增加导致现有数据空间维度增加，极大地增加了当前大数据的复杂度。据统计，企业中 80%的数据是非结构化或半结构化数据，只有 20%的数据是结构化数据。当今世界结构化数据增长率大概是 32%，非结构化数据增长率则是 63%。2012 年，非结构化数据达到互联网总数据量的 75%以上。大数据的技术挑战主要是指非结构化数据。

即使针对同一组织的业务数据处理，数据也会因为不同的用户、不同来源存在不同的数据类型。大型互联网公司的搜索引擎，除了直观的文本搜索外，大都提供了多模态的搜索方式。例如，针对图片数据，可以采用以图搜图（用户上传图或指定源图 URL）的方式；针对音频数据，可以采取近似音频（用户上传、现场哼唱或指定源音频 URL）的搜索方式，这导致了数据格式的异构性和类型的多样性。

3．数据更新速度快（Velocity）

这是大数据区分于传统离线数据挖掘的最显著特征。我们从两个方面分析数据更新的速度，包括数据到达的速度和数据处理的速度。

一方面，速度指的是数据到达的速度。这与当前经济、技术的发展和业务需求的增长有关。大型网络平台，每时每刻都有大量新的网络数据发布，网络信息内容变化迅速，导致了信息传播的时序相关性。特别是，有些数据作为社会信息，在传播过程中会在短时间内引起大量新数据与信息的产生和反馈，并使用户形成网络群体，体现出大数据以及网络群体的突发特性。IDC 认为，到 2020 年，全球所有 IT 部门拥有服务器的总量将会比现在多出 10 倍，所管理的数据将会比现在多出 50 倍，全球将总共拥有 35ZB 的数据量。

另一方面，速度指的是数据处理的速度。这与业务需求直接相关，而正是由于业务的多样性和技术的进步，用户对业务处理速度的需求总是不断提升。大数据的实时分析，往往需要秒级别的速度，甚至要在 1 秒内完成亿万级数据的处理和分析，在 10 秒以内给出结果。某些大型互联网公司，如百度，已经把结果的处理时间限制在 100 毫秒内，而一些金融机构则期望微秒级别的响应时间。

数据接收和处理的速度需求在不断提高，但是当前以数据库为代表的离线处理技术，存在吞吐量上的瓶颈。以流式数据处理为代表的实时处理技术，可以将流动的数据在有限的内存中及时处理，实现更高的吞吐量。相比数据库这种“存储后处理”的模式，流式实时数据处理是典型的“处理后存储”。

4．价值密度低（Value）

通常来说，数据价值密度的高低与数据体量的大小成反比。下面从三个方面来分析大数据价值密度低的特征。

首先，价值密度低源于大数据存在大量的冗余。大数据环境中，因为前端设备精度和灵敏度的原因，同一数据项在采集时可能被重复发送，导致数据处理可能要针对同一份数据多次计算。此外，为了能够可靠地保存采集的数据，数据往往被冗余放置在分布式环境中存储，这也势必导致之后的数据冗余处理。通过大规模智能算法在原始数据中快速提取有价值的数据，也成为目前大数据背景下亟待解决的难题。

其次，价值密度低源于业务处理的结果比原始数据本身体量要小数个量级。以交通流式数据为例，7×24 小时连续不间断的监控中，每隔指定的时间间隔（如 5 分钟）会计算一次最近一个小时内的路段旅行时间，而旅行时间的计算结果相比 5 分钟内积累的数据，体量要小得多。如何权衡计算速度和在有限内存中的计算精度，也是当前学术界和工业界研究的一个热点。

最后，从业务意义上分析，单条数据没有意义，只有在数据达到一定规模后，才可能分析和处理有业务含义的数据结果。例如，监控系统接收单条车牌识别数据，无法判别该车牌是否有套牌嫌疑，只有把这个车牌数据纳入一定的时间窗口内，结合分析其他监测点接收的车牌数据，才能最终做出正确的套牌判定。

5. 待挖掘的真实性（Veracity）

大数据应用不仅可以实施在历史累积的数据上，也可以在当前到达的数据上实时分析，甚至可以用于未来事件和趋势的预测。所谓大数据的真实性，我们认为更多的是指在历史累积和当前到达的大规模数据上的数据预测的正确性和现实意义解读。例如，微软纽约研究院的 David Rothschild 在 2012 年美国总统大选中，通过分析社会舆情数据，正确预测了 51 个选区中 50 个选区的选举结果，准确性高于 98%。此外，这个团队还通过多维度的大数据分析，成功预测了第 85 届奥斯卡金像奖除最佳导演奖外的其他奖项，如《逃离德黑兰》摘得最佳影片奖等。

对于大数据真实性这个特征，一方面可以通过预测指导和反馈当前的业务处理逻辑，另一方面可以通过将来的结果验证预测方法的准确性。这方面的相关工作，是当前大数据研究中最为火热的话题之一。

以上分析了大数据的 5V 特征：Volume, Variety, Velocity, Value, Veracity。其中，前三个 V 是大数据本身的关键属性，后两个 V 是大数据处理的两大特点。大数据从理念被提出到目前理论、技术的大繁荣，业界已经从对大数据重要性的认识阶段，发展到实践大数据的必要性的战略实施阶段。但是，应当看到，当前的大数据处理，仍然存在着诸多不可忽视的困难和挑战。

1.2.2 大数据处理的技术挑战

正是大数据与传统离线数据迥然不同的特点，使得大数据时代的数据处理面临着新的挑战。综合业界的相关工作，我们总结如下。

1. 新型的数据模型

单一、固定的数据表示方法，无法直观地展现出数据本身的意义，特别是针对具有多样化特征的大数据。事实上，试图给出大数据的固定模式、因果关系和关联，是不现实的。所以，为不同形态的数据，选择最合适的数据模型是可取的方式。应当说，数据模型与应用的实际业务有着密切关系。针对多元的原始数据，给出特定应用下的模型，有利于减少处理过程中数据识别、分类和分析的困难，而研究既有效又简易的数据模型是大数据处理首先要解决的技术难题之一。例如，面向感知数据的数据流模型，是针对大数据环境下的实时数据处理的一种模型，在实践过程中已经展现了其良好的适应性和有效性。

此外，在高速、动态环境中数据索引的设计也是数据模型研究的挑战之一。传统关系数据库的索引，能够加速离线查询，源于管理的数据是相对静态的，数据的模式更新频率低。因此，在数据库中构建索引主要研究的是索引创建、更新等的效率。然而，大数据的多样性、高速变化的特征，使得数据模式随着数据量、数据源的不断变化可能会不断改变，甚至无法确定固定的模式。这样的实际需求导致索引结构必须开销有界、时空高效，也即能够快速适应接入的数据。例如，针对高速到达的流式 GPS 数据，可以构建基于 R 树、

B+树及其变种的时空数据索引，在兼顾查询效率的同时，体现最近到达数据的时效性和重要性。索引的设计也存在特定的应用场景，在数据模式变更的环境下设计高效、适应性强的索引方案将是大数据时代的主要挑战之一。

2．高扩展性的数据分析技术

CAP（Consistency, Availability, tolerance to network Partitions）理论说明，分布式系统中的一致性、可用性、分区容错性三者不可兼得。所以，并行关系数据库必然无法获得较强的扩展性和良好的系统可用性。然而，可扩展、高可用是大数据处理系统必要的需求，如何权衡各个因素，成为了技术研究的挑战和热点。

从数据管理的角度，传统的关系数据库面对大数据往往无法胜任，源于数据库处理系统的目标是追求高度数据一致性和容错性。面对这些挑战，以 Google 的 BigTable 为代表的 NoSQL（not only SQL）数据库发展起来。BigTable 是一个多维稀疏排序表，由行和列组成，每个存储单元都有一个时间戳，形成三维结构。同一个数据单元的多个操作形成数据的多个版本，由时间戳来区分。此外，Amazon 的 Dynamo 和 Yahoo 的 PNUTS 也是非常具有代表性的系统 NoSQL 数据库。到目前为止，对 NoSQL 数据库并没有一个准确的定义，但一般认为该类数据库应当具有以下特征：模式自由（schema free）、支持简易备份（easy replication support）、简单的应用程序接口（simple API）、最终一致性(或者说支持 BASE 特性，不支持 ACID，也即放松了对数据一致性的要求)、支持海量数据（huge amount of data）。

从数据处理的角度，以 Google MapReduce 和 Apache Hadoop 为代表的非关系数据分析技术，逐渐成为业界事实上的标准。这类分布式的数据处理框架，有着三大特征：简化分布式编程，提供便捷的集群管理，提供一定的可靠性保障。所以，它适合大规模并行处理，在大规模互联网数据的搜索和分析领域得到了广泛应用，已成为目前大数据分析的主流技术。虽然如此，但目前 MapReduce 和 Hadoop 在一些特定场景下的性能还不足以满足需求，如高速并发的数据环境，所以多样化、有针对性、实用的大数据分析和管理技术仍有待研究。

针对实时大规模数据的处理，已成为当前业界的核心需求之一。学术界和工业界很多研究工作均有涉及，综合相关方案可以大致归纳为三类：高性能批数据处理模式、流式数据处理模式和两者混合的模式。其中，批处理模式就是修改以 Hadoop 为代表的批处理框架，减少中间结果的写盘次数，增加作业间的流水化程度来提高单位时间的吞吐量。流处理模式，是针对流式数据的一种天然适合的处理方法，将到达的数据在维护的滑动窗口内进行处理，这将在下一章详细说明，典型系统如 Yahoo S4 和 Storm。而两者混合的模式，主要思路是基于 MapReduce 模型增加或改变其中的某些处理步骤，以实现流处理。例如，DEDUCE 系统扩展了 IBM 的流式数据处理 System S，使其支持 MapReduce。此外，Spark Streaming 通过引入离散流（discretized streams）编程模型，改进了批处理模式，大幅提高了处理速度，并在 Spark 系统上实现了集成。

3．数据集成与融合

数据集成和融合本身并不新颖，但是大数据环境下的这个问题却有了新的需求，因此也面临着新的挑战。泛在的数据在当前分布式环境下，越来越多地以不同结构、不同质量、不同管理域的形式散布在不同的数据管理系统。为了完成跨平台、多源数据汇集的综合的业务功能，数据集成和融合的需求便日益凸显。

从数据的异构性角度，大数据环境存在新的特征。首先，数据类型从以结构化为主转向结构化、半结构化、非结构化三者的融合。其次，数据源的多样性，带来数据产生方式的变化。相比传统集成问题针对的产生于服务器或者个人计算机的静态离线数据，大数据环境下的数据更多来源于设备位置不固定的移动终端，如传感器、手机、平板电脑、GPS 设备。而且，这些设备产生的数据量呈现爆炸式增长，大都具有明显的时空特性。再次，数据存储需求出现了根本性变化。传统数据主要存储在关系数据库中，但爆炸式增长的数据类型如流式数据，无法以常规的形式存储后处理，所以出现了流式计算这种数据处理模式。

从数据质量的角度，数据量大并不意味着数据价值大，相反更多时候会产生信息冗余（包括褒义的冗余容错和贬义的垃圾泛滥）。单个系统难以容纳不同数据源集成的大规模数据，而且冗余程度高的数据必然干扰后续的数据分析过程。针对大数据环境下的数据集成和融合，数据的去冗余技术应当更加谨慎。既不能粒度过高，导致达不到应有效果；也不能粒度太低，导致关键信息丢失。所以，在质与量之间需要进行仔细的考量和权衡。

4．数据隐私保护

隐私问题伴随 IT 的发展一直层出不穷，互联网环境下累积的大规模数据，更加容易传播和泄露。这使得大数据处理在当前成为一把双刃剑，在为人们的生活带来便利的同时，也加重了自身隐私暴露的危险。互联网尤其是社交网络的出现，使得人们在不同的地点产生越来越多的数据足迹。这种数据具有累积性和关联性，也许单个位置的信息没有意义，但是若从不同渠道非法获得不同独立位置的信息，进行聚集关联，隐私就很可能会暴露。这种隐性的数据暴露往往是个人无法预知和预防的。

从技术层面来说，数据开放和隐私保护是彼此矛盾的，却又都至关重要。极端情况下，为了保护隐私，所有数据都应当加以隐藏，但是数据的价值无法体现，相关的社会公共服务甚至无法开展。所以，数据开放是必要的，尤其对于政府等关系国计民生的相关部门，可以更好地指导社会的运转。同时，企业也可以从公开的数据中了解客户的行为，推出定向产品和服务，最大化其产品盈利；学术单位则可以利用公开的数据，从社会、经济、技术等不同的角度进行研究。所以，大数据环境下的隐私保护，主要体现在隐匿敏感信息的前提下，进行有效的数据挖掘。从这个意义上，它有别于传统的信息安全领域更加关注文件的私密性等安全属性。

5．服务的易用性

服务是 IT 应用生成和实践的最常用渠道，在当前大数据环境下有着特别的意义。服务易用性的挑战突出体现在两个方面：结果的多样化和面向最终用户。

一方面，大数据环境下，因为处理的数据量大且分析更复杂，为了能让处理的结果被更多地利用，服务是必要的；同时，为了从不同维度理解处理结果，针对同一数据集甚至同一种业务计算，应该提供形式多样的呈现方式。另一方面，相比专业的数据库处理，大数据往往是领域业务相关的，需要面向业务人员等最终用户。最终用户不是数据分析的专家，甚至不是 IT 行业的从业者，复杂的理论和技术往往超出了他们可接受的范围。所以，针对大数据，如何设计和提供服务，是一个必须解决却仍处于起步阶段的研究问题。一般意义上，服务易用性至少表现为易见（easy to discover）、易学（easy to learn）和易用（easy to use），所以如下的几个原则应当考虑。

首先是数据可视化原则（Visibility）。可视性要求用户使用服务时，能够了解其初步的业务含义和操作方法，结果呈现也应当清晰和有针对性。除了服务的功能设计，结果的展示也要充分体现可视化。大规模数据的可视化却面临着诸多挑战，有技术层面的，也有业务层面的，还有设备资源层面的。

其次是匹配原则（Mapping）。人的认知中会利用现有的经验来考虑新工具的使用。例如，SQL 是操作数据库的实际标准，也是从业人员必备的技术基础。在服务的设计过程中，应当尽可能考虑和利用用户已有的经验、业务知识，使新工具便于最终用户使用。例如，针对已经有 Hadoop 编程经验的数据分析人员，YARN 框架给出了集成和综合的方案，使他们能够尽快适应基于现有知识的批处理、流式处理和互交式处理的开发与实践。

最后是反馈原则（Feedback）。所谓反馈，是指用户通过服务提示和便捷帮助，能够随时自行掌握操作过程。例如，进度条和弹出框都是反馈原则的经典例子。大数据环境下，这方面的研究工作较少，设计和实现带反馈服务，对最终用户掌握和理解大数据至关重要。往往交互程度越高，用户的参与程度和理解程度越高，越能够降低门槛，让复杂和高深的理论深入浅出，提高用户的满意程度。

从技术角度分析，可视化、人机交互以及数据起源技术都可以有效地提升服务易用性，但是这些技术的元数据管理问题，是大数据环境下不能忽视的挑战。所谓元数据，是关于数据的数据。数据之间的关联关系以及数据本身的一些属性大都是靠元数据来表示的，故可视化技术离不开元数据的支持。数据起源技术对数据关系的依赖程度更高，需要利用元数据来记录数据之间包括因果关系在内的各种复杂关联，并通过关联实现决策和推断。

1.3　本章小结

本章分析了大数据产生的技术背景，包括云计算、物联网的相关基础和技术。同时，也详细分析了当前大数据环境下数据处理技术面临的新挑战，从多个角度分析了当前技术的优势和不足。

第 2 章

流式计算的理论与技术

流式数据（Data Stream，也称数据流）是大数据环境下的一种数据形态，其理论诞生于 20 世纪末，并在云计算和物联网发展下逐步成为当前的研究热点。流式数据与传统的数据是相对的。与静态、批处理和持久化的数据库相比，流式计算以连续、无边界和瞬时性为特征，适合高速并发和大规模数据实时处理的场景。当前大数据环境下的许多应用呈现多源并发、数据汇聚、在线处理的特征，所以实时数据处理（real-time data stream processing）的相关研究迅速发展，并在许多关键领域，如传感网络、金融、医疗、交通和军事领域，得到了广泛的应用。

作为本书理论和技术的基础，本章论述流式数据和流式计算的概念与特征、技术的发展和相关的开源工具。

2.1 流式数据与流式实时计算

2.1.1 流式数据

大数据环境下，流式数据作为一种新型的数据类型，是实时数据处理所面向的数据类型，其相关研究发展迅速。这种实时的流式数据，存在如下几个特征。

① 实时、高速：数据能以高并发的方式迅速到达，业务计算要求快速连续响应。数据处理的速度至少能够匹配数据到达的速度。

② 无边界：数据到达、处理和向后传递均是持续不断的。从全局的角度看，累积数据的规模随时间推移不断扩大；从处理数据的局部的角度看，窗口技术（滑动窗口、标界窗口等）可以限定处理数据的范围，但是这一部分数据是不断变化的：有新数据到达，同时又有数据因为过期而被移除。

③ 瞬时性和有限持久化：通常情况下，原始数据在单遍扫描、处理后被丢弃，并不

进行保存；只有计算结果和部分中间数据在有限时间内被保存和向后传递。

④ 价值的时间偏倚性：随着时间的流逝，数据中所蕴含的知识价值往往也在衰减，也即流中数据项的重要程度是不同的，最近到达的数据往往比早先到达的数据更有价值。

数据流作为一种数据模型的研究，起源于 1998 年 Digital Equipment Corporation 的技术报告，该报告第一次给出了“data stream”这一名称和定义。2002 年之后，随着在 ACM SIGMOD、VLDB 等数据处理顶级会议上出现了一系列研究工作和学术界发布了一批原型系统，数据流发展成为一个研究方向。特别是在云计算、物联网方兴未艾的当今，许多有影响力的互联网企业，如 IBM、Yahoo、Twitter、Esper、Cloudera 和 Facebook 等公司，纷纷推出了自己的产品，这不仅对工业界而且对学术界也产生了深远的影响。

本质上，流式数据也称数据流，是一类数据项（tuple）以追加递增（append-only）方式形成的无限集合。综合学术界的各种观点，本书将数据流模型定义如下。

定义 2-1 数据流模型假设输入数据项 $a_1, a_2\cdots$ 顺序依次到达，数据流描述了如下一维函数 A：$[1\cdots\infty]\rightarrow R$。依据如何描述其中的 A_i，数据流模型可以分为如下 3 个子模型。

① 时间序列模型（Time Series Model）。在这种模型中，A_i 与 $A[i]$相同，并按照 i 的增序呈现。这个模型适合描述时间序列数据（Time Series Data），以 i 表示时间戳，$A[i]$表示数据项的值。例如，每 5s 监控得到的室温数值。

② 收银机模型（Cash Register Model）。在这种模型中，A_i 是 $A[j]$的增量。假设 $A_i=(j, I_i)$, $I_i\geqslant 0$，则 $A_i[j]=A_{i-1}[j]+I_i$，其中 $A_i[j]$表示数据项 j 在 i 时刻的值。数据项 $A[j]$的值随着时间不断增加 $A_i[j]$，这样单调递增的变化方式类似收银机，故得其名。例如，统计一段时间内某连接的源 IP 地址访问服务器的次数，由于同一个 IP 可以提出多次访问请求，故统计值总是递增的。

③ 转门模型（Turnstile Model）。在这种模型中，A_i 是 $A[j]$的更新值。假设 $A_i=(j, U_i)$，则 $A_i[j]=A_{i-1}[j]+U_i$，其中 $A_i[j]$表示数据项 j 在 i 时刻的值，$U_i\in R$。例如，监控某段道路的车辆总数，道路的开放性使得任意时刻车辆都可以进入或者退出道路，所以监控的数值可以增加，也可以减少。

事实上，收银机模型可以作为转门模型在 $U_i\geqslant 0$ 时的特例。从理论分析和实际使用的角度，每一种模型都有自身适用性和在特定问题背景下的优势。所以，数据流的算法设计，通常是显式或者隐式地说明其针对的数据流模型。

注意，由于收银机模型和转门模型都与应用逻辑相关，本书所指流式数据均是时间序列模型描述的数据流，这种模型更适合描述原始的数据序列。

接下来，我们对比两个相关概念——Database 与 Dataflow，进一步辨析和阐述流式数据这个概念的内涵和外沿。

数据流发展自数据库（Database）的研究领域，源于静态数据处理的传统数据库技术已经不能满足实时数据处理的需求。所以，数据流和数据库这两种数据处理技术，在基本思路和方法路线上完全不同，它们之间的对比见表 2-1。

① 面向的数据不同。数据库适合处理静态/离线的数据，而且数据之间满足关系代数的范式。流式数据针对无边界、离散的在线数据，数据项与数据库的元组相比，有时间戳

的概念，而且这是处理过程中相当重要的属性。同时，数据流持续不断地到达，更新频率比数据库高数个量级。

表 2-1　Data Stream 与 Database 的比较

比较项	Data Stream	Database
数据类型	在线（Online）数据，无边界	静态/离线（Static/Offline）数据
数据元组	离散数据项，带有时间戳	关系数据，至少满足第一范式（1NF）
数据更新	持续更新，频率极高	更新频率相对低
使用模式	维护查询，流入数据	维护数据，提交查询
查询处理	单遍扫描，顺序访问数据	可多遍扫描，随机访问数据
返回结果	连续返回，推送（Push）结果，容忍非精确结果	事务一次性返回，提取（Pull）精确结果
数据持久化	输入数据在内存暂存，结果在返回后立即丢弃，或在有限时间内持久化	输入数据来自持久化存储，结果可以持久化存储

② 使用模式不同。数据库维护数据，应用提交查询请求，以提取（Pull）的方式获得返回结果。数据流管理系统维护查询，数据不断到达，应用通过系统的推送（Push）获得连续的结果。

③ 查询实现不同。数据库可以多遍扫描，以随机访问的方式获取数据；对给定的查询通常以事务的方式一次性返回；处理结束后原始数据仍然是持久化的(实现删除的 delete 操作除外)。数据流单遍扫描、顺序访问持续到达的数据（速度也是不可控的因素），根据注册的查询连续返回结果；原始数据只在内存中暂存，扫描完成后丢弃，处理结果往往也是有限的持久化，比如只存储 1 个月内的结果。

另一个与数据流相关且相似的概念是 Dataflow，而且 Dataflow 也被翻译为“数据流”，这更容易导致概念的混淆。本书梳理了相关概念的内涵，分析了两者的区别与联系，见表 2-2。

表 2-2　Data Stream 与 Dataflow 的比较

比较项	Data Stream	Dataflow
概念起源	Database	Control Flow
目标	实时性的数据处理	数据驱动的任务协同
典型应用	网络日志分析、金融监控预警	科学工作流（e-Science Workflow）

首先，从这两个概念的起源角度分析。上文已经提到，Data Stream 这个概念是与 Database 相对的，当 Database 不能满足实时数据处理的需求后，Data Stream 发展起来。而 Dataflow 指的是一种任务（Task）协同模式，且任务之间传递的是内容（数据本身）；这个概念是与 Control Flow（控制流）相对的，Control Flow 同样是一种任务协同模式，但是任务之间传递的是执行控制权（Execution Right）。但是，绝对的 Dataflow 并不存在，Dataflow 一定是通过数据主导（Dominate）控制流完成任务的协同，即所谓的数据驱动

（Data Driven）；同时，纯粹的数据驱动的方法表达能力有限，所以实际应用都是 Dataflow 与 Control Flow 混合的方法。

其次，从两个概念的目标和典型应用分析。Dataflow 的目标是实现任务的协同，而传统的任务协同都是通过控制流实现的，例如经典的业务流程管理（Business Process Management,BPM）控制流是需要被建模的首要因素。随着科学工作流等面向最终用户的协同应用的兴起，更容易被用户理解的数据驱动模式受到了研究界的重视，出现了一些著名的 e-Science Dataflow 工具，如 Kelper、Taverna 和相关的数据管理方法等。而 Data Stream 的目标在于面向应用的数据处理，如网络日志分析、道路交通监控等，强调实时性；同时本书认为，当 Data Stream 处理过程中存在多个协同的任务时，也可以被认为是广义的 Dataflow。

2.1.2 流式实时计算

实时数据处理（Real-time Data Process）也称实时计算（Real-time Computing）或反应计算（Reactive Computing）。相应地，针对流式数据的实时处理，称为流式数据处理或流式计算。

由定义 2-1 可知，流式数据具有无边界的特征，也即理论上是无穷的数据项序列。而流式实时计算只能使用有限的内存资源，所以数据流的算法一定是某种程度对流的摘要化（summarization of stream）处理。摘要数据结构（synopsis data structure）和窗口（window）都是最常用的摘要化技术。

摘要数据结构的名称和定义最早由 Bell 实验室的 Phil Gibbons 和 Yossi Matias 提出。

定义 2-2　摘要数据结构任何比本身基础数据集（base data set）小得多的数据结构，都拥有如下特点：①可以驻留（reside）内存，使得查询及时响应而避免访问磁盘；②远程传输（transmitted remotely）的代价小；③对系统整体的空间开销（storage cost）影响小；④当访问基础数据集的开销过大（expensive or impossible）时，可以作为基础数据集的小规模代理（small surrogate）被操作。

摘要数据结构的设计和使用都依赖于需要解决的业务需求，而针对不同问题采用的摘要数据结构的差别很大。例如，针对查询评估设计的摘要数据结构在变更的检测（change detection）和分类（classification）方面，与针对流式数据挖掘的摘要数据结构完全不同。又如，直方图（histogram）作为摘要数据结构常常被用于分位数（quantile）、k-均值（k-medians）、计数（count or sum）和关联聚集（correlated aggregation）等计算；而链表（linked list）作为数据结构则可以用于极值聚集和前 k 项查询等计算。所以，数据流领域的计算，通常都是根据所关注业务问题的特点，实现专用的摘要数据结构。

窗口技术是数据流研究中另一个常用的技术。由于数据流存在实时性的需求，流中最近到达（recent past）的数据比很久之前到达（distant past）的数据对计算来说更有意义。如何描述流中数据的“最近”，是窗口模型的意义所在。

定义 2-3　窗口。数据流的窗口是描述数据流的最近子集组合（combinatorial）的方法。通过设置的窗口边界（bound），使得流中部分数据项位于窗口内，而在窗口之外数据则不被处理计算考虑。窗口长度（window lengh）指窗口的时间跨度，窗口大小（window size）指窗口中数据项的数量。

根据窗口边界设置的不同，窗口可以进一步分类。

根据边界度量（boundary metric）的不同，窗口可以分为时间（time-based）窗口、数据项（tuple-based）窗口和基于属性（值）的窗口等，其中时间窗口和数据项窗口是最为常用的两类。例如，用最近 5s 定义的窗口是时间窗口，用最近的 5 个数据项定义的窗口为数据项窗口。

根据边界位置不同，窗口又可以分为三种。以下均以时间作为窗口边界度量，其他度量的窗口子模型可类比定义。

地标窗口（landmark window）：该窗口需要指定边界的起始时刻 s，则窗口长度 $l=t-s$，其中 t 为当前时刻。基于该窗口的计算所考虑的数据项的时间戳范围为$[s\cdots t]$，而且这些数据项的重要程度是相同的。

滑动窗口（sliding window）：该模型需要指定窗口长度 l，则基于该窗口的计算所考虑的数据项的时间戳范围为$[t-l+1\cdots t]$，而且这些数据项的重要程度是相同的。

衰减窗口（damped window）。该窗口模型是滑动窗口的特例，需要指定衰减参数 p，使得在窗口中最近的数据项重要程度高。以算术平均值计算为例，在滑动窗口中 $\text{avg}=(\sum_{i=t-l+1}^{t} s_i)/l$，其中 s_i 是时间戳为 i 的数据项的值；而在衰减窗口下，均值 $\text{avg}_{\text{new}}=\text{avg}_{\text{old}}\times p+(1-p)\times s_t$，$0<p<1$，使得越早到达的数据对计算结果的影响越小。

窗口类型的选择也依赖于需要解决的问题本身，所以使用窗口的数据流计算，通常是显式或者隐式地说明其采用的具体窗口类型。

数据流处理技术可以为实时性要求高的应用提供支撑，实现业务上的例行数据分析和异常监控预警等。与传统的数据处理技术相比，流式数据的实时计算存在以下几个方面的特点。

① 实时性（real-time）的需求。实时性是应用连续返回结果的必然需求，是实时数据处理最基本的需求，体现在处理过程的低延迟和高吞吐量。例如，交通数据监控要求 1s 内至少处理数千个车牌数据项；否则，不断到达的数据的积累，将导致处理系统服务质量显著降低。

② 低空间复杂度（low space complexity）的需求。实时数据的规模在理论上是无限的，为保证能够快速、持续地稳定运行，算法的空间复杂度通常较小。一般，空间复杂度在 O(poly(log N))，即数据规模 N 对数级别的多项式。降低空间复杂度，是保证处理过程实时性的必然要求。

③ 结果准确性（accuracy）的需求。高速大规模的数据很难在任意时刻都保证返回精确解，或者说精确求解的算法在时间和空间方面开销高，难以保证实时性。同时，存在实时性需求的实际应用，往往并不要求结果始终精确。例如，统计各个 IP 地址发送的数据包数量可监控路由器是否受到 DoS 攻击，而数据包数量是精确的 50 312 还是近似的

50 000，应用并不敏感。

④ 适应性（adaptability）的需求。由于环境的变化，实时数据本身也存在着变化，一方面可以是数据速度的变化（可由并发量变化导致），另一方面可以是数据分布的变化。例如，节假日的信用卡消费比工作日多，导致银行系统在节假日的日志处理更加繁重。又如，天气、路况和监控时间段不同，交通监控系统统计的车流量的数值分布也不同。单位时间下，不同的数据速度可导致不同的负载，不同的数值分布可能导致结果的精确性不同，所以如何适应变化的环境，也是实时数据处理重要的挑战之一。

流式数据及其处理过程的特征，对业界的现有技术提出了新的要求。于是，大规模、可扩展和高可用的流式数据处理系统，成为继海量离线数据处理系统后，数据处理技术的另一制高点，引起了学术界和工业界的普遍关注。

2.2 流式数据处理的系统与应用

2.2.1 发展与挑战

近年来，诸多云计算和物联网环境下的应用呈现数据多源并发、实时汇聚处理的特征。例如，在传感网络、金融、医疗、交通和军事等关键领域，监控与分析应用需要在线连续处理无边界、高并发和大规模数据，是以低延迟、高吞吐量为目标的。

在大数据环境下，当数据库技术不能满足数据处理的实时性需求时，流式计算技术发展起来。流式计算技术虽然源于数据库技术，但两者面向的问题和基本理念完全不同。数据库管理系统（Database Management System ,DBMS）依托关系代数和相关技术，为各种商业应用的数据查询与管理发挥了重要的作用；与之类似，数据流处理系统（Data Stream Processing System ,DSPS）依托实时数据处理相关技术，逐步成为企业界和研究界重要的在线分析和处理工具。正是由于数据形态和特征，流式数据处理系统存在如下特点。

① 相比数据库管理系统，数据流处理系统维护的是查询的定义，数据持续到达。很多早期文献从这个角度上也把数据流处理系统称为数据流管理系统（Data Stream Management System ,DSMS）。数据流处理系统通常以查询处理来描述应用逻辑。

② 在分布式环境下，数据流处理系统由逻辑节点和物理节点构成。其中，系统中基本的逻辑处理单元，称为逻辑节点；部署节点的计算机，称为物理节点。在本书中若无特殊说明，节点均指逻辑节点。所有逻辑节点部署于同一个物理节点的系统，称为集中式数据流处理系统，共享物理节点的 CPU、内存和带宽资源；与之相对，通过增加物理节点的数量扩展计算资源（CPU、内存和带宽），节点在多个物理节点部署的系统，称为分布式数据流处理系统。

③ 低延迟和高吞吐量是数据流处理系统最基本的需求，是由流式计算的实时性需求决定的。低延迟是从处理的数据角度而言的，每一个数据项可在有限时间内由系统处理，

也即响应时间（response time）相对较短。高吞吐量是从处理的过程角度而言的，系统或节点在单位时间内能够成功处理数据项的数量多，也即吞吐量（throughput）高。事实上，处理给定规模的数据，系统高吞吐量意味着每一项数据被成功处理的耗时短，所以，高吞吐量与低延迟追求的目标在本质上是一致的。

表 2-3 按照发布时间列出了当前著名的数据流处理系统。表中的 10 个系统在研究动机、部署模式、数据模型、窗口模型、编程模型等各个方面都各有特点。

表 2-3 当前著名的数据流处理系统

名称	开发者	最早发布时间	部署	数据模型	窗口模型	编程模型	特色
STREAM	Stanford University	2003 年	集中	元组	滑动	声明	形式化的流模型，SQL 查询规范，LinearRoad 基准测试
Borealis (Aurora)	Brown M.I.T Brandeis	2003 年	分布	元组	滑动	命令	Fault-tolerance 等非功能保障
TelegraphCQ (Tapestry)	U.C Berkeley	2003 年	分布	元组	地标、滑动	声明	在线聚集
Synergy	U.C Riverside	2006 年	集中	元组	滑动	声明	协同的副本放置机制
SPC	IBM	2006 年	分布	元组和键值对	地标、滑动	声明命令	按需配置的传输层协议
Esper	EsperTech	2006 年	分布	元组	滑动、属性	声明检测	插件机制、EsperHA
Oracle CEP	Oracle	2007 年	分布	多种	滑动	声明命令检测	商业智能（Business Intelligence）应用
S4	Yahoo	2010 年	分布	键值对	滑动	命令	可灵活配置的编程模型
HOP	U.C Berkeley, Yahoo	2010 年	分布	键值对	滑动	命令	近似实时、流水化的在线 MapReduce
Storm	Twitter	2011 年	分布	元组	滑动	命令	健壮性

2005 年 MIT 的 Michael Stonebraker 等人在 ACM SIGMOD Rec.发表综述，提出了著名的数据流处理的八大需求。虽然时隔多年，当初的几个问题已经解决（如保持数据流动性的典型应用，即 Killer App）或者不再那么迫切（如统一标准的类 SQL 查询语言、与数据存储的集成等），但到今天仍有很强的现实指导意义。结合近些年相关工作的分析，数据流处理系统面临的挑战与当前研究热点主要在以下三个方面。

① 处理性能与结果精确性的折中。大数据环境的发展，使得数据本身呈现海量规模和多源高并发的趋势，系统面对更加复杂的输入，所以数据流处理系统注重更加合理、高效的算法，以满足低延迟和高吞吐量的需求。同时，即使利用云计算等大规模并行计算环境，数据流处理为保证实时性仍然需要牺牲计算结果的精度。所以，如何折中系统实时处理的性能与计算结果精度成为难点。上述两个方面，分别对应 Stonebraker 所述的“即时响应和处理”和“计算结果可预测”的挑战。

② 容错与可用性。由于流速变化等复杂不确定的环境影响，系统要面对不完整、乱

序等各种数据异常情形和系统组件故障导致的不可用。特别是在构成系统的节点数量增多时，系统因为节点故障导致数据流处理链路中断的概率随之增大。所以，数据流处理系统都将容错和可用性作为系统着重考虑的问题。例如，Storm 改进了数据传输的协议，Borealis 采用处理过程中紧耦合来实现数据容错，Synergy 实现了节点的备份等。尽管如此，大多数分布式数据流处理系统为保证运行时的性能，仍基于数据丢失可容忍的假设，如 S4 和 HOP 等，所以保障系统可用仍然是一个极具研究价值的问题。这其实对应 Stonebraker 所说的“应对流的不完美”和“保证数据安全性和可靠性”的挑战。

③ 分布式编程模型。传统的分布式环境下并行编程需要考虑节点之间的负载均衡、任务的分配和调度，导致开发和维护效率不高。MapReduce 和 Hadoop 带来了海量数据的分布式批处理开发和维护的便利；在实时数据处理领域，S4 和 Storm 也实现了类似的框架，但远未达到 Hadoop 那样普及和广泛应用的程度，这说明此类工作仍有较大的研究价值和前景。这也对应 Stonebraker 所说的“分片和扩展的自动化”的挑战。

正是由于不断出现的实际业务需求，以及流式数据处理系统存在的上述特点和挑战，商业和开源的工具层出不穷。为了能够快速、高效和可靠地实现这样的处理系统，开放、活跃和可定制的开源软件和生态环境呼之欲出。

2.2.2 Hadoop 2.0 生态圈

提及大数据环境下的数据处理系统，不能不提 Apache Hadoop 这套开源工具，其生态系统还在不断演进。早期可把 Hadoop 看做 HDFS（分布式文件系统）、MapReduce（软件编程模型）以及一些元素（工具与 API）的组合，它们逐渐成为了大数据处理工具的代名词，围绕 Hadoop （包括 MapReduce 和 HDFS）的一系列开源工具形成了如图 2-1 所示的 Hadoop 生态圈。

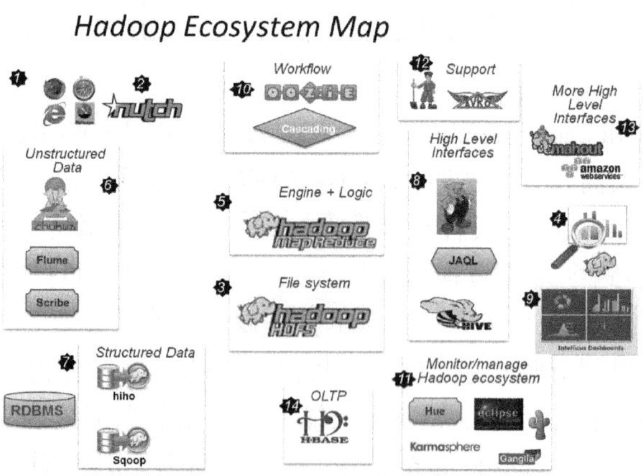

图 2-1　传统 Hadoop 生态圈

在这个生态圈中，围绕 HDFS 海量数据的分布式存储和大规模离线数据处理 MapReduce 框架，每个关键功能点都存在一个或多个可选的工具。例如：

- HBase 实现了大规模海量的 OLTP 存储；
- Nutch 实现的是一个 Web 搜索引擎；
- Flume、Scribe 用于非结构化数据如日志的收集处理；
- Hiho、Sqoop 可以将关系数据库的结构化数据导入 HDFS；
- Pig、Hive、Jaql 封装和转换了高层数据存取接口，可以让用户以熟悉的操作模式（如类似 SQL）实现对 HDFS 中数据的存取、分析和展示；
- Drilldown、Intellicus 针对计算结果实现了多样化的可视化呈现；
- Oozie、Cascading 依赖于 Hadoop 提供存储和执行架构，用来创建复杂和容错数据处理工作流；
- Hue、Karmasphere 实现了 Hadoop 集群上的监控和管理；
- Avro、Zookeeper 提供了丰富的服务接口，实现了数据序列化和分布式状态协同；
- Mahout、Elastic MapReduce 可以构建更加丰富的上层服务。

Hadoop 生态圈的繁荣，足以说明其强大的功能和适应性，因此获得了业界广泛的支持和肯定。但是，近年来随着分布式系统集群的规模增长以及工作负荷的多样化，作为核心的 Hadoop MapReduce 架构存在的问题逐渐阻碍其进一步发展。

从技术角度看，Hadoop MapReduce 架构模型的主要问题如下。

① JobTracker 是 Hadoop 集群唯一的任务和资源的管理节点，存在单点故障的可能。

② JobTracker 负责的任务过多，势必导致资源消耗庞大。例如，当 job 数量相当大时，JobTracker 庞大的内存开销，也增加了其失效的潜在风险。业界通过实践普遍认为，传统 Hadoop 集群最多支持 4000 节点主机。

③ 在 TaskTracker 端，以 map/reduce task 的数目表示资源过于简单，没有考虑到 CPU/ 内存的占用情况，如果两个大内存消耗的 task 被调度到了一块，很容易出现内存资源不足。

④ 在 TaskTracker 节点，把资源固定划分为 map task slot 和 reduce task slot 两种类型。但是，如果系统中只有 map task 或者只有 reduce task，就会造成集群资源利用率低的问题。

⑤ 源代码庞大复杂，随着版本更新和功能不断增多，带来了任务划分不清晰的问题，于是也增加了 bug 修复和版本维护的难度。

⑥ 传统 Hadoop MapReduce 框架在有更新（无论是不是关键功能）时，都需要进行系统级别的升级更新，以修复 bug 和实现性能提升及特性化。这会导致用户为了验证他们的程序是否适合该 Hadoop 版本而浪费大量时间。

正是因为上述问题，Hadoop 的进一步发展需要解决如下的实际需求。

① 扩展性：突破上述 4000 节点主机的集群规模上限，实现更高的扩展性。

② 多租户：在同一集群下不同租户之间资源和计算能力的逻辑隔离。

③ 服务能力：可以便捷地增加新功能，而且可以灵活地在原有旧版本上测试。

④ 位置感知性：task 如何在各个机架上的机器间分配，以减少跨机架的数据读取。

⑤ 高度的集群资源分配能力：共享计算资源，分配 job/task 和进行资源回收（这个需求也是最关键优先级的）。

⑥ 可靠性和可用性：大规模集群、大量业务应用的容错和故障恢复。

⑦ 安全和审计操作：实现可扩展的操作认证与授权。

⑧ 支持多样的编程模型，而不只是基于 MapReduce 编程和计算模型。

⑨ 灵活的资源模型：支持多样化计算类型，而且涉及资源的分配。

⑩ 向后兼容性：兼容传统 Hadoop 集群下已有的业务应用、编程模型和配置模式。

从业界使用分布式系统的变化趋势和 Hadoop 框架的长远发展来看，MapReduce 的 JobTracker/TaskTracker 机制需要大规模调整来修复它在可扩展性、内存消耗、线程模型、可靠性和性能上的缺陷。为从根本上解决旧 MapReduce 框架的性能瓶颈，促进 Hadoop 框架更好地发展，从 0.23.0 版本开始，Hadoop 的 MapReduce 框架完全重构，发生了根本的变化。于是，在 2012 年 Hadoop 2.0 版本推出时，作为其生态圈中的新成员组件 YARN 被业界广泛关注。YARN 即 Yet Another Resource Manager，是用于集群资源管理的一套系统。YARN 的出现，改变了已有 Hadoop 生态圈的结构，从以 Hadoop HDFS/MapReduce 为核心的既有架构，变为以 YARN 为核心的新架构。这种架构的改变如图 2-2 所示。

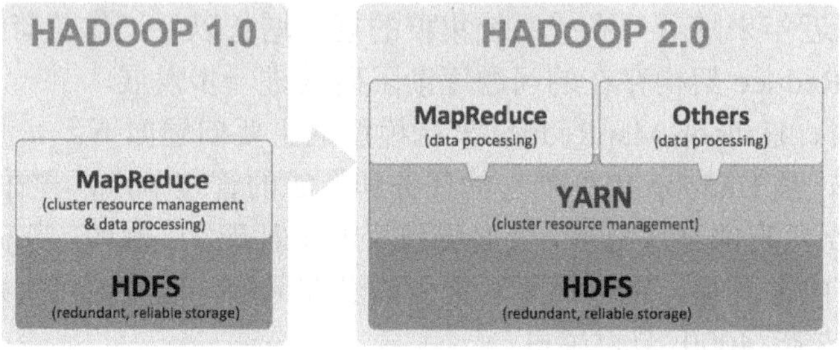

图 2-2　Hadoop 2.0 生态圈的架构变革

YARN 重构根本的思想，是将原有 JobTracker 两个主要的功能资源管理和任务调度/监控，分离成单独的组件。新的架构使用全局管理所有应用程序的计算资源分配，每一个应用（包括 MapReduce 任务）由相应负责的模块调度和协调。YARN 的架构如图 2-3 所示，包括下三个组件 ResourceManager、NodeManager 和 ApplicationMaster 和一个核心概念 Container。

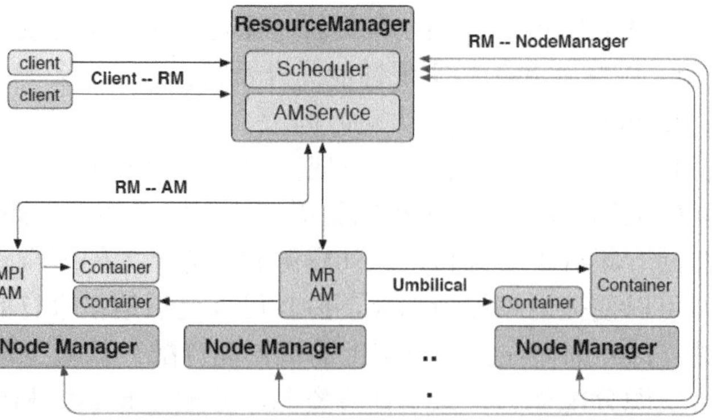

图 2-3　YARN 的架构

1. ResourceManager（RM）

资源管理器，每个集群一个，实现全局资源管理和任务调度。它可以处理客户端提交计算作业的请求，启动/监控 ApplicationMaster，监控 NodeManager，进行资源分配与调度。虽然 ResourceManager 仍可能存在单点故障，但新版本的 YARN 正在着力实现该组件的分布式。当前版本下，可以通过基于 Zookeeper 的服务实现其可靠性保障。

ResourceManager 是基于应用程序对资源的需求进行调度的，每一个应用程序需要不同类型的资源，因此就需要不同的容器。资源包括内存、CPU、磁盘、网络等。可以看出，这同 MapReduce 固定类型的资源使用模型有显著区别，它给集群的使用带来了显著变化。资源管理器提供一个调度策略的插件，它负责将集群资源分配给多个队列和应用程序。调度插件可以基于现有的能力调度和公平调度模型。

2. NodeManager（NM）

节点管理器，每个节点一个，实现节点的监控和报告。具体来说，它实现单个节点的资源管理，处理来自 ResourceManager 的命令，也处理来自 AM 的命令，同时监视资源可用性，报告错误，管理资源的生命周期。当 NodeManager 失效时，ResourceManager 将该 NodeManager 的失效报告至对应的 ApplicationMaster，由 ApplicationMaster 的逻辑来处理对应的失效。

NodeManager 是每一台机器框架的代理，是执行应用程序的容器，监控应用程序的资源使用情况 （CPU、内存、硬盘、网络 ）并向调度器汇报。

3. ApplicationMaster（AM）

应用控制器，每个作业/应用一个，实现应用的调度和资源协调。具体来说，它进行数据的切分，为应用申请资源并分配给任务，完成任务监控与容错。当其失效时，由 ResourceManager 负责重启，但需要 ApplicationMaster 完成应用相关的任务容错。

事实上，每个应用的 ApplicationMaster 是一个详细的框架库，它结合从 ResourceManager 获得的资源和 NodeManager 协同工作来运行和监控任务。ApplicationMaster 向调度器索要适当的资源容器，运行任务，跟踪应用程序的状态和监控它们的进程，处理任务的失败原因。

4. Container

容器，封装了机器资源，如内存、CPU、磁盘、网络等。每个任务会被分配一个容器，该任务只能在该容器中执行，并使用该容器封装的资源。发出资源请求后，ResourceManager 并不会立刻返回满足要求的资源，而需要应用程序的 ApplicationMaster 不断与 ResourceManager 通信，探测分配到的资源后分配。一旦分配，ApplicationMaster 可从资源调度器获取以 Container 表示的资源，Container 可看做一个可序列化 Java 对象，包含字段信息。一般而言，每个 Container 可用于运行一个任务。ApplicationMaster 收到一个或多个 Container 后，再将该 Container 进一步分配给内部的某个任务，确定该任务后，

ApplicationMaster 须将该任务运行环境（包含运行命令、环境变量、依赖的外部文件等）连同 Container 中的资源信息封装到 ContainerLaunchContext 对象中，进而与对应的 NodeManager 通信，以启动该任务。ContainerLaunchContext 包含字段信息。

可见，Container 是 YARN 中资源的抽象，它封装了某个节点上一定量的资源（CPU 和内存两类资源）。Container 由 ApplicationMaster 向 ResourceManager 申请，由 ResouceManager 中的资源调度器异步分配给 ApplicationMaster。Container 的运行是由 ApplicationMaster 向资源所在的 NodeManager 发起的，Container 运行时须提供内部执行的任务命令。

随着 YARN 的成熟和稳定，Hadoop 生态圈形成了一个以 YARN 为核心的生态系统。传统 Hadoop 生态圈中的框架，基本都已实现了向 YARN 的兼容，各种类型的计算框架都可运行在一个 YARN 集群中。这些运行在 YARN 上的计算框架如图 2-4 所示。

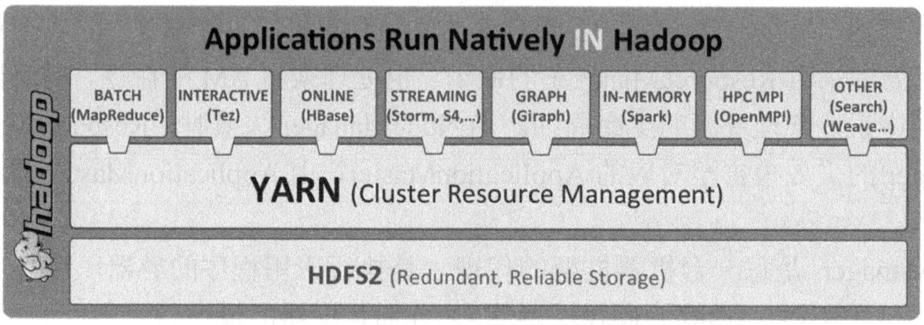

图 2-4　运行在 YARN 上的计算框架

以 YARN 为核心的 Hadoop 2.0 架构，已经实现了以下多种计算模型的资源管理和共享。

① 批处理模型：例如，支持 Apache Hadoop MapReduce 框架。

② 交互式的查询模型：例如，支持 Tez 框架。

③ OLTP 数据处理模型：例如，支持 HBase 框架。

④ 流式数据处理模型：例如，支持 S4、 Storm、Spark Streaming 等框架。

⑤ 图处理模型：例如，支持 Giraph 框架。

⑥ 内存处理模型：例如，支持 Spark 框架。

⑦ 传统分布式计算模型：例如，支持 OpenMPI 框架。

⑧ 其他计算模型：例如，支持作为抽象应用管理层的 Weave 框架。

本书主要讨论的流式数据处理，也作为一类计算模型在 YARN 中被支持。其中，本书讨论的 Storm 是目前最流行的开源流式数据处理系统，也是 Hadoop 2.0 生态系统中的一员。注意，本书为了突出 Storm 本身的特征和方法论，着重讲述 Storm 作为独立的分布式系统的基本概念语义、资源管理和开发使用；而作为 YARN 上的框架，Storm 的配置、管理和运行同样可以参照完成。

2.3 Storm

2.3.1 起源与发展：Twitter 的开源与影响

Twitter 是将微博的潮流引入这个时代的公司，成为当今互联网界的标杆之一。Twitter 的服务允许用户发布不超过 140 个字的微内容，天然地与手机等移动设备的特征契合，被称为"互联网的短信服务"。这种创意来自 2006 年 Twitter 的联合创始人 Jack Dorsey，当时的不经意之举如今已经成为了风靡全世界的社交网络和内容服务。2013 年 11 月 7 日，Twitter 正式在纽约证券交易所上市，发行价为 26 美元，但开盘即大涨 73%至 45.1 美元。在 2013 年年底的统计中，Twitter 的月活跃用户达到了 2.183 亿人，每天大约有 5 亿条推文（tweet）被发送，几乎每秒钟就产生超过 6000 条推文。而且，随着微博的流行和 IT 服务的全球化，这些惊人的数字仍在增长中。应对如此规模庞大和高速到达的数据，Twitter 公司在检索、处理和存储技术上都面临极大的挑战。

前文已经分析过，Hadoop MapReduce 是当前离线大数据分析事实上的标准，对许多海量数据处理应用发挥了至关重要的作用，如进行互联网全网内容索引等。但是，它的架构模型决定了其批处理的计算模型，对 Twitter 这样高度动态的实时数据，存在响应时间和及时性方面的诸多限制。Twitter 作为新兴互联网公司，追求新颖和开放的基因促使其将目光投向开源社区的解决方案。2011 年 7 月，Twitter 收购了一家专注于社交媒体数据分析的公司 BackType，保留 BackType 的称号作为公司中的一个相对宽松自由的开发团队，并让原有首席工程师 Nathan Marz 继续负责之前流式数据处理产品的研发。仅仅两个月之后，2011 年 9 月 17 日，该团队产品的第一个发布版便作为开源软件面世了。这款产品被命名为 Storm，又是在不经意之间，它成为当前大数据环境下流式数据处理最炙手可热的工具，成为一款具有里程碑意义的开源软件。

Storm 是分布式流式数据处理系统，其强大的分布式集群管理、便捷的针对流式数据的编程模型、高容错非功能保障，是它成为业界明星的首要原因。首先，Storm 为大规模的集群配置管理，提供了高效的管理方式，用户通过简单的配置，便可实现之前庞杂的管理步骤。其次，Storm 为复杂的流计算模型提供了丰富的服务和编程接口，降低了学习和开发的门槛，在性能和功能方面均弥补了 Hadoop 批处理所不能满足的实时需求。最后，Storm 提供的可靠性保障，不仅提供对分布式的组件级的容错，而且提供不丢失数据的记录及容错保证。这为当前许多公司的实时分析、在线机器学习、持续计算、分布式远程调用、ETL 等提供了开放、健壮、功能强大和性能卓越的解决方案。所以，相比同类流式数据处理工具，Storm 从发布伊始便广受关注，到目前为止已经在数十家大型企业投入使用，其中不乏业界翘楚。

根据官方网站的不完全统计[1]，Storm 已经在 Twitter、Groupon、Yahoo，淘宝、阿里巴巴、百度、支付宝和 Trovit 等著名公司的产品级应用中使用。

Twitter 公司的各个大型系统广泛使用 Storm，实现多样化的数据应用，如数据发现、实时分析、个性化搜索、收益优化等。甚至 Storm 集成了 Twitter 底层全部的基础设施进行统一的数据处理，包括了 Cassandra 非关系存储、Memcached 分布式内容缓存、Mesos 集群管理服务、消息服务设施、监控/报警系统等。借助 Storm 调度方式的隔离特性，使用同一集群实现了产品的发布版和测试版的同时在线，提供了稳定的能力和扩展方式。一个有趣的事例是生成趋势信息：Twitter 从海量的推文中提取所浮现的趋势，并在本地和国家层次维护。这意味着当一个案例开始浮现时，Twitter 的趋势主题算法就会实时识别该主题。这种实时算法在 Storm 中实现为 Twitter 数据的一种连续分析。

Groupon 的实时数据集成系统中，Storm 被用于分析、清洗、规范化实时数据，以低延迟、高吞吐量的处理能力来解决数据的不一致问题。

Yahoo 开发的下一代大数据框架 YARN，通过支持 Storm 的集成，用于整合海量离线数据和大规模实时数据的资源管理，详见 2.2.2 节。

淘宝基于 Storm 实现了实时的日志统计和信息提取，其中日志是从类似 Kafka 的消息队列中提取的，实时分析后将结果写入其他系统的数据持久化存储中，能支持公司多个项目每天 200 万至 15 亿条记录高达 2TB 的日志处理。

阿里巴巴作为世界最大的 B2B 电子商务平台，利用 Storm 实现业务日志处理和应用中数据记录的实时交换。

百度为中国提供了最大和多样化的搜索服务，其中 Storm 被用于处理搜索日志和提供实时的 PV 及 AR-time 分析，还计划将来推广至现有其他应用的决策和监控服务中。

支付宝作为中国最大的第三方支付平台，Storm 被用于分析交易数量、交易质量、最优的商家、注册用户量的实时计算，还被用于每天超过 6TB 的日志数据处理。

Trovit 是已经在 39 个国家使用的分类广告（包括不动产、汽车、求职、租赁、产品和交易）搜索引擎，其结合已有的 Hadoop 生态圈的技术，将 Storm 用于低延迟的索引广告，为最终用户提供即时响应的搜索结果服务。

Storm 出众的性能，与其设计开发理念是不可分割的。Clojure（发音同 closure）是 Storm 开发实现的基础语言，作为 Lisp 语言的一种现代版本，实现类似于 Lisp，支持函数式编程风格并引入了一些特性来简化多线程编程。多线程、高并发和函数式的设计，使得 Storm 在底层有着高效的通信和异步处理能力。同时，Clojure 是一种基于 Java 虚拟机（JVM）的语言。在 Storm 中通过支持 Thrift 接口，支持多样的编程语言实现应用程序，所需的只是一个连接到 Storm 架构的适配器。除了 Java、C/C++等流行编程语言，Storm 已存在针对 Scala、JRuby、Perl 和 PHP 的适配器。选择类似 Lisp 的语言作为实现基础，一方面是因为这类函数式语言在并发编程上具有优势，另一方面源于负责人 Nathan Marz 本人对 Lisp 的作者、人工智能领域的权威 John McCarthy 的崇拜。Nathan Marz 曾在大学二年级时登门拜访 John McCarthy，并进行了两个小时的交谈；John McCarthy 谈及 Lisp

[1] https://github.com/nathanmarz/storm/wiki/Powered-By

语言那段无心插柳柳成荫的发展历史，深深震撼了 Nathan Marz。

Storm 的快速流行与极大成就，也离不开 Twitter 公司对开源软件的支持。公司开源负责人 Chris Aniszczyk 曾表示，Twitter 可谓构建于开源项目之上，用户在移动端和 PC 端发送和接收的每一条推文都需要开源软件，如果没有开源软件，Twitter 将不会存在。Twitter 公司计划开展一个新项目时，工程师会首先衡量需求以及开源项目的能力，并通过定制开源项目来更好地满足需求。正是如此，Storm 在 Twitter 的大力支持下才发展得如此迅速，并解决了日益飞速扩增的流量和请求。此外，不能不提 Nathan Marz 本人在开源社区的活跃。针对 Storm 项目，从始至终 Nathan Marz 都按照开源的模式进行开发和管理，除了管理 Storm 核心部分的开源，他还提供了大量使用示例作为一个名为 Storm-starter 的开源项目公开，高质量、低门槛和活跃开源示例也带动了 Storm 良性循环。除了 Storm，Nathan Marz 还将大量精力投入其他开源项目，包括 cascalog 和 elephantdb 等；此外，为了为 Storm 营造更便捷的开发环境兼容现有企业业务，他还大力支持 Storm 开源插件和适配器的开发，包括 Storm-jms, Storm-rdbms、Storm-hdfs 等，支持 Storm 从现有流行的结构化和非结构化的数据存储中，提取和分析已有数据。这无疑也极大地推动了 Storm 的流行。

2.3.2 功能

集群环境配置下的 Storm 存在两类节点：主控节点和工作节点。此外，为了实现集群的状态维护和配置管理，还需要一类特殊的节点：协调节点。典型的 Storm 集群架构如图 2-5 所示。

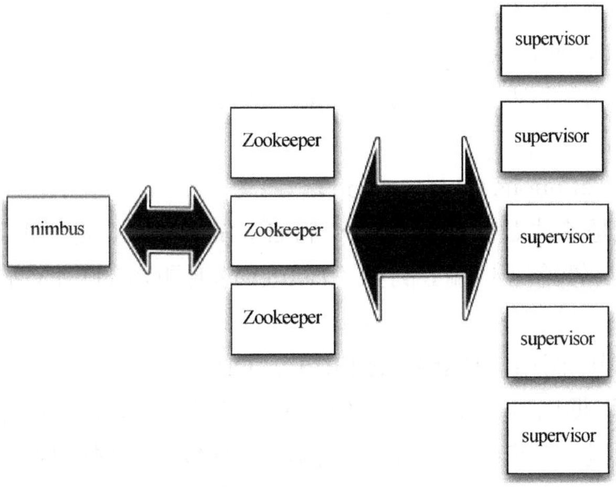

图 2-5　Storm 集群架构

① 主控节点，即运行 nimbus 守护进程的节点。

nimbus 负责在集群分发的代码，将任务分配给其他机器，并负责故障监测。

② 工作节点，即运行 supervisor 守护进程的节点。

supervisor 监听分配所在机器，根据 nimbus 的委派，在必要时启动和关闭工作进程。工作节点是实时数据处理作业运行的节点。

其中，计算在节点上的物理单元是 worker，也即工作进程；计算的逻辑单元是 executor，也即计算线程。而计算的作业逻辑单元是 topology，也即拓扑；计算的任务逻辑单元是 task，也即任务。每个 worker 执行特定 topology 的 executor 子集，每个 executor 执行一个或多个 task。一个 topology 主要有两类组件（component）：spout 和 bolt，分别是流式数据在 topology 中的起始单元和处理单元。组件可以被并行配置，并行的每一份称为一个 task，在一个 executor 中运行。

③ 协调节点，即运行 Zookeeper 服务端进程的节点。

Zookeeper 是一种分布式的状态协同服务，通过放松一致性的要求，为应用建立高层的协同原语（阻塞和更强一致性的要求），在当前分布式系统中，广泛应用于状态监控和配置管理。例如，借助其 API，可以便捷地实现集群中成员节点的配置、协调和读写锁等高级的复杂功能。

为了使具有 Hadoop 基础的读者有更直观的认识，可以将上述概念与 Hadoop MapReduce 进行类比。Storm 的 nimbus 节点类似于 Hadoop 的 JobTracker 节点，Storm 的 supervisor 节点类似于 Hadoop 的 TaskTracker 节点，而 Storm 的 topology 概念类似于 Hadoop 的 job。注意，上述类比仅从技术相似的视角出发，其实从概念层次并不恰当，详见本书后续章节的分析。例如，topology 和 job 是不同数据处理模型下的作业逻辑单元：topology 针对流式数据处理模型，启动后持续执行，直到由外部命令使其终止；而 job 针对批数据处理模型，在执行完毕后，进程自行退出并释放资源。

Twitter 列举了 Storm 系统的三大类功能。

① 流式处理（Stream Processing）。

Storm 可用来流式计算到达系统的新数据，从而实时更新数据。处理过程兼具容错性和可扩展性两大特征。

② 连续计算（Continuous Computation）。

这类功能事实上是流式数据处理的一个特征，Storm 针对定义的过程/查询，进行连续处理，并把结果即时反馈给客户端。例如，Twitter 即时更新的热门话题被实时推送至最终用户。

③ 分布式远程程序调用（Distributed RPC，DRPC）。

Storm 能够以远程调用的方式，并行处理密集查询。Storm 的 topology 可以被配置为等待调用的分布式过程，当它接收调用请求后，触发数据处理过程进行计算，并返回查询结果。例如，通过 DRPC 模式的拓扑，可以通过远程的并行处理，实现即时的搜索或者大集合数据的处理。

2.3.3 特色：可扩展、可靠的分布式流式数据处理

正是由于存在如下特色，Storm 逐步成为当前大数据环境下最流行的流式数据处理系统。

1．可集成多样化数据源的流式数据

Storm 可以集成任何消息队列和数据库系统，从中获取数据进行处理。topology 的 spout 组件，抽象了数据获取的接口使之可集成至 Storm 集群中。Storm 可以通过 spout 插件集成多种数据源，包括：

- 通过 storm-kestrel[2]这个 spout 插件，从分布式的消息队列系统 Kestrel 中获取数据；
- 通过 storm-rabbitmq[3]这个 spout 插件，从 RabbitMQ 这个 AMQP 协议标准实现的消息队列中获取数据；
- 通过 storm-amqp-spout[4]这个 spout 插件，从实现 AMQP 协议的消息队列中获取数据；
- 通过 KafkaSpout[5]这个 spout 插件，从 Kafka 这个高吞吐量量的 JMS 消息中间件中获取数据。

类似地，Storm 可以将数据库作为数据源方便地集成。对于开发人员，仅需要打开数据库连接并进行数据存取操作，其他的复杂过程，如并行化、数据分片和失败后重新读取，可以由 Storm 来完成。例如：

通过 storm-mongo[6]这个 bolt 插件，实现针对关系数据库的数据操作；

- 通过 storm-cassandra[7]这个 bolt 插件，实现针对 Cassandra 这个分布式 NoSQL 数据库的数据操作；
- 通过 storm-rdbms[8]这个 bolt 插件，实现针对 Cassandra 这个分布式 NoSQL 数据库的数据操作。

2．简便的编程概念和接口

Storm 拥有简单易用的 API，编程人员只需要转换从数据源获取的数据为自定义的数据项（tuple），便可以使用 Storm 的其他功能进行处理。其中数据项是一系列键值对的列表，可以包含任意属性的值，因为 Storm 实现了复杂类型的串行化。

Storm 有三个主要的编程概念：spout、bolt 和 topology。

spout 是流式数据的源头，是一个计算作业的起始单元，它封装数据源中的数据为 Storm 可以识别的数据项。典型的例子是，spout 可以从消息中间件如 Kestrel、RabbitMQ 和 Kafka 中读取数据产生流式元组数据，也可以从其他接口如 Twitter streaming API 直接获取流式数据。目前 Storm 实现了绝大多数流行的消息中间件的 spout 插件。

bolt 是处理过程单元，从输入流中获取一定数量的数据项处理后，将结果作为输出流发送。流式数据处理的业务逻辑，大部分都是在 bolt 中实现的，如各类函数、过滤器、连

---

[2] https://github.com/nathanmarz/storm-kestrel

[3] https://github.com/ppat/storm-rabbitmq

[4] https://github.com/rapportive-oss/storm-amqp-spout

[5] https://github.com/nathanmarz/storm-contrib/tree/master/storm-kafka

[6] https://github.com/stormprocessor/storm-mongo

[7] https://github.com/nathanmarz/storm-contrib/tree/master/storm-rdbms

[8] https://github.com/hmsonline/storm-cassandra

接操作、聚集操作、数据库操作等。

topology 是由 spout 和 bolt 为点组成的网络，网络中的边表示一个 bolt 订阅了某个或某些其他 bolt 或 spout 的输出流。topology 可以是任意复杂多阶段流计算的网络，在 Storm 集群中提交后立即运行。

此外，Storm 提供了一种本地模式（local mode），用于在单个进程中模拟部署和测试。当需要在实际集群中运行时，编程人员通过命令行客户端提交 topology 至集群的 nimbus，由其分配资源进行实际的分布式计算。为了帮助用户快速入门和进阶，开源项目 storm-starter project 包含了大量的 topology 的应用示例，供用户学习。

3. 可扩展性

topology 天然具有并行性，可以跨机器甚至集群执行。topology 中各个不同的组件（spout 或 bolt），可以配置为各自不同的并行度。通过用户提交的负载平衡（rebalance）的命令，topology 可以适应变化环境的集群，自动调整组件的任务（tasks）在各个机器间的分布式布局。

Storm 这种天然的并行能力提供了数据处理极高的吞吐量和极低的处理延迟。根据官方提供的基准测试统计，在配置为两个 2.4GHz 主频的 Intel E5645 处理器和内存 24GB 的机器上，针对数据项大小为 100B 的流式数据，Storm 可以在一个节点每秒处理一百万条。

4. 容错能力

Storm 具有适应性的容错能力。当工作进程（worker）失败时，Storm 可以自动重启这些进程；当一个节点（supervisor）宕机时，其上的所有工作进程都会在其他节点被重启。对于 Storm 的守护进程，nimbus 和 supervisor 被设计为无状态和快速恢复的，也即当这些守护进程失败时，它们可以通过重启被恢复而不会产生其他额外的影响。正因为如此，当编程人员通过命令行客户端输入 kill -9 命令终止这些守护进程时，将不会影响集群或者用户提交的计算作业（topology）。

5. 数据处理过程的保障

Storm 保证每个数据项能够被完全处理（fully processed）。这是 Storm 的核心机制之一，高效地追踪到达 topology 的每一个数据项的处理过程。当处理失败或者处理超时时，对应的数据项通过 spout 重新获取后发送。

Storm 还通过 transactional topology 提供了保证一个数据项被且仅被处理一次的能力。也即，即使在故障恢复后存在数据重发，transactional topology 也可保证故障前已经被处理的数据项不会被重复处理。这对于许多需要事务性处理过程的应用来说十分必要。另外，通过 Storm 高层抽象接口 Trident，编程人员可以获得更多和灵活的处理语义。

6. 可使用多种编程语言开发

虽然核心使用 Clojure 语言开发，接口基本通过 Java 语言提供，但 Storm 被设计成可以使用多种语言进行编程的方式。Storm 的核心实际使用了 Thrift 接口定义，用于约束通信协议和提交 topology。正是由于 Thrift 跨语言的能力，topology 可以使用多样的编程语言来描述。类似地，spout 和 bolt 也是可以使用多种编程语言实现的。非 JVM 语言实现的 spout 和 bolt 与 Storm 的通信，是通过标准输入/输出设备（stdin/stdout）的 JSON 格式的协议完成的。目前，Storm 为多种编程语言实现了这种协议的适配器，包括 Ruby、Python、Javascript、Perl 和 PHP。例如，在 storm-starter 这个示例项目中，存在一个 word-count 的 topology 例子，其中完成句子分词的 bolt 是使用 Python 语言实现的。

7. 易于部署和操作

Storm 的集群仅需要少量的配置和安装工作，可以方便地部署和启动。这种能力，使得 Storm 很容易被产品化。如果使用亚马逊的 EC2 部署 Storm 集群和提交计算作业，那么 Storm 的重新安装只需要简单点击便可完成。另外在业务计算被提交后，Storm 仍可以方便地进行修改和配置操作。当然，这也依赖于 Storm 本身提供高可用和持续服务的能力。

8. 免费和开源

Storm 是免费和开源的项目，在 Eclipse Public License（EPL）协议下开放源码和使用。EPL 协议是一个相当自由的开源协议，允许用户的 Storm 应用开源或者作为自行有产权封闭。目前，Storm 的源码在 GitHub[9]上托管。

目前通过第三方贡献的开源插件，Storm 已经形成了包含一系列开发库和统计的生态系统。例如，storm-contrib 项目都是来自开源社区的重要贡献，包含 2.3.2 节提及的大部分 spout 插件和 bolt 插件。该项目中的工具，主要完成以下几个工作。

- spouts 插件：支持 spouts 集成消息队列系统，如 JMS、Kafka,、Redis pub/sub 系统等；
- Storm 对状态的支持：storm-state 工具可以方便地管理用户计算作业在内存中的大量状态，是通过使用可靠的分布式文件系统的持久化实现的；
- 数据库的集成：有很多有用的 bolt 可以从各类数据库，如普通关系数据库、MongoDB、Cassandra 等获取数据；
- 提供其他有利于开发和维护的工具。

当然，在该项目之外，仍然存在很多 Storm 相关的重要开发库。相比较而言，storm-contrib 都是遵循 EPL 协议的开源工具。

[9] https://github.com/nathanmarz/storm

2.4 其他开源流式数据处理系统

2.4.1 Yahoo S4

2010 年 10 月，Yahoo 开源了 S4 [10]，一个通用的分布式可扩展流式数据处理平台，用于编程人员开发流式计算应用。

Yahoo 开发 S4 的动机在于解决其商业搜索引擎面临的实际问题。当前的搜索引擎每秒处理大量请求（查询），每个返回页面中可能有多个广告；而广告都是基于每次点击（cost-per-click）的记账模型，根据用户所处的上下文返回结果并推荐广告。用户上下文可以包括用户偏好、地理位置、先前的查询、先前的点击等。为了能够提高广告商在搜索引擎投放广告的收益，搜索引擎需要在最佳的位置产生最相关的广告。当前，许多搜索引擎的算法都是在给定的上下文中，动态评估计算用户可能点击某广告的概率。所以，对 Yahoo 来说，重要的需求是连续不断分析用户的点击，实时捕获和反馈用户。最初的设计需求，便是及时处理用户的点击反馈。

Yahoo 同样面临系统工具的选择。之所以没有选择 Hadoop 相关工具，是因为 MapReduce 模型主要针对静态数据的批量处理，且数据要先于计算启动存储至 HDFS 中。但是，网页点击事件这样的流式数据，不可能在计算启动前完全到位，而且它是连续不断地到达的。相比离线数据批处理，Yahoo 对点击反馈的处理更重视处理延迟这个指标，也即越快越好，而非数据处理的吞吐量和总的数据规模，也即并非越大越好。

S4 的设计目标包括以下几个方面：

① 简单的编程接口，使编程人员尽快熟悉流式数据的编程模型；

② 高可扩展，系统灵活和易用；

③ 计算和数据通信通过使用本地内存，摒弃磁盘的 IO 操作，改善处理延迟；

④ 使用去中心化和对称架构，所有节点的重要性相同，减少部署和维护的工作量；

⑤ 功能可插拔，使得平台通用化的同时也可定制化。

S4 借鉴了 IBM 的 Stream Processing Core（SPC，也是一个流式数据处理系统）中间件的设计，将 SPC 的订阅模型，改为 Actors 模型，也即事件的反馈触发模型。结合官方发表论文中给出的 word-count 应用例子，如图 2-6 所示，下面阐述 S4 关键的编程概念。

1. event stream

S4 将输入/输出的流式数据定义为 stream，而 stream 的逻辑单元是事件（event）。每个 event 是一个键-属性（K, A）数据项，其类型需要通过 EventType 来表示。其中，K 和 A 分别表示这种类型 event 的键（key）和属性（attribute），键和属性都是通过键值对来表

[10] http://incubator.apache.org/s4/

示的。例如，图 2-6 中的事件 WordEvent，key 是 word=″said″，value 为 count=2；该事件的类型表示某个单词出现的次数，上述这个事件表示了 said 这个词，此时出现了两次。在一个 S4 的处理应用中，事件是作为原始输入，或是通过处理元素（Processing Element）处理后生成的。

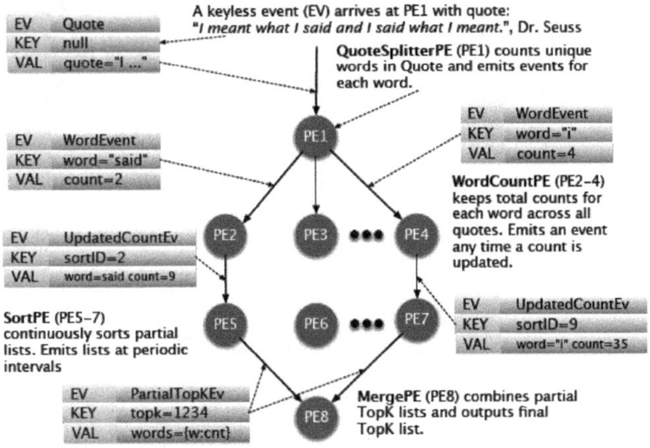

PE ID	PE Name	Key Tuple
PE1	QuoteSplitterPE	null
PE2	WordCountPE	word="said"
PE4	WordCountPE	word="i"
PE5	SortPE	sortID=2
PE7	SortPE	sortID=9
PE8	MergePE	topK=1234

图 2-6　基于 S4 实现的 word-count 应用

事实上，S4 的 event 的概念与 Storm 的 tuple 是一致的，而 stream 的概念和 Storm 是完全相同的。

2．Processing Element（PE）

PE 是 S4 应用数据处理的最小单元，其处理逻辑由编程人员开发。PE 只负责处理指定的 EventType 的事件，且只处理自己所对应的 key 值的 event。其处理的结果，可以作为新 EventType 的事件向下游发送。S4 处理一个 key 的 event 时，会先检查相应的 PE 是否已经存在，如果不存在，S4 则初始化相应的 PE，然后交由这个 PE 进行处理，如图 2-6 所示。

在这个例子中，PE2 负责处理相应的单词事件（WordEvent），业务逻辑是统计所指定单词的计数，然后输出给下游的 PE。PE2 统计的 EventType 为 WorkEvent，所关心的 key 为 word，所关心的 key 值为“said”。此时，若流中又出现了一个 WordEvent，key 为 word=“listen”，该事件就不交由 PE2 处理， S4 会为“listen”值分配其他 PE 或启动新的 PE 进行处理。

S4 中还有一类特殊的 PE，即 keylessPE（没有 key 和 key 值），这些 PE 会接收相应 EventType 的所有 event 进行处理。这类 PE 主要用来作为 S4 集群的输入层（Input Layer），即外围应用产生相应的事件（keyless event），将这些 event 发到任何一个节点。而集群中的每个节点都会启动一个 keylessPE，这些 PE 做简单的输入处理后，转化为 keyed event，交给集群中的其他 PE 类型进行处理。

3. Processing Node（PN）

Processing Node 是 S4 中的逻辑节点，监听消息的到来，处理到达的消息，然后通过通信层（Communication Layer）将 event 在集群中分发。S4 主要依据上面提到的 EventType 及 key，对 key 值求 hash，在集群中进行分发。关注的 key 集合通过配置文件得到。对于需要处理的 event，会交给 PN 中的 Processing Element Container（PEC），然后 PEC 调用相应的 PE 进行处理。可以保证，相同 EventType 和 key 值的 event，一定会被路由到对应的 PN 处理。PN 功能框如图 2-7 所示，其底层的通信层和 Zookeeper 协同完成节点管理的功能。

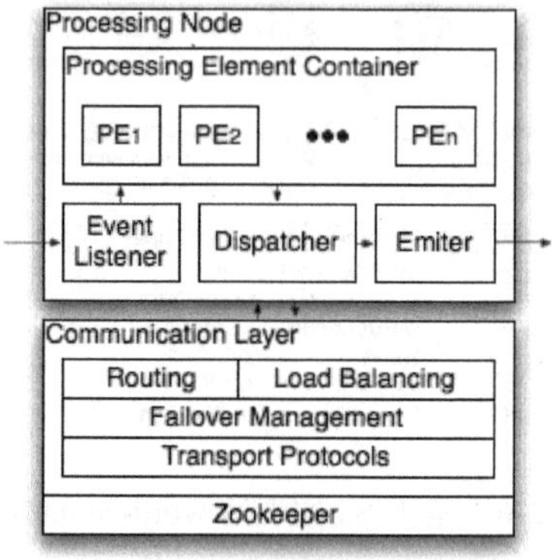

图 2-7 PN 功能框

S4 作为第一个工业界巨头开源的流式数据处理系统，在发布初期引起了业界广泛关注。但是，其之所以发展和应用有限，是因为存在如下几个局限性。

（1）可用性保障有限。

S4 可以重启 PE 实现 PE 故障的恢复，也即一个节点失败，数据处理功能会迁移至其他节点，但是会丢失的原节点的内存状态。特别地，S4 假设应用允许 PE 故障时的数据丢失。可以想象，这种允许数据丢失的容错机制，限制了它在可用性要求较高的场景下的适用性。而且，官方文档也特别说明，健壮性（robust）不是 S4 的关注点，这样的定位也对其在业界的推广产生了消极影响。

（2）集群伸缩性有限。

S4 假设，应用在运行时不会添加或减少节点。这个假设导致在计算运行时，无法动态扩展计算资源。事实上，作为流式计算的处理系统，应用都需要长期运行处理不间断的流式数据，这种限制一方面让既有应用无法实现需求的变更（无论主动还是被动的），另一方面限制了其集群上所能承载的应用的规模。这也阻碍了企业使用 S4 处理大规模流式数据满足处理业务的需求。

（3）Yahoo 的关注程度相对较低，开源社区活跃度低。

这个方面是 S4 与 Storm 两个系统工具最直观的差别。Yahoo 公司在开源社区的贡献可以说是有目共睹，特别是在 Hadoop 的源码和维护上，但是其更多的资源仍然投入传统 Hadoop 生态圈，面向离线/静态数据处理技术的研发。S4 对公司来讲，更多的是实验性质的半成品。正是这样的现实，影响了开源社区的热情，活跃度一直不高。后来，在各种社区的努力下，S4 被纳入 Apache 的孵化项目更开放地为社区服务，希望借此重新获得业界的关注与认可。

通过整理现有的网络资源，本书总结了 S4 与 Storm 的异同（表 2-4）。注意，我们并不强调两个工具孰优孰劣，只是想通过这种直观的比较，帮助读者选取工具。

表 2-4　Yahoo S4 和 Twitter Storm 的比较

	Yahoo　S4	Twitter Storm
协议	Apache License 2.0	Eclipse Public License 1.0
开发语言	Java 语言	核心由 Clojure 语言编写，接口主要由 Java 语言实现
结构	去中心化的对等结构	存在中心节点（nimbus）和工作节点（supervisor）
通信	基于 UDP 可插拔的通信层	基于 Thrift 框架，实现跨语言的通信
事件/Stream	用户自定义 event 形成的数据流，event 通过键值对定义实现	用户自定义的 tuple 形成数据流，tuple 通过命名 field 和注册序列化器实现
处理单元	Processing Element，内置处理 count、join 和 aggregate 等操作	bolt，没有内置任务，提供 IBasicBolt 抽象类，可自动 ack
第三方交互	提供 API、Client Adapter/Driver、第三方客户端输入或者输出事件	定义 spout 用于产生 Stream，没有标准输出 API
持久化	提供 Persist API，可根据频率或者次数做持久化	无特定接口
可靠处理	无，可能会丢失事件	可以配置实现数据不丢
数据路由	EventType + keyed attribute + value 匹配	Stream Groupings：Shuffle、Fields、All、Global、None、Direct 等方式
多语言支持	Java 语言	多语言支持，通过 Thrift 和进程间通信实现
故障迁移	支持任务迁移，数据无法迁移	支持任务迁移，可配置数据重发
负载均衡	取决于节点数目，不可调节	有限支持，尽量将 worker 和 task 在节点间均匀分布
动态集群管理和部署	不支持	支持
Web 管理	不支持	支持
成熟度和活跃度	半成熟，活跃度低	成熟、活跃

2.4.2　Spark Streaming

Spark Streaming 是 Spark 的扩展系统，用于支持连续的流式计算。作为 UC Berkeley 云计算软件套件的一部分，Spark Streaming 是建立在 Spark 上的应用框架，利用 Spark 的底层框架作为其执行基础。

开发 Spark Streaming 的动机，同样来源于当前互联网系统处理数据的实时性需求和批处理模型之间的矛盾。例如，大型网站的统计、分析、入侵检测和垃圾邮件过滤等。Spark Streaming 的设计目标就是为这类应用提供近似实时的数据处理（小于 1ms 的延迟）。Spark Streaming 在追求低延迟处理目标的同时，还为故障和超时等提供了类似批处理系统的容错机制，力求在扩展系统规模和提供简便的编程模型的同时，最大化成本效益。为此，它的设计理念是支持与批数据处理系统的集成和兼容，作为 Spark 生态圈下的一个衍生系统。

为了理解 Spark Streaming，就不能不提 Spark 框架本身。这里我们首先简单介绍 Spark 框架基本概念和架构，更多的详细内容可以从其官方站点[11]和技术论文（USENIX NSDI 2012 最佳论文奖）中获取。Spark 是 UC Berkeley 大学 AMP 实验室开源的计算集群系统，其目标是提供快速计算、快速写入和高度可交互的查询。由于 Spark 是集群间的内存计算，避免了各个业务作业间的磁盘 IO 瓶颈，所以在解决特定环境下的问题时，Spark 的性能指标远好于传统 Hadoop MapReduce 框架。Spark 使用 Scala 语言开发，允许像操作本地文件那样使用分布的数据集，通过交互式的解释器（如同 Python 和 Ruby）提供快速开发和测试的方案。Spark 除提供高效的迭代算法外，也支持交互式的数据挖掘，故能解决一系列实际的计算问题。Spark 最关键的技术细节是，提供了一层内存抽象，称为弹性分布数据集（Resilient Distributed Dataset, RDD）。现有的分布式内存抽象，如 key-value 存储和数据库，都采用细粒度的更新策略和多样的状态，这迫使集群在实现跨机器的容错时，不得不去复制数据或者登记日志，导致了大量数据密集型的负载。RDD 方式可以防止这种限制，允许粗粒度的数据更新（如 map、filter 和 join 操作）策略，可以把同一个操作应用至多个数据集。这允许 Spark 通过简单将数据操作登记至日志，而非复制所有操作的数据来提供高效的容错能力。此外，RDD 可以通过多种计算框架，如 MapReduce、DryadLINQ、SQL、Pregel 和 HaLoop，高效地表达编程模型。Spark 另外提供了其他的容错方式，通过在写盘时允许用户指定持久化的条件。数据位置（data locality）也被维护，而且允许用户控制数据分片。Spark 维护的伸缩性超越了内存的限制，通过排序数据分片解决了基于扫描操作导致的存储暴增。

在 Spark 框架之上，Spark Streaming 实现了流式数据处理的系统，主要包含如下特征的概念模型。

① Spark Streaming 的计算流程，是将流式计算分解成一系列短小的批处理作业。计算的批处理引擎是 Spark，把 Spark Streaming 的输入数据按照设定的批大小（如 1 秒）分成一段段数据（Discretized Stream，DStream），把每一段数据都转换成 Spark 中的 RDD，然后将 Spark Streaming 中对 DStream 的 Transformation 操作变为针对 Spark 中对 RDD 的 Transformation 操作，并将 RDD 经过操作转换为中间结果保存在内存中。整个流式计算根据业务的需求可以对中间的结果进行叠加，或者存储到外部设备（图 2-8）。

[11] http://www.spark-project.org/

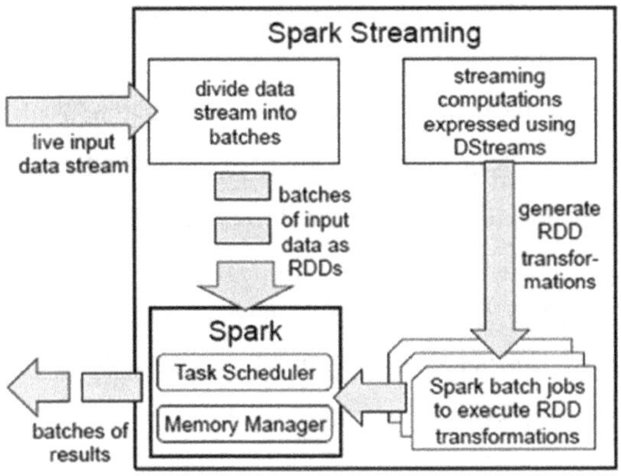

图 2-8　Spark Streaming 的架构与计算流程

② Spark Streaming 的容错性，是通过 Spark 中 RDD 的容错机制实现的。每一个 RDD 都是一个不可变的分布式、可重算的数据集，其记录着确定性的操作继承关系（lineage），所以只要输入数据是可容错的，那么任意一个 RDD 的分区（Partition）出错或不可用，都是可以利用原始输入数据通过转换操作而重新算出的。对于 Spark Streaming 来说，其 RDD 的继承关系如图 2-9 所示。图中每一个椭圆形表示一个 RDD，椭圆形中的每个圆形代表一个 RDD 中的一个分片（Partition），图中每一列的多个 RDD 表示一个 DStream（该图中有三个 DStream），而每一行最后一个 RDD 则表示每一个 Batch Size 所产生的中间结果 RDD。图中的每一个 RDD 都是通过 lineage 相连接的， Spark Streaming 输入数据可以来自磁盘（例如从 HDFS 复制），或是来自网络的流式数据（Spark Streaming 将网络输入数据的每一个数据流复制两份到其他的机器），都能保证容错性。所以 RDD 中任意的 Partition 出错，都可以并行地在其他机器上将缺失的 Partition 计算出来。

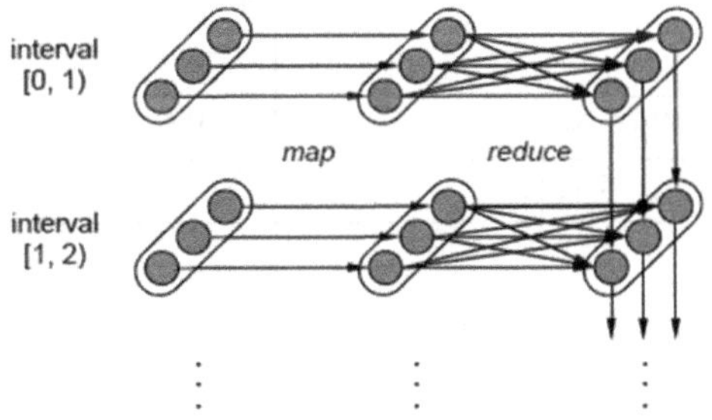

图 2-9　Spark Streaming 中 RDD 的继承关系

③ 计算的准实时性。Spark Streaming 将流式计算分解成多个 Spark Job，对于每一段数据的处理都会经过 Spark DAG 图分解，以及 Spark 任务集的调度。对于目前版本的 Spark Streaming 而言，其最小的 Batch Size 的选取在 0.5~2 秒，所以 Spark Streaming 能够满足除对实时性要求非常高（如高频实时交易）之外的所有流式准实时计算场景。注意：相比较

而言，Storm 可配置的延迟是毫秒级的，故 Spark Streaming 被称为 **“准实时”** 数据处理系统。

④ Spark Streaming 的扩展性依赖于 Spark，可线性扩展到百个节点，在 4 核 CPU 节点的吞吐量，可以以秒级的延迟处理 6GB/s 的数据量（60M records/s）。

⑤ Spark Streaming 的编程模型和 Spark 的编程模型一致，因为它们建立在同一框架模型上。对于 Spark 来说，编程就是对于 RDD 的操作；而对于 Spark Streaming 来说，就是对 DStream 的操作。编程模型的高度一致，使得 Spark Streaming 的学习更加容易，同时也可以无缝地将业务逻辑在实时处理和批处理上切换和复用。

Spark Streaming 和 Twitter Storm 的比较见表 2-5。

表 2-5　Spark Streaming 和 Twitter Storm 的比较

	Spark Streaming	Twitter Storm
协议	Apache License 2.0	Eclipse Public License 1.0
开发语言	Scala 语言	核心由 Clojure 语言编写，接口主要由 Java 语言实现
结构	去中心化的对等结构	存在中心节点（nimbus）和工作节点（supervisor）
通信	基于 TCP 或共享存储	基于 Thrift 框架，实现跨语言的通信
事件/Stream	用户自定义 RDD 形成的数据流	用户自定义的 tuple 形成数据流，tuple 通过命名 field 和注册序列化器实现
处理单元	Job 的批处理任务	bolt，没有内置任务，提供 IBasicBolt 抽象类，可自动 ack
第三方交互	提供 API，可以使用标准输出设备和外部文件	定义 spout 用于产生 Stream，没有标准输出 API
持久化	基于内存的数据分片	无特定接口
可靠处理	RDD 中的数据出错，可并行地从其他节点上将缺失的分片计算恢复	可以配置实现数据不丢
数据路由	与 MapReduce 的模型相似，由任务的业务逻辑确定	Stream Groupings：Shuffle、Fields、All、Global、None、Direct 等方式
多语言支持	Java 语言	多语言支持，通过 Thrift 和进程间通信
故障迁移	支持任务和数据的迁移	支持任务迁移，可配置数据重发
负载均衡	取决于节点数目，不可调节	有限支持，尽量将 worker 和 task 在节点间均匀分布
动态集群管理和部署	不支持	支持
Web 管理	支持	支持
成熟度和活跃度	较为成熟和活跃	成熟、活跃

总之，Spark Streaming 提供了一套高效、可容错的准实时大规模流式处理框架，它能和批处理计算及准实时查询共存于同一个软件栈。这种兼容性不仅降低了学习成本，更重要的是保障了业务逻辑的持续性和复用能力。目前从学术界开源出来的 Spark 已经成为 Apache 孵化项目，这势必会扩大它的应用范围并加速其推广。

2.4.3 Facebook Puma

作为世界上最大的社交网络，Facebook 一直致力于 Hadoop 技术的研发。2010 年 3 月的统计显示，Facebook 拥有世界上最大的 Hadoop 计算集群：2000 台计算机，包含 800 台 16 核系统和 1200 台 8 核系统，集群中每个系统存储了 12 万亿到 24 万亿字节的数据。到 2011 年，集群当中已有 25PB（原始数据约 150PB）的压缩数据，而且每天新增约 400TB 数据。FaceBook 每天有数万名活跃用户，庞大的用户群体吸引了入驻平台的企业的注意，精准定位潜在用户进行产品或服务的营销，成为必然需求。为此，Facebook 需要对用户的实时信息进行分析，提供的实时数据分析工具就显示出重要作用。

在这种背景和动机下，Puma 作为 Facebook 的流式计算工具在其业务中投入使用，主要应用于实时的日志数据分析。虽然 Facebook 致力于将 Puma 推向开源，但到目前为止 Puma 仍然作为 Facebook 内部的系统在使用。目前的技术报告和官方论文显示，Puma 已经经历了三个版本。Puma 3 的架构如图 2-10 所示，包括如下几个部分。

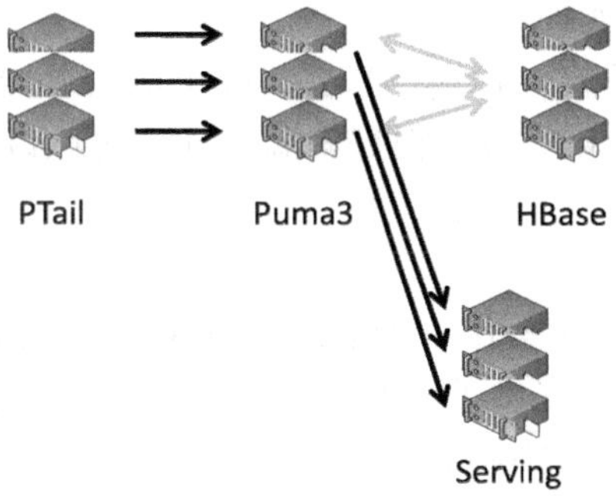

图 2-10　Facebook Puma3 的架构

1. Puma 的划分（shard）：通过聚集主键进行分片

每一个划分（shard）都是在内存中的一个 hashmap，hashmap 中的每一项（entry）是一个键值对。其中，键为一个聚集 key，值为一个用户定义的聚集操作。此外，通过 HBase 实现键值对的存储。

2. Puma 的写流程（write workflow）

对于每一条日志，Puma 从中抽取 key 及其值，查找在 hashmap 中 key 对应的 entry，若存在则调用该项对应的聚集操作。

3. Puma 的检查点流程　（checkpoint workflow）

Puma 每隔 5 分钟，保存修改的 hashmap 项中 key 对应的 entry，调用 PTail（Facebook 的另一著名工具）向 HBase 中存储 hashmap 检查点。若一个节点发生故障，则从 HBase 中获取最近的检查点，用于启动并恢复处理功能。这种机制的优势在于，一旦数据被扫描便可以抛弃（无须在故障后恢复），而可借助存储的检查点恢复数据。

4．Puma 的读流程（read workflow）

Puma 存在两类读取操作：未提交读（read uncommitted）和提交读（read committed）。未提交读直接操作内存中的 hashmap，当 hashmap 不命中时再读取 HBase 中的存储。提交读是从 HBase 中读取数据和进行操作。

5．Puma 的 Join 操作

Puma 的 Join 操作，可以统计 HBase 中的连接表，并且提供接口实现编程人员自定义的函数，进行分布式的 Hash 查找。Puma 提供的本地缓存可以大幅提高自定义函数的吞吐量。

通过上述机制，Puma 3 提高了写操作的吞吐量，但同时需要使用更多的内存。为此，Puma 提供了几个特殊聚集函数，实现计数（unique counts calculation）和频繁项查询（most frequent item）等功能。此外，为了兼容现有的数据分析业务，Puma 还支持了一种类 SQL 的查询语言——PQL（Puma Query Language）。

在实施了 Puma 系统后，Facebook 在日志处理业务上，取得了如下的性能提升。

（1）可扩展的流式数据处理。

Puma 的系统组件可以采取多种通信模式，既可以与 Push/RPC-based 系统，又可以与 Pull/File-based 系统实现兼容和集成。根据实验统计，可以以小于 10s 的延迟处理约 9GB 的日志数据。

（2）可靠的流聚集操作。

Puma 对基于时间的分组操作（Time-based Group By）和基于表查询的流连接（Table-Stream Lookup Join），提供了良好的支持。Puma 还支持多种查询和交互模式，比如使用自有的 PQL 查询和兼容 Hive 操作。

同时，Puma 仍有许多地方有待提高。例如，Puma 不支持滑动窗口，这对个性化业务处理逻辑的实现带来了困难；缺乏任务调度和负载均衡，这对管理大规模的分布式系统提出了挑战。由于 Puma 尚未真正开源，更多的技术细节不得而知。相信 Puma 在经过进一步的完善和准备后，Facebook 也会为当前大数据环境下的流式数据处理带来令人眼前一亮的系统工具。

2.5 本章小结

作为本书理论和技术的基础，本章论述了流式计算的理论和技术。针对流式数据处理的理论，本章归纳了流式数据的概念特征和流式实时计算的发展及挑战。针对流式数据处理技术，本章详细分析了目前大数据环境下的数据处理挑战，并分析了当前发展火热的 Hadoop 2.0 生态圈与流式数据处理在其中的位置。为了便于后续章节详细讨论 Storm 这个最流行的开源流式数据处理系统，本章介绍了 Storm 的起源发展、架构功能和特色之处。本章还讨论了与 Storm 类似的开源系统，并从多个角度比较了它们与 Storm 的异同。

第 3 章

实际案例：城市道路车辆数据的实时监控分析系统

本书前两章，主要从宏观的理论和技术视角，介绍了当前大数据和流式数据处理的发展及现状。作为本书第一篇的最后一章，本章将从具体的实际案例视角，分析作者所在团队参与的一个工程项目。该案例来源于电子政务下的智能交通管理，涉及大数据、云计算和物联网等多个研究方向的需求，特别是存在典型的实时计算业务需求，很好地体现了前文所述的各项挑战和技术需求。正因为如此，本书后续章节的技术实践均围绕该案例展开，以实际需求为例讲解接下来的第二篇（Storm 系统）和第三篇（Storm 应用），力求使读者能够管中窥豹并举一反三，为当前火热的大数据应用添砖加瓦。

3.1 背景与需求分析

3.1.1 背景

本章的研究背景来自某大型城市智能交通项目，该项目的场景如图 3-1 所示。该大型城市每日存在多样化的数据，不仅要求逻辑上汇聚集中处理，还要求能够为现有的多类业务提供决策支持、分析控制和规划的实时服务。具体来说，存在如下特征。

① 数据类型多、来源广泛，实时流式数据是其中最主要和规模最大的一类。目前，城市智能交通采集前端的规模成倍增长，从数百扩展到了数千，同时覆盖范围不断扩大，从局部小区域覆盖至市级全路网。此外采集手段多元化，不仅包括摄像头，还包括地磁棒、射频识别、微波和线圈等。正是因为采集设备的多样化、数量的规模化、采集范围的全局化，采集的交通数据日益丰富。例如，该大型城市的智能交通数据采集系统，可以采集到车辆牌号、车身颜色、车标、时间、地点、经纬度、速度等多项特征数据。随着市民生活

质量和追求的不断提高，以及机动车保有量及出行量的持续增加，近年来智能交通系统在实际应用中产生并积累了大量的数据。仅以车牌识别数据为例，城市道路上所部署的车牌识别摄像头数量为5000个点，每个点的高峰采样频率为1条/秒，每天的高峰折算率为0.33，一年车辆识别数据记录数将超过500亿条，数据存储量也将达到15PB（含车辆识别图片）。

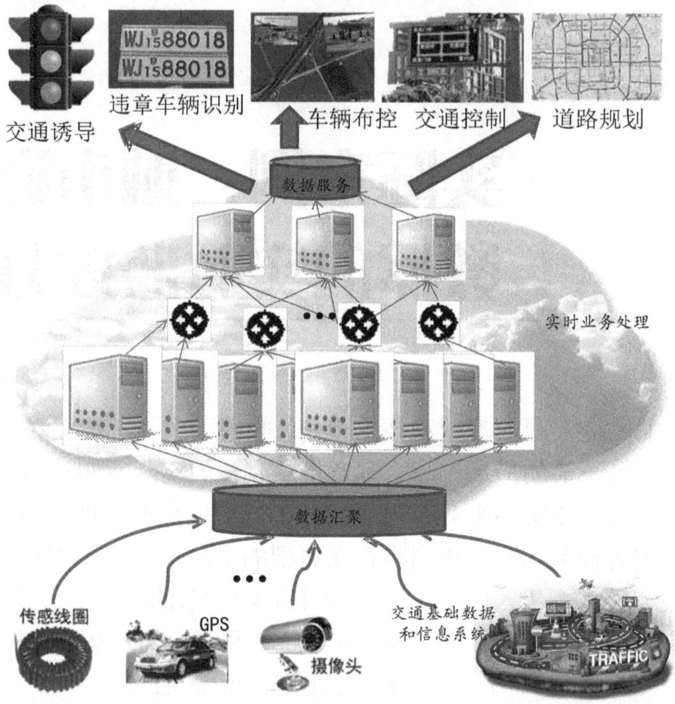

图 3-1　城市智能交通场景

② 数据在云端汇聚处理，业务处理的实时性要求高。以流式数据为主要类型的大规模的数据，通过各种传感设备实时集中汇聚至云端部署的处理系统，逻辑上集中汇聚计算。云端系统是一套大规模分布式的流式数据处理系统，针对高并发、快速到达的数据，进行数据接收、拆包校验（验证完整性和有效性）、重新打包（根据不同的业务需求），以流式数据的形式，向各个业务计算分发需要的数据。其中，被分发的数据存在不同的类型，例如拍照照片主要用于存储归档，识别的车牌数据用于下游的违章车辆甄别等计算。无论何种业务，各个计算中最长的响应时间（即从一个数据项到达至完成处理）不能超过3s，显然这是典型的实时计算需求。

③ 基于流式计算，提供全面的智能交通服务，实现业务管理及信息发布。该项目下的典型应用，是通过数据服务的形式展现的。根据服务所达成的业务效果，这些服务可被大致分为三种类型。第一类是违章车辆自动甄别与实时布控：基于历史数据和实时数据处理结果，自动判定套牌、假牌、路段超速、违章特种车等车辆，发现和定位违章及黑名单车辆，并对指定车辆行驶轨迹提取与布控预警等。第二类是城市范围的交通态势监测与诱导：基于多源实时的数据分析，监测道路状况，判定交通态势；基于大范围交通感知数据的区域级交通信号灯的连网控制，提供交通诱导及停车诱导。第三类是信息服务及交通规

划分析：面向多样化终端，包括专用客户端和通用移动设备的 App，提供交通信息服务，实现定制交通业务或公开的公众服务；同时，实时数据处理，结合海量历史数据，挖掘大规模出行数据上的宏观交通规律、出行行为、异常事件等，为道路规划、交通管理策略制定提供支持。

可以说，该项目是一个综合各种理论学科和多种实践技术的交叉型应用，体现了当前大数据环境下的智能交通业务需求，势必需要多部门、多渠道、多服务目标协作完成。本书重点关注其中的数据处理业务。

3.1.2　数据处理的业务需求

作者所在团队参与建设了这个项目的城市道路车辆数据的实时监控分析系统。作为核心环节，数据处理，特别是流式数据处理，是项目成功完成并实施的关键。数据处理和分析技术，为实时性要求高的典型业务应用提供了支撑，可实现例行数据分析和异常监控预警等。其中，系统针对业务的数据处理需求具有以下特点。

① 以流式数据为主要形态的业务数据，具有动态环境下负载易变的特征。大数据环境下的智能交通，流式数据来源广泛，在不同时刻可以呈现完全不同的负载情形。以道路车辆识别数据为例，这类来源的流式数据，在每天的同一路段的不同时段、同一时段的不同路段，并发量、数据到达速度、峰值并发速度等负载因素，是存在不同的阶段性规律的。但是，因为交通环境的变化性和复杂性，特定的时刻很难完全预测其负载。例如，天气、节假日和文体活动日、限行规则、地理位置状态等，很多不可知的因素，都会对流式数据的负载产生影响。易变负载的流式数据，对数据处理提出了更高的要求，系统需要适应不同负载流式数据输入。

② 以流式数据处理为主的业务应用，实时连续计算，具有业务多样化的特征。在现有业务需求下，系统需要完成 11 种不同的业务计算，包括假牌车辆甄别、黑名单车辆甄别、套牌车辆甄别、超速车辆甄别、黄标车监控、公交车监控、车辆实时布控、交通流量统计、旅行时间统计等。对于不同业务计算，数据处理的模型也是不相同的，有的针对即时到达的车牌数据，有的针对最近一段时间的累积数据，有的需要检索计算，有的需要统计计算。正是由于业务的多样性，系统需要为流式数据处理提供便捷、多样化的编程模型和基础功能；此外多种大规模数据处理应用的并行化，是提高处理实时性的必要手段，也是系统的内在需求之一。

③ 系统的扩展性，是适应业务需求变更的必要能力。系统的扩展性需求，源于两方面原因，一方面是接入系统的前端设备数量的增加，另一方面是系统的数据处理能力的提高。无论哪一类原因，根本原因都是系统单位时间内的数据处理规模增大、业务种类增加和实时性需求提高，带来的更高的计算需求。这样的扩展性需求，要求系统能够灵活配置、水平扩展现有系统，而非停机和中断现有业务计算进行升级。

④ 系统的健壮性和处理的可靠性，是特别需要重视的因素。流式数据处理的可用性保障，是系统的健壮性和处理的可靠性内在需求。为了提高系统处理能力，系统自然需要

增加处理节点的数量，这同时也增加了因为某一处理节点的失效导致系统整体受到影响的风险。例如，在并发量大或数据高速环境下，系统接收快速到达的数据，一旦处理节点出现故障，一方面会影响甚至中断下游的数据接收和处理；另一方面会导致未能传递的数据迅速积累，影响上游节点的处理过程，甚至产生上游的连锁反应，降低系统的可用性。为满足这样的可用性需求，系统运行时需要提供副本技术和容错机制，保证在节点故障时无人工干预快速恢复数据处理。

综上所述，多样性和适应性的编程模型、支持资源扩展的管理能力、保障系统健壮和处理可靠的相关非功能保障，是该项目系统需要满足的实际内在需求。为此，接下来本书将讨论项目的设计与选型。

3.2 数据处理系统的架构设计与技术选型

3.2.1 架构设计

流式数据的实时处理系统，是本项目需要实现的核心工具。针对上文分析的业务需求，我们给出了如图 3-2 所示的架构设计，由如下几个部分构成。

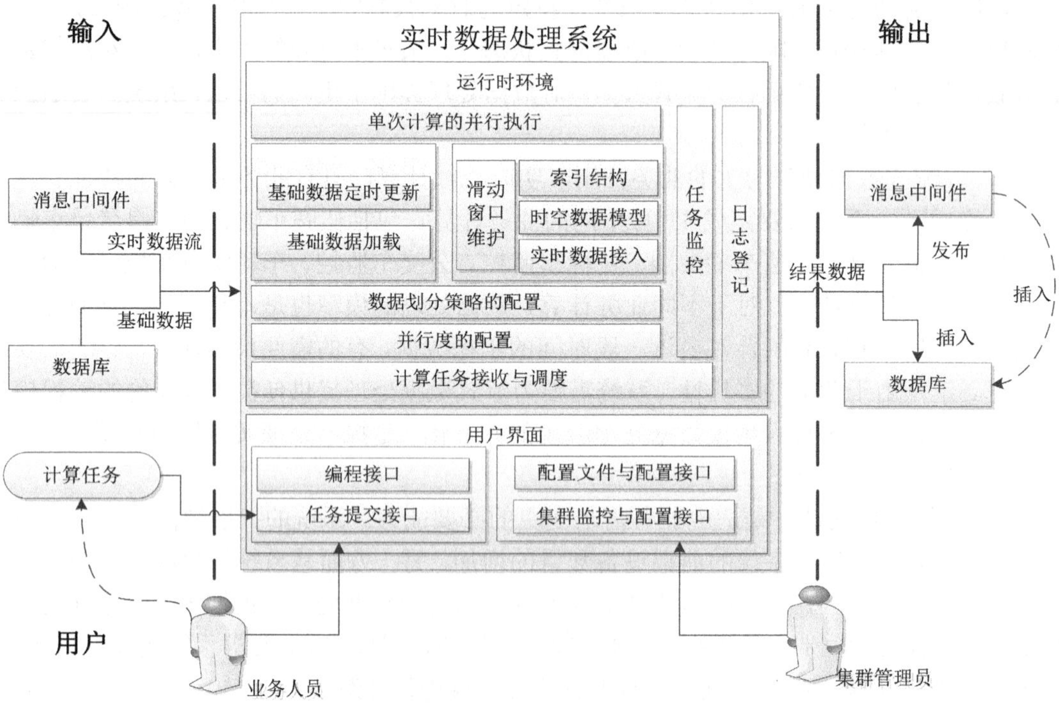

图 3-2 实时计算系统的架构设计

1. 系统的用户

系统的用户有两类：业务人员和集群管理员。其中，业务人员是系统中编写、测试、部署和维护数据处理应用的用户，是实际操作和维护应用的一类用户；集群管理员是负责维护基础设施（包括机器、集群和虚拟化环境）的用户，是负责向应用提供和维护基础资源的一类用户。

2. 系统的输入

系统的输入包括两类数据：实时的流式数据和静态的离线数据。其中，流式数据是前端设备实时发送的识别数据、GPS 数据等，是通过消息中间件实现的事件触发，推送至系统的。离线数据是应用需要用到的基础数据，如车驾管的车牌管理数据表、黑名单车辆表等关系数据库中的离线数据，是通过数据库读取接口读取至处理系统的。为了实现基础数据更新后的业务连续性，离线数据的维护需要设定更新频率，也即每隔指定的时间间隔，将丢弃已有基础数据，重新读取以保持数据的新鲜度。不同的业务使用不同的基础数据，不同基础数据的更新频率不同。例如，车驾管数据需要每天更新一次，而黑名单数据需要每 5 分钟更新一次。可以看到，相比实时数据，离线数据的频率仍然要低数个量级。

3. 系统的输出

系统的输出包括两类数据：实时的流式数据和静态的离线数据。其中，流式数据是写入消息中间件的指定数据队列暂存，可以被异步推送至其他业务系统。离线数据是计算结果，直接通过接口写入业务系统的关系数据库。业务计算的结果输出方式，是由两个条件决定的。第一个条件是结果产生的频率：若计算产生结果的频率可能会很高，则结果以流式数据的形式写入消息中间件。例如，在实时布控计算中，针对指定车辆实时布控或者黑名单甄别计算的结果数据，可能会以极高的速度被返回，这类结果以流式数据形式被写入消息中间件。这是因为，数据库（特别是传统关系数据库）的吞吐量很可能无法适应高速数据的存取需求。第二个条件是结果需要写入的数据表规模：若需要插入结果的数据表已经很庞大，则结果以流式数据的形式写入消息中间件，待应用层程序实现相关队列数据的定期或定量的批量数据库转储。例如，公交车监控计算的结果，需要写入 GJXLJK 这张数据表，但是这张表本身存储了亿级别的记录，则系统首先将该计算结果写入消息中间件，在晚间定时转储至指定的数据表。这是因为，针对庞大记录的数据表，插入数据项记录的操作因涉及查询和定位的时间开销，无法满足实时性。即使数据表在某些字段存在索引或其他分片结构（如 Oracle 数据库的分区），大数据表的读取和写入操作对毫秒级别的响应时间仍是无能为力。若以上两个条件均无要求，结果可以直接写入数据库的相应表中。

4. 用户界面和运行时环境。

用户界面是系统用户操作的接口，有 Web 控制台和 Shell 命令行两种形式的界面。所有相关操作的命令，在 Shell 命令行界面都有体现；而 Web 控制台封装了常用的操作命令，以易用可视化的 Web 页面作为载体呈现。对于业务人员和集群管理员这两类用户，同时给出了这两类界面，以便按需使用。其中，业务人员主要通过用户界面，实现相关的应用级别的编程、配置、部署和测试；集群管理员通过用户界面，实现基础设施的配置和升级。

运行时环境是数据处理的基础数据结构和功能，包括执行和监控计算的单次执行、流式数据的接入和内存维护、摘要结构维护的具有时空特征的流式数据、离线数据的读取和内存维护、离线数据在内存的 Hash 结构、数据分片和分发策略、计算并行度配置策略、计算作业及其任务的部署分配和调度策略等。除此之外，监控、日志和容错是三大基础功能。特别是针对一些带有状态的计算任务，其容错必须通过日志才能实现。

上述架构设计，促使我们开发相应的符合实际业务需求的数据处理系统，以满足实时性要求高的交通应用。于是，技术选型成为开发前的必要工作。

3.2.2 技术选型

针对上述架构设计，需要考虑系统每个部分的技术选型。选型的原则是，首先满足功能需求，其次满足性能和可用性等非功能需求；选型的依据可以依次从成熟性、易用性、开放性等几个角度分析。于是，合适的系统各个部分的选型考虑如下。

1. 系统输入和输出相关技术及工具

系统输入和输出存在两类数据，包括在线的流式数据和离线的结构化数据，前者使用消息中间件作为输入/输出的载体，后者使用数据库作为载体。

消息中间件的选型范围较为广泛，目前业界有许多著名的开源工具可以满足功能性需求，包括 AcitveMQ、RabbitMQ 和 SquirrelMQ 等，且均为开源软件，支持二次开发。从成熟性角度看，AcitveMQ 的发展时间最长，属于 Apache 社区的顶级项目，相对稳定且有庞大的活跃用户。所以，为实现企业级稳定的系统，系统可以选用 AcitveMQ 作为消息中间件，用于支持流式数据的输入和输出。

数据库的选型范围更加广泛，不仅有诸如 Oracle、SQLServer、DB2 等大型商业数据库，而且有 MySQL 和 PostgreSQL 等成熟的开源产品，更有诸如 Cassandra、MemcacheDB 和 MongoDB 等支持大规模数据、高吞吐量的 NoSQL 数据库。考虑到数据库要对接现有信息系统，兼容原有支撑系统的数据结构，所以应该从成熟、稳定的商业关系数据库中选择。本系统选择 Oracle 作为静态离线数据的存储工具。

2. 数据处理的运行时环境

运行时环境主要针对流式数据的连续、实时的在线计算，需要支持大规模分布式和高性能的数据处理工具。

针对流式数据处理，通常有两种思路。一种思路是沿用相对成熟的批数据处理模型和技术，如传统 Hadoop MapReduce 相关工具，优化处理的中间环节，减少磁盘 IO 而增强内存处理的流水化。这类思路可选型的工具有 Spark 框架及其专为流式数据处理开发的系统 Spark Streaming，通常实现的是准实时的系统。另一种思路是使用更合适流式计算的流式数据处理模型及技术，采用基于内存的数据分发和连续计算。这种思路可以选型的工具有 Yahoo S4 和 Storm。考虑到本项目的实时性要求是毫秒级，以及本书 2.3 节和 2.4 节的分析，系统可以选择流式数据处理模型，使用相对成熟和活跃的 Storm 实现。

3．用户界面及其他

用户界面主要面向业务人员和集群管理员，提供便捷易用的接口。

用户界面事实上与上述部分的技术选型紧密相关，通常是直接使用所选系统的接口，或者用封装已有系统和定制接口的方式实现。在本系统中，由于业务人员多是交通领域相关的技术人员，所以需要封装接口的定制界面，故可以基于 Storm 相关接口，结合成熟 J2EE 框架下的技术，实现以 JSP 动态页面为主的 Web 系统作为用户界面。

3.3　本章小结

作为本书后续章节的项目案例，本章介绍了作者参与的一个实际项目，其中主要讨论了流式数据处理相关的项目背景、需求、架构和技术选型。通过项目背景和需求分析，读者可以了解大数据环境下一个实际的智能交通项目，从业务的角度分析流式数据处理的作用和意义。通过实际系统的架构分析和技术选型，读者可以了解实际系统需要考虑的各类因素，主要从技术的角度了解和认识流式数据处理所能够达到的效果。更重要的是，本章为后续章节的技术实践提供了案例，希望读者能从中举一反三，体现在自身业务相关的系统研发中。

流式数据处理系统 Storm 的基础原理

第 4 章

Storm 的系统架构

作为当前业界最流行的分布式流式数据处理系统，Storm 针对分布式计算节点，提供了功能强大、使用便捷、监控直观的集群管理接口和配置方式。从本章开始，本书进入第二篇，介绍 Storm 的核心语义。在第二篇中，我们将从系统架构、通信模型和编程模型三个角度，详细讲述 Storm 作为一种分布式系统的体系结构、分布式通信、作业、接入/处理组件和若干进阶的概念。其中，第 4 章讲解 Storm 的系统模型，分析 Storm 系统的架构和组成；第 5 章讲解通信模型，详细解读关键的进程间通信在 Storm 中的应用；第 6 章、第 7 章和第 8 章详细讲解 Storm 的编程模型，包括作业模型、数据源编程单元和处理单元的细节；第 9 章和第 10 章将在基础编程模型上，给出 Storm 的保障能力分析和高层使用模式。通过对各个部分详细的讲解并结合操作实例，力求能使开发人员对 Storm 系统的基本构成和基本功能有更加直观和感性的认识。

配置和管理相关的分布式系统，是基于 Storm 实现流式计算的基础。本章主要讲解 Storm 的系统架构，包括系统架构及其各个构成部分，详细介绍它们的基本概念、基本功能和配置模式。

4.1 系统架构与部署模式

4.1.1 系统架构

本书将部署同一 Storm 系统的集群环境，称为 Storm 系统。Storm 系统架构如图 4-1 所示，由逻辑独立的 4 种角色构成，其中只有工作节点实际执行流式计算。

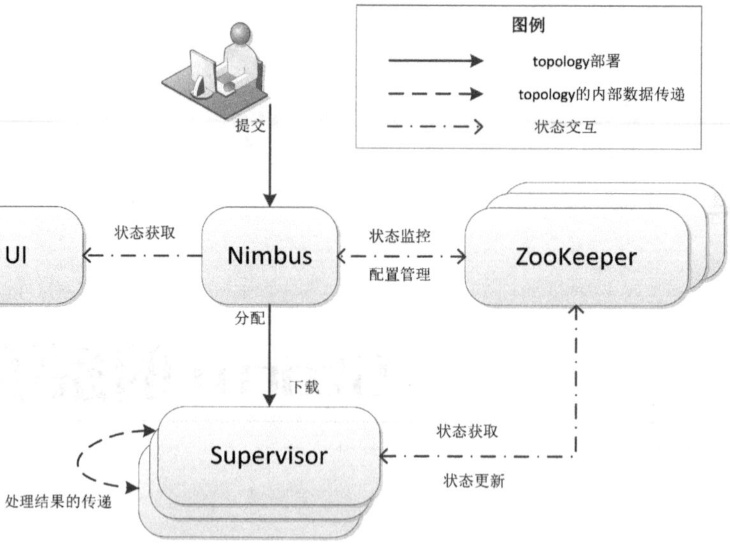

图 4-1　Storm 系统架构

1．主控节点（Master Node）

运行 Storm nimbus 后台服务（daemon）的节点，本书称之为主控节点。这个 nimbus 后台服务，作为 Storm 系统的中心，负责接收用户提交的作业（Storm 中即为 jar 包形式保存的 topology 代码），向工作节点分配处理任务（进程级和线程级）和传输作业副本，依赖协调节点的服务监控集群运行状态，提供状态获取接口。nimbus 是单点部署的，在 Storm 中的地位类似于 Hadoop 中的 JobTracker。

2．工作节点（Work Node）

运行 Storm supervisor 后台服务（daemon）的节点，本书称之为工作节点。这个 supervisor 后台服务，监听 nimbus 分配的任务并下载作业副本，启动、暂停或撤销任务的工作进程及其线程。其中，工作进程执行指定 topology 的子集，而同一个 topology 可以由多个工作进程完成；一个工作进程由多个工作线程组成，工作线程是 spout/bolt 的运行时实例，数量由 spout/bolt 的数目及其配置确定。supervisor 是分布式部署的，在 Storm 中的地位类似于 Hadoop 中的 TaskTracker。

3．控制台节点（Web console Node）

运行 Storm UI 后台服务（daemon）的节点，本书称之为控制台节点。这个 UI 后台服务实际上是一个 Web 服务器，在指定端口提供网页服务。用户可以使用浏览器访问控制台节点的 Web 页面，提交、暂停和撤销作业，也可以以只读的形式获取系统配置、作业及各个组件的运行时状态。注意：控制台节点逻辑上是独立的，可以被安装在系统的任意节点实现监控；但是如果需要实现作业的管理，Storm UI 须和 Storm nimbus 部署在同一机器上，即两者物理上是一个节点。这是因为 UI 进程会检查本机是否存在 nimbus 的连接，若不存在可导致 UI 部分功能无法正常工作。

4．协调节点（Coordinate Node）

运行 Zookeeper 进程的节点，本书称之为协调节点。Zookeeper 可以以前台进程或后台服务的形式被启动，其实并不是 Storm 专用的，可以作为一类通用的分布式状态协调服务。正因为如此，nimbus 和 supervisor 之间所有的协调，包括分布式状态维护和分布式配置管理，都是通过该协调节点实现的。此外，为了实现服务的高可用性，Zookeeper 往往是以集群形式提供服务的，也即在 Storm 系统中可以存在多个协调节点。在协调节点的帮助下，Storm 系统的状态被分布式的服务所维护，使得 nimbus 和 supervisor 的无状态（stateless）服务可以快速失败[1]（fail-fast）。所以，Storm 系统的稳定性和可用性较当前的其他流式处理系统有着较大优势，当 nimbus 和 supervisor 进程因为错误或人为被停止时，它们只需要重启便可通过协调节点恢复服务，继续处理故障前的工作。

在图 4-1 中同时可以看到，Storm 系统中存在多种数据通信。

首先是作业在 Storm 系统中的部署。①用户将作业打包（即将 topology 的代码组织为 jar 文件），通过 Storm 的客户端命令或者控制台节点的 Web 接口，提交至 Storm 系统的主控节点；②主控节点根据系统的全局配置和作业中的局部配置，将接收的代码分发至调度的工作节点；③工作节点下载来自主控节点的代码包，并根据主控节点的调度生成相关的工作进程和线程。

其次是系统节点状态的协调，包括如下几个部分。①主控节点与协调节点之间：主控节点将系统全局的配置、节点局部的配置、主控节点运行时的状态，通过服务接口交由 Zookeeper 维护，由协调节点实现配置管理与状态监控；②工作节点与协调节点之间：工作节点将自身的状态、工作进程和工作线程的状态，通过服务接口交由 Zookeeper 维护，由协调节点实现状态获取与更新；③主控节点与控制台节点之间：控制台节点调用主控节点开放相关的接口，可以获取系统、作业、工作进程、工作线程和任务的运行时状态。

最后是工作节点间作业计算结果的数据传输，包括如下几个部分。①组件间线程级的数据传递：在同一进程内，spout/bolt 的工作线程将处理结果向作业的下游组件传递；②组件间进程级的数据传递：在不同进程间（无论是否在同一台机器中），spout/bolt 的工作线程将处理的结果向作业的下游组件传递。进程是操作系统中程序运行时的基本单元，线程是进程的最小调度单位，Storm 的分布式数据处理，也是通过进程线程的调度实现的。注意：考虑到作业的独立性与安全性，Storm 不支持跨作业的数据传递，故这里工作节点间的数据传输，一定存在于同一作业（隶属同一 topology）的运行时实例进程/线程之间。

[1] 快速失败是分布式环境下系统的一种性质，拥有这类性质的系统在出现故障（或可能导致故障）的情况下，会快速报告失败、停止正常的操作，而不是试图继续可能已经不正确的处理过程。这要求系统能够尽早地发现失败，可以不立即恢复失败，而将恢复交由更高层的相关模块处理。

4.1.2 单机/分布式部署

目前，针对信息系统的架构，系统在服务器的部署方案主要有两种：一种是单机部署，即将所需要的系统资源集中到一台服务器中；另一种是分布式部署，根据业务功能、模块设计或者行政部门和机构的不同，采用相对分散的服务器划分和部署。对于 Storm 系统同样存在这两类不同的部署方式。Storm 是逻辑分布的系统，图 4-1 中各节点可以在单机部署，也可以在不同的机器上分布部署。对于图 4-1 中各节点的系统部署可采用图 4-2 所示的两种方式分别是如图 4-2（a）所示的集中式和如图 4-2（b）所示的分布式。事实上，本书所讲的架构和部署侧重点不在机器的配置和部署方案上，而是 Storm 各节点的分布情况。UI 和 nimbus 通常运行在同一节点，而 Zookeeper 和 supervisor 在多机集群环境下通常以分布式的方式进行部署。在没有完备的硬件设施条件下，可以在单机环境下进行部署和配置。

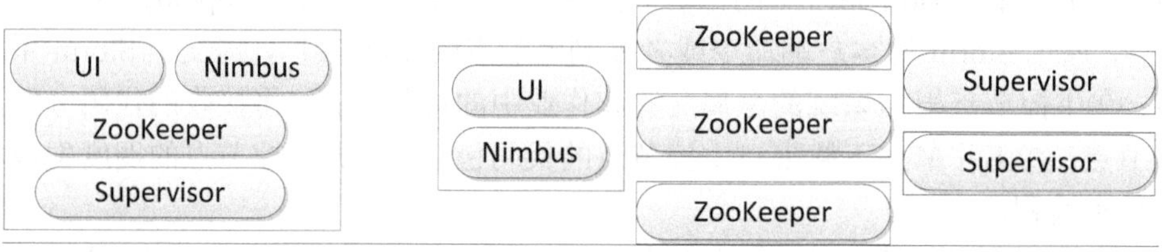

(a) (b)

图 4-2 Storm 系统的部署

Storm 可以在单机上部署，部署结构如图 4-2（a）所示。单机环境下，Storm 各角色的节点均部署在同一台机器上。

在这台机器上，协调节点 Zookeeper 服务的配置文件（zoo.cfg）可配置如下。其中，clientPort 是 Zookeeper 服务的监听端口；由于是单机配置，也只有本机（localhost）启动了 Zookeeper 这个服务，这里的第一个 port 用于连接 Zookeeper leader，第二个用于选举 Zookeeper leader（这个端口在单机环境下可以不配置）。

```
clientPort=2181
server.1=localhost:2888:3888
```

在这台机器上，Storm nimbus 和 supervisor 的配置文件（storm.yaml）配置如下。其中，storm.zookeeper.port 是依赖的协调节点 Zookeeper 服务的端口，与上面 Zookeeper 配置的 clientPort 一致；nimbus.host 指向主控节点，使用主控节点的 hostname 做标识；supervisor.slots.ports 给出了工作节点的工作进程可以使用的端口。注意：其他未提及的内容可参考附录中的 defaults.yaml。

```
storm.zookeeper.port: 2181
nimbus.host: "localhost"
supervisor.slots.ports:
    - 6700
```

```
        - 6701
        - 6702
        - 6703
        - 6704
```

类似地，Storm 可以在分布式的机器上部署。结构如图 4-2（b）所示，主控节点、控制台节点部署在同一台机器上，3 个协调节点各自部署在不同机器上，2 个工作节点各自部署在不同机器上。

这里给出协调节点的例子，3 个节点的配置文件（zoo.cfg）均如下。在这个例子中，部署了 Zookeeper 服务的 3 台机器 zk1、zk2、zk3，各自通过 2888 端口提供 leader 的连接服务，通过 3888 端口实现选举通信。

```
clientPort=2181
server.1=zk1:2888:3888
server.2=zk2:2888:3888
server.3=zk3:2888:3888
```

接下来给出主控节点和工作节点的配置实例，1 个主控节点、2 个工作节点的配置文件（storm.yaml）均可配置如下。

```
storm.zookeeper.servers:
    - "zk1"
    - "zk2"
    - "zk3"
storm.zookeeper.port: 2181
nimbus.host: "node0"
ui.port: 7080
supervisor.slots.ports:
    - 6700
    - 6701
    - 6702
    - 6703
```

其中，storm.zookeeper.servers 指名了 Storm 所依赖的 Zookeeper 集群，通过机器的 hostname 标识，与上面 Zookeeper 配置的 server.1~ server.3 中的 hostname 一致，该项对主控节点和工作节点配置均有效；storm.zookeeper.port 是依赖的协调节点 Zookeeper 服务的端口，与上面 Zookeeper 配置的 clientPort 一致，该项对主控节点和工作节点配置均有效；nimbus.host 指向主控节点，使用主控节点的 hostname 做标识，该项对主控节点和工作节点配置均有效；ui.port 指名了控制台节点 Web 页面所用的端口，该项只对控制台节点（与主控节点部署在一起，故是主控节点的同一配置文件）配置有效；supervisor.slots.ports 给出了工作节点的工作进程可以使用的端口，该项只对工作节点配置有效。注意：其他未提及的内容可参考附录中的 defaults.yaml。

事实上，可以把单机部署看做分布式部署的特例，也即将所有节点部署在同一机器上，相关的服务配置，如 Storm 主控节点和工作节点，是合并在一个配置文件中实现的。无论是单机配置，还是分布式配置，都是作为 Storm 系统的生产环境[2]，与之相对的是下面要介绍的用于调试和测试的本地模式。

4.1.3 本地模式

在生产环境中， Storm 作业是在系统中被提交后运行的，特别在分布式部署方式中由于涉及机器间的数据交换，会产生一定的延迟。实际开发过程中的修改、调试和测试，若每一次都通过生产环境观察效果，势必产生开发效率和易用性方面的问题。为此，Storm 提供了一个本地模式（local mode），允许使用一个进程模拟整个 Storm 系统的所有节点角色，对程序员的开发和调试带来了极大便利。当然，正是由于这种单进程的局限，这种模式不应该被生产环境运行。

本地模式的使用，需要在代码中增加相应的声明。例如，下面的代码片段，声明了一个名为 cluster 的 LocalCluster 对象，通过这个对象在一个进程中模拟集群的行为。

```
import backtype.storm.LocalCluster;

LocalCluster cluster = new LocalCluster( );
```

例如，可以通过 LocalCluster 对象的 submitTopology 方法来提交作业，其效果与使用控制台节点的 Web 接口、主控节点的客户端代码接口（StormSubmitter）是一样的。类似地，submitTopology 方法需要三个参数：topology 的名字、 topology 的配置以及 topology 对象本身，也可通过 killTopology 方法来终止一个指定名字做参数的 topology。其他的配置和运行 topology 方式，跟在集群上运行 topology 类似。相应地，关闭一个本地集群，通过如下的代码可以实现。

```
LocalCluster cluster = new LocalCluster( );
cluster.shutdown( );
```

本地模式下有一些常用配置，可供 LocalCluster 对象在提交作业时一起提交使用。

① Config.TOPOLOGY_MAX_TASK_PARALLELISM ：整型参数，设置用于 topology 各个组件（spout, bolt）的线程数量上限。这是因为在本地模式下，通过单一进程的线程，模拟各个分布的组件。虽然在默认条件下这个值不设上限（null），而且通常生产环境的这类配置需求很大（100 左右），但为了调试时的速度和资源开销，本地模式下可以将该值调小，够用即可。

② Config.TOPOLOGY_DEBUG：布尔型参数，若设置成 true，Storm 将在 log 目录下登记来自 spout 和 bolt 数据传递的所有日志；否则，仅对构造时程序设置的日志进行登记。日志对于分布式系统是十分重要的，可以用于调试，也可以用于异常发现，对 Storm 系统的开发和维护也是如此。

其他相关事项，可以参考 backtype.storm.Config 类中所列举的属性（field），进一步配置。

[2] 官方称之为 production-cluster。

4.2　系统节点

本节将介绍如图 4-1 所示的 Storm 系统中逻辑独立的 4 种节点，包括它们的服务特点和基本配置。

4.2.1　Zookeeper：协调节点

协调节点的 Zookeeper 服务用于分布式的状态协同，通过放松一致性的要求，为应用建立高层的协同原语（阻塞和更强一致性的要求），在当前分布式系统中，广泛应用于状态监控和配置管理。Zookeeper 作为 GoogleChubby 的一种开源实现，也是 Hadoop 的子项目，可以针对大型分布式系统实现基础性的服务，如配置维护、名字服务、分布式同步、组服务等。可以基于 Zookeeper 封装实现那些复杂易出错的关键服务，将简单易用的接口和性能高效、功能稳定的服务提供给外部系统。

提及 Zookeeper 服务的高可用和一致性，不能不提大名鼎鼎的 Paxos 算法，因为传统上Zookeeper被视为Paxos算法的一种实现，而Paxos算法是由微软研究院的Leslie Lamport于 1990 年在 ACM Transactions on Computer Systems 发表的。那篇初始论文中，虚拟了一个叫做 Paxos 的希腊城邦，这个岛按照议会民主制的政治模式制订法律，但是没有人愿意将自己的全部时间和精力放在这种事情上；无论是议员、议长或者传递纸条的服务员都不能承诺别人需要时一定会出现，也无法承诺批准决议或者传递消息的时间；虽然有可能一个消息被传递了两次，但是绝对不会出现错误的消息，即只要等待足够的时间，消息就会被传到；同时，议员不会反对其他议员提出的决议。Paxos 算法理解难度与其知名度一样令人敬仰，Lamport 也感到同行无法接受他的幽默感，于是用容易接受的方法在 2001 年重新表述了一遍[3]，产生了更为广泛的影响力。这里，我们不打算探讨 Paxos 冗长的约束，主要分析其基本思路。在分布式系统中保持数据一致性的原则是，如果各节点的初始状态一致，每个节点都执行相同的操作序列，那么它们最后能得到一个一致的状态。Paxos 算法的基本思路就是保证每个节点执行相同的操作序列，特别是在一个做主的节点（议长、leader 节点）故障时也能有此保证。Paxos 算法通过投票来对写操作进行全局编号，且编号严格递增；同时并发的写操作要去争取选票，只有获得过半数选票的写操作才会被批准，同一时刻只有一个写操作被批准，其他的写操作竞争失败只好再发起一轮投票。若一个节点接受了一个写操作后，又收到编号小的写操作，说明产生了数据的不一致，须停止服务并开始同步过程。

事实上，Zookeeper 借鉴了 Paxos 的思想，其实现上仍有修改，特别是在一致性约束上有更严格的要求。一方面，Paxos 算法保证分布式系统中的所有机器得到相同的执行序

[3] http://research.microsoft.com/users/lamport/pubs/paxos-simple.pdf

列，但并不保证严格按照指令产生的顺序。尤其当leader失效之时，指令执行顺序和指令产生顺序可能是完全不同的；而Zookeeper采用一种叫做ZAB（Zookeeper Atomic Broadcast）的消息传递协议，保证指令的执行顺序和指令的产生顺序是严格一致的，适用于主从复制（Master-Backup-Replication）的场景。另一方面，Paxos算法更像是理论指导，在强一致性方面有着严格的数学论证，但复杂性导致实际中没有完整实现Paxos算法；Zookeeper是结合实践的工具，通过技术手段（ZAB协议、通知机制）降低了实现的难度。在Zookeeper集群中，主要有三种角色，而每个节点同时只能扮演一种角色。三种角色分别如下。

① leader 接受所有follower的提案请求并统一协调发起提案的投票，负责与所有的follower进行内部的数据交换（同步）；

② follower 直接为客户端服务并参与提案的投票，同时与leader进行数据交换（同步）；

③ observer 直接为客户端服务但并不参与提案的投票，同时也与leader进行数据交换（同步）。

其中，leader、follower这两种角色是每个Zookeeper集群中必定存在的角色，且这两个角色分配不受人为控制；observer角色不是每个Zookeeper集群中都存在，是可选且显式配置的，可以在不影响写性能的情况下提升集群的读操作的性能，它只接受读请求，将写请求转发给leader，但是没有投票权。这里关于Zookeeper不再过多赘述其原理，感兴趣的读者可以参考相关文档进一步了解。

作为Storm系统协调节点，Zookeeper用于管理系统中各节点之间所有的协调工作，包括主控节点与工作节点之间，以及不同的工作节点之间。Zookeeper的服务是高可用的，这是通过配置Zookeeper集群实现的，每个节点上存储一份数据，leader节点故障后可以重新选取一个节点作为leader节点协同一致。官方建议Zookeeper集群的节点数目是奇数个（$2n+1$，$n \geqslant 1$，也即至少有3个节点），因为只要保证集群内有一半（n）以上的节点存活，集群对外提供服务就能保证所维护数据的正确一致。

Storm集群各节点的所有状态信息都保存在Zookeeper里面：nimbus通过向Zookeeper写状态信息来分配任务，supervisor通过从Zookeeper读状态来领取任务；supervisor和worker（工作进程）定时发送心跳信息到Zookeeper，使得nimbus可以监控整个Storm系统的状态，从而可以重启故障的作业。协调节点的Zookeeper服务造就了Storm系统的健壮性：任何一个工作节点故障，都可以通过重启supervisor服务，然后由其从Zookeeper上面重新获取状态信息实现恢复。

假设有三个协调节点组成了Zookeeper集群，在每个协调节点上，可以通过命令启动Zookeeper服务。

```
[root@zk1 ~]# sh /opt/zookeeper-3.4.5/bin/zkServer.sh start
```

在每一个协调节点上，可以通过命令查看本机Zookeeper服务的角色。从调用命令的结果看，zk1这个机器上的Zookeeper是作为follower提供服务的。

```
[root@ zk1 ~]# sh /opt/zookeeper-3.4.5/bin/zkServer.sh status
JMX enabled by default
Using config: /opt/zookeeper-3.4.5/bin/../conf/zoo.cfg
```

```
Mode: follower
```

同时，通过 jps 命令可以查看当前机器启动的 Java 进程，结果如下。其中，pid 为 25922 的 QuorumPeerMain 是 Zookeeper 的进程。

```
[root@ zk1 ~]# jps
25922 QuorumPeerMain
```

在每个协调节点上，均有如下的 Zookeeper 配置。其他关于 Zookeeper 的详细配置可以参考附录中的 zoo.cfg。

```
clientPort=7181
dataDir=/opt/zookeeper-3.4.5/dataDir

server.1=zk1:2888:3888
server.2=zk2:2888:3888
server.3=zk3:2888:3888
```

其中，dataDir 是存储 Zookeeper 快照文件（snapshot）的目录，默认情况下事务日志也会存储在这里。这里需要注意的是，不建议把此项配置在/tmp 或其子目录下，因为该目录在 Linux 重启后会清空，无法实现数据的持久化。其他相关项，可以参见 4.1.2 节的说明。

在 Storm 系统中，主控节点或工作节点可以通过如下配置，指向使用的 Zookeeper 服务。其中，storm.zookeeper.servers 和 storm.zookeeper.port 分别指明了所用机器及其端口。Storm 中其他未提及的内容可参考附录中的 defaults.yaml。

```
storm.zookeeper.servers:
     - "zk1"
     - "zk2"
     - "zk3"
storm.zookeeper.port: 7181
nimbus.host: "node0"
ui.port: 7080
supervisor.slots.ports:
     - 6700
     - 6701
     - 6702
     - 6703
```

Storm 系统在 Zookeeper 中保存的数据目录结构主要如下所示[4]。各项的含义已经简要标明，具体的作用可以通过后续章节的学习进一步加深理解，在此不再详述。

```
/-（storm-zk-root）              -- Storm 在 Zookeeper 上的根目录
  |
  |-/assignments                 -- topology 的任务分配信息
  |    |
  |    |-/（topology-id）        -- 这个目录下面保存的是每个 topology 的 assignments 信息，包括
对应的 nimbus 上的代码目录，所有 task 的启动时间，每个 task 与机器、端口的映射
```

[4] http://xumingming.sinaapp.com/466/twitter-storm-code-analysis-zookeeper-dirs/

```
|
|-/tasks                          -- 所有的 task
|   |
|   |-/(topology-id)         -- 这个目录下面是id为topology-id的topology所对应的所有task-id
|        |
|        |-/（task-id）          -- 这个文件里面保存的是这个 task 对应的 component-id，可能是
spout-id 或者 bolt-id
|
|-/storms                         -- 这个目录保存所有正在运行的 topology 的 id
|   |
|   |-/（topology-id）          -- 这个文件保存这个 topology 的一些信息，包括 topology 的名字、
topology 开始运行的时间，以及这个 topology 的状态（具体看 StormBase 类）
|
|-/supervisors                   -- 这个目录保存所有的 supervisor 的心跳信息
|   |
|   |-/（supervisor-id）       -- 这个文件保存的是 supervisor 的心跳信息，包括心跳时间、主机名、
|                                  这个 supervisor 上 worker 的端口号与运行时间（具体看
SupervisorInfo 类）
|
|-/taskbeats                      -- 所有 task 的心跳
|   |
|   |-/（topology-id）          -- 这个目录保存这个 topology 所有 task 的心跳信息
|        |
|        |-/（task-id）          -- task 的心跳信息，包括心跳的时间、task 运行时间以及一些统
计信息
|
|-/taskerrors                     -- 所有 task 所产生的 error 信息
    |
    |-/（topology-id）          -- 这个目录保存这个 topology 下面每个 task 的出错信息
        |
        |-/（task-id）          -- 这个 task 的出错信息
```

通过上述说明，可以总结出 Storm 中的 Zookeeper 主要用于 Storm 集群中各节点的分布式协调工作，具体功能如下。

① 存储提交作业（topology）的信息，由 nimbus 负责将作业任务（task，即 spout 或 bolt 的实例）的分配信息写入 Zookeeper，由 supervisor 从 Zookeeper 上读取任务分配信息。

② 存储 supervisor 和工作进程（worker）的心跳、运行时状态，使得 nimbus 可以监控整个集群的状态，从而识别工作进程的故障，并通过维护的状态重启这些故障的工作进程。

③ 存储整个 Storm 系统的所有状态信息和配置信息。

4.2.2　nimbus：主控节点

作为 Storm 系统的主控节点，nimbus 服务负责接收用户提交的作业（Storm 中即为 jar 包形式保存的 topology 代码）、向工作节点分配处理任务（进程级和线程级）和传输作业副本、依赖协调节点的服务监控集群运行状态、开放状态获取接口。nimbus 是单点部署的，在 Storm 中的地位类似于 Hadoop 中的 JobTracker。

这里给出配置和启动主控节点的实例。在一台安装了 Storm（/opt/storm-0.8.2）的机器 node0 上，修改 Storm 配置文件（/opt/storm-0.8.2/conf/storm.yaml）如下。

```
storm.local.dir: "/opt/storm-0.8.2/dataDir"
storm.zookeeper.servers:
     - "zk1"
     - " zk2"
     - " zk3"
storm.zookeeper.port: 7181
nimbus.host: "node0"
ui.port: 7080
```

该机器的 nimbus 所使用的 Zookeeper 服务，是在 storm.zookeeper.servers 项配置的，这里使用了 hostname 为 zk1~zk3 这三台机器的集群 Zookeeper 服务；nimbus 服务需要在该机器的本地磁盘上存储部分状态信息，如作业的 Jar 包位置和全系统的配置等，需要使用可写权限的目录，这是通过 storm.local.dir 项进行配置的；nimbus 服务在整个 Storm 系统的声明是通过 nimbus.host 项配置的（此处是本机的 hostname）。关于主控节点未提及的其他配置，可参见附录中 defaults.yaml 中 nimbus 开头的配置项。

在这台机器上启动 nimbus 服务，可以按照如下命令实现。

```
[root@ node0 ~]# /opt/storm-0.8.2/bin/storm nimbus &
```

或

```
[root@ node0 ~]# /opt/storm-0.8.2/bin/storm nimbus &    >/dev/null2>&/&
```

在启动 nimbus 服务时需要注意如下事项。

① 系统中的用户对配置文件 storm.yaml 中设置的 storm.local.dir 目录具有写权限，否则无法实现主控节点的状态保存。

② 上述两个命令的区别在于不同的日志输出方式。前者的方式使得 nimbus 以后台服务形式被启动，将在 Storm 安装目录下的 logs 子目录中生成该服务的日志文件 nimbus.log（当该文件过大时，将会以时间分割为若干以 nimbus 开头的.log 文件），保存标准输出的打印信息；后者的方式也使得 nimbus 以后台服务形式被启动，但不产生日志，因为标准输出被重定向到空设备文件（不再输出任何信息至终端），同时将标准错误输出重定向到标准输出（因为之前标准输出已经重定向到了空设备文件，所以标准错误输出也重定向到空设备文件）。事实上，日志作为分布式系统维护的最重要的手段，往往是必要的，故我们建议以开启日志的第一种方式启动 nimbus 服务。

同时，通过 jps 命令可以查看当前机器启动的 Java 进程，结果如下。其中，pid 为 26247

的 nimbus 是主控节点后台服务的进程。

```
[root@ node0 ~]# jps
26247 nimbus
```

nimbus 主要工作为 Storm 集群各计算任务分工，将用户通过客户端提交的作业 jar 包按配置分配给各个工作节点，并将任务分配结果等状态写入协调节点。主控节点的状态信息在协调节点 Zookeeper 的命名空间中的 nimbus 目录下，大致结构如下所示[5]。各项的含义已经简要标明，具体的作用可以通过后续章节的学习进一步加深理解，在此不再详述。

```
|-/nimbus
|    |
|    |-/inbox                          -- 从 nimbus 客户端上传的 jar 包会出现在这个目录里面
|    |   |
|    |   |-/stormjar-（uuid）.jar   -- 上传的 jar 包，其中（uuid）表示生成的一个 uuid
|    |
|    |-/stormdist
|         |
|         |-/（topology-id）
|              |
|              |-/stormjar.jar        -- 包含这个 topology 所有代码的 jar 包（从 nimbus/inbox 里面
挪过来的）
|              |
|              |-/stormcode.ser        -- 这个 topology 对象的序列化
|              |
|              |-/stormconf.ser        -- 运行这个 topology 的配置
```

通过上述 Zookeeper 维护的信息可以看到，Storm 主控节点 nimbus 服务主要用于 Storm 系统中作业的接收、配置和调度等工作。具体功能如下。

① 通过服务接口，监听并接收客户端（无论是控制台的命令，或控制台节点的 Web 接口）对作业的提交，将所提交作业的 topology 代码保存到协调节点 Zookeeper 命名空间的/nimbus/stormdist 目录中。

② 将所提交的作业进行任务的分配。根据系统中各个工作节点的运行时负载，确定作业 topology 组件（spout/bolt）在工作节点的工作进程和工作线程的分配，并将分配结果写入 Zookeeper 命名空间。这个过程被称为 Storm 的任务分配。nimbus 通过任务分配实现工作节点的负载平衡，事实上 nimbus 在作业运行时也可以重新进行任务分配。

③ 通过服务接口，监听工作节点 supervisor 对相关作业的下载（topology 代码）请求，并提供作业代码包的下载。

④ 通过服务接口，开放系统状态和分布式配置，可以从协调节点 Zookeeper 命名空间上读取数据，向控制台节点（或其他的客户端）提供相关信息的读取和统计服务。

⑤ Storm 主控节点的 nimbus 服务并不参与作业的计算，故 nimbus 的进程退出（无论正常关闭或异常崩溃）不会影响已提交作业在工作节点上的运行。这是因为，一旦作业的

[5] http://xumingming.sinaapp.com/483/twitter-storm-code-analysis-local-dir/

任务被分配，作业的运行是通过独立的工作节点的相关工作进程或工作线程来承载的。nimbus 服务进程的退出虽然不会影响已有作业，但是 Storm 系统无法实现新作业的提交和接收。若协调节点的 Zookeeper 服务正常，无状态的 nimbus 服务在重启后便可立即恢复状态继续服务；注意 nimbus 不是自举（bootstrapping）[6]的，需要外部程序或人为重启。这种分布式系统的角色分离和节状态恢复，实现了 Storm 系统的健壮和高可用。

4.2.3　supervisor：工作节点

作为 Storm 系统的工作节点，supervisor 后台服务监听 nimbus 分配的任务并下载作业副本，启动、暂停或撤销任务的工作进程及其线程。其中，工作进程执行指定 topology 的子集，而同一个 topology 可以由多个工作进程完成；一个工作进程由多个工作线程组成，工作线程是 spout/bolt 的运行时实例集合，数量由 spout/bolt 的数目及其配置确定。supervisor 是分布式部署的，在 Storm 中的地位类似于 Hadoop 中的 TaskTracker。

这里给出配置和启动工作节点的实例。在一台安装了 Storm（/opt/storm-0.8.2）的机器 node1 上，修改 Storm 配置文件（/opt/storm-0.8.2/conf/storm.yaml）如下。

```
storm.local.dir: "/opt/storm-0.8.2/dataDir"
storm.zookeeper.servers:
    - "zk1"
    - " zk2"
    - " zk3"
storm.zookeeper.port: 7181
nimbus.host: "node0"

supervisor.slots.ports:
    - 6700
    - 6701
    - 6702
    - 6703
```

与上一小节关于 nimbus 的配置类似，该机器的 supervisor 所使用的 Zookeeper 服务，是在 storm.zookeeper.servers 项配置的，这里使用了 hostname 为 zk1~zk3 这三台机器的 Zookeeper 服务；supervisor 服务需要在该机器的本地磁盘上存储部分状态信息，如作业的 jar 文件、任务配置和少部分状态等，需要使用可写权限的目录，这是通过 storm.local.dir 项进行配置的；主控节点服务在 Storm 系统的声明，是通过 nimbus.host 项配置的，指向该系统主控节点的 hostname。

对每个工作节点，在配置文件中还须配置属性 supervisor.slots.ports，指明这个工作节点可以使用的工作进程及其端口。这是因为对于 supervisor，作业的每个工作进程都用单独开放的端口来接收消息。在这个例子中，要这个工作节点分别在 6700、6701、6702 和

[6] 在分布式系统中是指组件的自我激活。

6703 端口，可提供 4 个工作进程插槽供分配使用。还需要说明的是，这里配置的是工作节点所在机器可用的工作进程，也即进程可用资源，Storm 中称为 slot，本书按照原意将其翻译为“进程插槽”；与之相对的是，作业（topology）在工作节点实际分配的运行时工作进程，Storm 中称为 worker，本书按照原意将其翻译为“工作进程”。两者均与进程相关，分别针对构造时的机器配置和运行时的作业分配，在本书接下来的内容中，读者应当注意区分。

关于工作节点未提及的其他配置，可参见附录中 defaults.yaml 中 supervisor 开头的配置项。

在这台机器上启动 supervisor 服务，可以按照如下命令实现。

```
[root@ node1 ~]# /opt/storm-0.8.2/bin/storm supervisor &
```

或

```
[root@ node1 ~]# /opt/storm-0.8.2/bin/storm supervisor >/dev/null 2>&1 &
```

类似上一小节中关于 nimbus 的分析，在启动 supervisor 服务时需要注意如下事项。

① 系统中的用户对配置文件 storm.yaml 中设置的 storm.local.dir 目录具有写权限，否则无法实现工作节点的状态保存。

② 上述两个命令的区别在于不同的日志输出方式。前者的方式将在 Storm 安装目录的 logs 子目录中生成该服务的日志文件，后者的方式不产生日志。同样，我们也建议以开启日志的第一种方式启动 supervisor 服务。

同时，通过 jps 命令可以查看当前机器启动的 Java 进程，结果如下。其中，pid 为 26395 的 supervisor 是工作节点后台服务的进程。

```
[root@ node1 ~]# jps
26395 supervisor
```

当 nimbus 接收提交的作业、分配好各个工作节点所承担的作业任务后，supervisor 根据协调节点存储的配置领取任务，并从 nimbus 节点上获取作业相关的代码包、对象的序列化形式和相关配置。工作节点在协调节点 Zookeeper 命名空间上存有 supervisor 和 worker 两目录，结构如下所示[7]。各项的含义已经简要标明，具体的作用可以通过后续章节的学习进一步加深理解，在此不再详述。

```
|-/supervisor
|   |
|   |-/stormdist
|   |   |
|   |   |-/（topology-id）
|   |       |
|   |       |-/resources          -- 这里保存的是topology的jar包里面resources目录下面的
所有文件
|   |       |
|   |       |-/stormjar.jar       -- 从 nimbus 机器上下载来的 topology 的 jar 包
```

7 http://xumingming.sinaapp.com/483/twitter-storm-code-analysis-local-dir/

```
|   |        |
|   |        |-/stormcode.ser        -- 从 nimbus 机器上下载来的这个 topology 对象的序列化形式
|   |        |
|   |        |-/stormconf.ser        -- 从 nimbus 机器上下载来的运行这个 topology 的配置
|   |
|   |-/localstate                     -- supervisor 的 localstate
|   |
|   |-/tmp                            -- 临时目录，从 nimbus 上下载的文件会先存在这个目录
里面，然后做一些简单处理，再复制到 stormdist/（topology-id） 里面去
|        |
|        |-/（uuid）
|             |
|             |-/stormjar.jar         -- 从 nimbus 上面下载的工作 jar 包
|
|-/workers
       |
       |-/（worker-id）
            |
            |-/pids                    -- 一个 worker 可能会有多个子进程，所以可能会有多个 pid
            |   |
            |   |-/（pid）              -- 运行这个 worker 的 JVM 的 pid
            |
            |-/heartbeats              -- 这个 supervisor 机器上的 worker 的心跳信息
                 |
                 |-/（worker-id）       -- 这里面存的是一个 worker 的心跳信息，主要包括心
跳时间和 worker 的 id
```

通过上述 Zookeeper 维护的信息可以看到，Storm 工作节点 supervisor 服务主要用于 Storm 系统中计算资源的管理，按需启动作业所需的工作进程。具体功能如下。

① 通过服务接口，定时从协调节点检查是否有新提交的作业。若存在工作节点本地没有的作业代码，supervisor 将根据 Zookeeper 维护的配置，从 nimbus 下载相关代码包到本地。

② 根据 nimbus 的任务分配和系统的全局配置，supervisor 在本机按需启动 1 个或多个工作进程（worker），并组织相应的工作线程（executer），监控所有的工作进程/线程。

③ 通过服务接口，工作节点定时从协调节点检查是否有已经在本地运行的作业被撤销。若存在这样的作业，supervisor 将停止相关的工作进程（worker），并根据 Zookeeper 维护的配置，在本地删除相关代码包和配置。

④ Storm 工作节点的 supervisor 支撑作业的计算，但 supervisor 的进程退出（无论正常关闭或异常崩溃）不会影响已提交作业在工作节点上的运行。这是因为，一旦作业的任务被分配，作业的运行是通过独立的工作节点的相关工作进程或工作线程来承载的。supervisor 服务进程的退出不会影响已有作业，但是 Storm 系统无法监控已有作业的工作

进程（例如无法重启故障的工作进程以恢复计算过程）。若协调节点的 Zookeeper 服务正常，无状态的 supervisor 服务在重启后便可立即恢复状态继续服务。注意：supervisor 不是自举（bootstrapping）的，需要外部程序或人为重启。这种分布式系统的角色分离和节点状态恢复，实现了 Storm 系统的健壮和高可用。

Storm 的工作节点是可以水平扩展的。例如，在另一台 node2 机器上安装和配置 supervisor，可以参考上述 node1 机器的相关方法，包括配置文件和启动方式。这里需要注意两点。

① 新增工作节点的关于协调节点配置（storm.zookeeper.servers 与 storm.zookeeper.port）、所声明的主控节点（nimbus.host），应当与现有工作节点一致。

② Storm 默认使用 hostname 识别不同的机器，系统管理人员可以配置 DNS 解析、本地 host 覆盖（通过文件/etc/hosts 修改本地的 IP 与机器的映射）。事实上，针对 hostname 重名、修改不易和全局影响的问题，Storm 在 0.8 版本中提供了新的配置项 storm.local.hostname，即针对 Storm 集群的局部 hostname 配置。例如，node2 的 Storm 配置文件中可以加入如下配置。

```
storm.local.hostname: nodeX
```

这使得新加入的工作节点使用了局部 hostname，被命名为 nodeX，而无须使用命令修改这台机器的 hostname。当然，这台机器的/etc/hosts 也需要增加相应的映射项，如下述配置所示。其中，10.61.5.33 是这台机器的 IP 地址。事实上，配置该项后，Storm UI 中也会使用这个名字识别这台机器。

```
10.61.5.33 nodeX
```

4.2.4 UI：控制台节点

作为控制台节点（Web Console Node），Storm UI 后台服务实际上是一个 Web 服务器，在指定端口提供网页服务。用户在本机可以使用浏览器访问控制台节点的 Web 页面，暂停和撤销作业，也可以以只读的形式获取系统配置、作业及各个组件的运行时状态。

这里给出配置和启动控制台节点的实例。以 4.2.2 节那台安装了 Storm（/opt/storm-0.8.2）的机器 node0（nimbus 也部署在这里）为例，配置文件（/opt/storm-0.8.2/conf/storm.yaml）仍然按照 4.2.2 节设置。其中，ui.port 指明了 UI 提供 Web 服务的端口。

在这台机器上启动 UI 服务，可以按照如下命令实现。

```
[root@ node0 ~]# /opt/storm-0.8.2/bin/storm ui &
```

或

```
[root@ node0 ~]# /opt/storm-0.8.2/bin/storm ui >/dev/null 2>&1 &
```

在启动 UI 服务时需要注意如下事项。

① 系统中的用户对配置文件 storm.yaml 中设置的 storm.local.dir 目录具有写权限，否则无法实现控制台节点的状态保存。

② 控制台节点若要完整实现作业的管理，Storm UI 须和 Storm nimbus 部署在同一机器上，因为 UI 进程会检查本机是否存在 nimbus 的连接，否则 UI 部分功能无法正常工作。

③ 上述两个命令的区别在于不同的日志输出方式。前者的方式将在 Storm 安装目录的 logs 子目录中生成该服务的日志文件，后者方式不产生日志。同样，我们也建议以开启日志的第一种方式启动 UI 服务。

在启动服务后，使用 node0 的 IP 地址（或 hostname）和 ui.port 配置项的端口，系统管理员按如下的 URL 可以在浏览器中看到如图 4-3 所示的 Storm UI 的界面。

```
http://node0 :7080
```

在这个 Web 控制台的首页有四个部分，各项的主要指标说明如下。

（1）Cluster Summary：系统全局的统计信息

Nimbus uptime：主控节点的启动时间。

Supervisors: Storm 系统中工作节点的数目。

Total slots：系统中进程插槽（可用进程）的总数。

Used slots：系统已使用的进程插槽数。

Free slots：尚剩余的进程插槽数。

Tasks：系统运行的任务数（所有作业的任务数总和）。

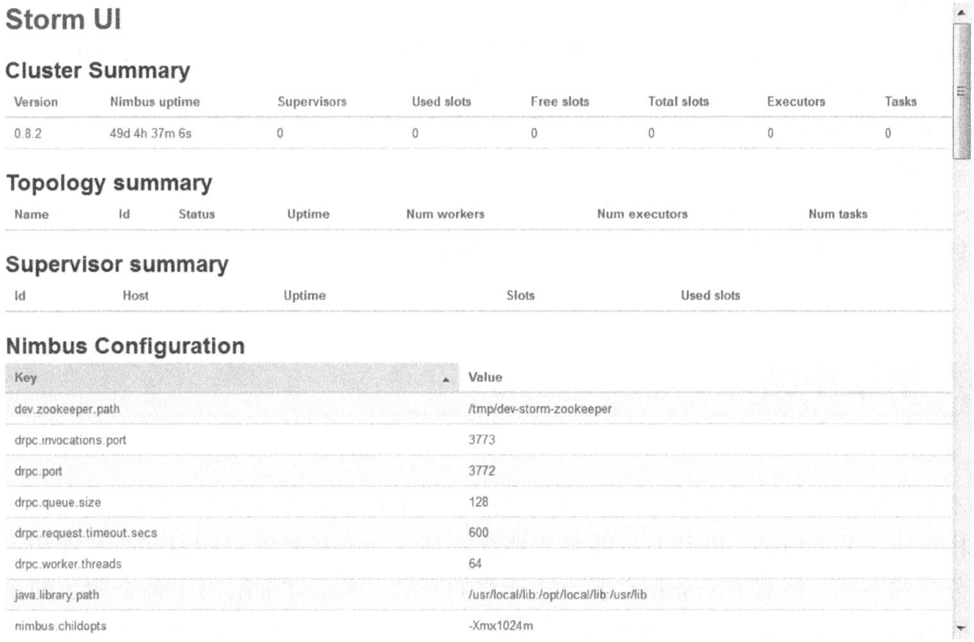

图 4-3 Storm UI 的界面

（2）Topology summary：系统运行中的作业统计。

Name：作业的名称。

Id：作业 id（Storm 自动生成的唯一字符串）。

Status：作业的状态，包括（ACTIVE、INACTIVE、KILLED、REBALANCING）。

Uptime: 作业从启动开始到当前的运行的时间。

Num workers：作业运行中的工作进程数。

Num tasks: 作业运行中的工作任务数。

（3）Supervisor summary: 系统所有工作节点的统计。

Host: 工作节点的名称，通常是机器的 hostname，可以配置为节点的 local.hostname。

Uptime: 工作节点从启动开始到当前的时间。

Slots: 该工作节点可以使用的工作进程数。

Used slots: 该工作节点已经使用的工作进程数。

（4）Nimbus Configuration: 系统的全局配置。

dev.zookeeper.path: 调试开发时 Zookeeper 数据的临时路径。

drpc.port：分布式远程过程调用（DRPC）使用的端口。

监控 Storm 系统和作业状态最直观和便捷的方法是使用 Storm UI 这个 Web 控制台。Storm UI 不仅提供了上述系统级别的统计信息，还提供了作业级、组件级的统计和监控数据（组件的吞吐量和性能等方面），更重要的是可以直观获取各个级别的错误日志，这为系统、作业的调试和管理都带来了极大便捷。由于还涉及其他章节的内容，这里不再详细解释每一监控项的内容，读者可以在学习后续章节时，参照本小节的内容来加深对 Storm 系统的理解。

同时，通过 jps 命令可以查看当前机器启动的 Java 进程，结果如下。其中，pid 为 26567 的 core 即为控制台节点后台服务的进程。

```
[root@ node0 ~]# jps
26567 core
```

Storm UI 是通过 nimbus 的开放服务实现相关统计和状态监控的。事实上，Storm 的系统管理员，可以通过相关的接口自行实现需要的 Web 控制台，详情可参见 5.2.2 节。

4.3 本章小结

本章主要讲解了 Storm 的系统构成，包括系统架构及其各种系统节点；详细介绍了系统架构组成、节点角色，以及节点的基本概念、基本功能和配置启动方式。配置和管理这样的分布式系统，是基于 Storm 实现流式计算的基础。本章详细给出了各个角色的系统节点之间的关联、作业提交后在系统中的状态和各节点的作用，这为接下来讲解作业、任务和数据处理过程提供铺垫。

第 5 章

Storm 的通信模型

系统通信相关的接口约定与服务调用，是 Storm 实现分布式节点之间数据和状态传递的必要手段。一方面，Storm 系统节点之间的通信，是基于 Thrift 框架的远程过程调用（Remote Procedure Call, RPC）；另一方面，Storm 作业中分布式任务之间的通信，是通过 ZeroMQ 实现的串行化 Java 对象的传递。由于涉及的基础理论和实现难易存在差别，本章将主要着墨于 Storm 系统中的第一类通信模型。本章主要介绍 Thrift 框架的基础原理与应用，以及 Thrift 在 Storm 系统中的实际应用。通过学习本章的内容，读者能对高效的分布式系统通信框架 Thrift 有直观的认识，更重要的是能对 Storm 的 IDL（接口定义语言）有初步的理解，这也是接下来 Storm 实现流式计算的基础。对第二类通信模型，本章主要以实例的方式进行分析和讲解。

5.1 Thrift: 可扩展、跨语言的通信软件框架

5.1.1 Thrift 的基础概念

Thrift 最初由 Facebook 开发，2007 年 4 月开放源码，2008 年 5 月进入 Apache 孵化器，现已成为 Apache 社区的一项顶级开源项目。开发 Thrift 源于 Facebook 公司存在跨平台的众多系统，系统间存在大数据量的传输通信，需要解决这些开发语言不同的系统之间跨平台的通信。正是由于其便捷和高效的特征，Thrift 目前已经成为实现分布式系统通信协议的最常用工具之一。

Thrift[1]是接口定义语言（Interface Definition Language，IDL）的一种实现，用来进行可扩展且跨语言的远程过程调用（Remote Procedure Call，RPC）、对象序列化等服务的开发，实现二进制通信协议（Binary Communication Protocol）。Thrift 是一套软件框架，包含

---

[1] http://thrift.apache.org

完整的软件栈和代码生成引擎，可以在多种编程语言间实现无缝高效的通信服务，例如C#、C++（在 POSIX 兼容系统）、Cappuccino、Cocoa、Delphi、Erlang、Go、Haskell、Java、Node.js、OCaml、Perl、PHP、Python、Ruby 和 Smalltalk 等。

IDL 的发展可以追溯到 2000 年左右盛行的 CORBA（Common Object Request Broker Architecture 公用对象请求代理体系结构）。基于 CORBA 实现 IDL，需要利用 module 来创建名称空间，并确定性地映射为 Java 的 package，而这些理念与特征在现在的 Thrift 中都被继承。另外，跨平台松耦合数据交换的发展，可以追溯至 2002 年左右发展的 Web 服务（Web Service）。基于 Web 服务（特别是 SOAP 协议下的 Web 服务）的数据交换，服务器端和客户端需要约定通信的数据结构、通信协议和服务行为，而双方只需要根据约定自行确定实现的语言与平台，这也是 Thrift 与之一脉相承的地方。相比而言，基于 Thrift 的通信，收发双方需要事先通过文件定义传输的数据类型和服务接口，以此文件为输入可以编译自动生成代码框架（包括 RPC 客户端和服务端），编程人员可以使用合适的开发语言专注于自己系统业务的实现。Thrift 适用于在大型数据交换及存储系统中，作为通用工具对系统中的内部数据进行传输，相对于之前已有的工作无论在性能、传输速率上都有明显的优势。当然应当看到，由于定义文件是静态的，故当数据结构发生变化时，须基于新的 IDL 文件重新编辑生成代码导入系统，这与其他 IDL 工作相比可视为 Thrift 的弱项。

下面解释一下 Thrift 的基本概念，这些概念对于理解后续的 Storm 通信是有极大帮助的。

1. 数据类型（Data）

Thrift 支持五种数据类型，包括基本类型、结构体类型、容器类型、异常类型和服务类型。

（1）基本类型。

bool：布尔值，true 或 false， Java 语言对应 boolean 型。

byte：8 位有符号整数，Java 语言对应 byte 型。

i16：16 位有符号整数，Java 语言对应 short 型。

i32：32 位有符号整数，Java 语言对应 int 型。

i64：64 位有符号整数，Java 语言对应 long 型。

double：64 位浮点数，Java 语言对应 double 型。

string：UTF-8 编码的字符串，对应 Java 的 String 型。

（2）结构体类型。

struct：定义公共的对象， C++/C#语言对应结构体定义，Java 语言对应 JavaBean 对象。

（3）容器类型。

list：Java 语言对应 ArrayList。

set：Java 语言对应 HashSet。

map：Java 语言对应 HashMap。

（4）异常类型包括。

exception：Java 语言对应 Exception。

（5）服务类型。

service：通信服务，对应各种语言类的方法。

2．协议（Protocol）

Thrift 提供多种类别的通信协议供客户端与服务器端之间传输数据，这些协议总体上可被划分为文本（text）和二进制（binary）传输协议。二进制类型的传输协议是被推荐的，因为具有节约带宽、传输高效的特点；文本型的协议具有良好的可读性，项目/产品中的实际需求有时也会用到。Thrift 具体提供如下协议。

TBinaryProtocol——原始二进制编码的数据传输，也是 Thrift 默认的协议。

TCompactProtocol——紧凑二进制编码的数据传输，采用基于 Variable-Length Quantity（VLQ）的 zigzag 编码，对于绝对值小的数字，无论正负都可以采用较少的字节来表示[2]，可以节省传输空间，提高数据传输效率。

TJSONProtocol——文本型传输协议，使用 JSON[3]的数据编码协议进行数据传输。

TSimpleJSONProtocol——文本型传输协议，提供基于 JSON 编码只写（write-only）的数据传输，适用于通过脚本语言解析。

TDebugProtocol——一种文本型传输协议，在开发的过程中帮助开发人员调试用的，以文本的形式展现方便阅读。

3．传输模式（Transport）

Thrift 提供如下几种数据传输模式。

TSocket——堵塞式数据传输，也是最常见的模式。

TFramedTransport——非阻塞式数据传输，以块（frame）为单位进行传输，类似于 Java 中的 NIO[4]。

TFileTransport——以文件的方式传输，虽然这种方式不提供 Java 的实现，但是实现起来非常简单。

TMemoryTransport——使用内存的传输，Java 语言中使用 ByteArrayOutputStream 实现。

TZlibTransport——使用 zlib 压缩的数据传输，与其他传输方式联合使用，不提供 Java 的实现。

4．服务类型

Thrift 提供如下几种数据传输服务类型。

TSimpleServer——单线程服务器端，使用标准的堵塞式 I/O。

---

[2] 将从低位到最后一个还存在二进制 1 的最高位标识出来。

[3] JSON（Javascript Object Notation）是一种数据交换格式，是以 Javascript 为基础的数据表示语言。

[4] NIO（Java nonblocking IO）是 Java 非阻塞式 IO，jdk1.4 开始支持，为所有的原始类型提供缓存支持和字符集编码解码解决方案。其中的 Channel 是一种 I/O 抽象，支持锁和内存映射文件的文件访问接口，提供多路非阻塞式的高伸缩性网络 I/O 。

TThreadPoolServer——多线程服务器端，使用标准的堵塞式 I/O。

TNonblockingServer——多线程服务器端，使用非堵塞式 I/O（须使用 TFramedTransport 数据传输方式），Java 语言对应实现了 NIO 通道。

5.1.2 基于 Thrift 的数据通信

上述 Thrift 的基础概念，构成了如图 5-1 所示的 Thrift API 架构（图 5-1 来自维基百科[5]）。Thrift 实际上实现了 C/S（Client/Server，客户-服务器）模式，通过工具将接口定义文件自动生成指定编程语言的服务器端和客户端代码，实现了系统间跨语言通信的支持。编译后生成的代码，根据在 Thirft 描述文件中的声明和约束框架，用户可自行进一步实现服务的业务逻辑。

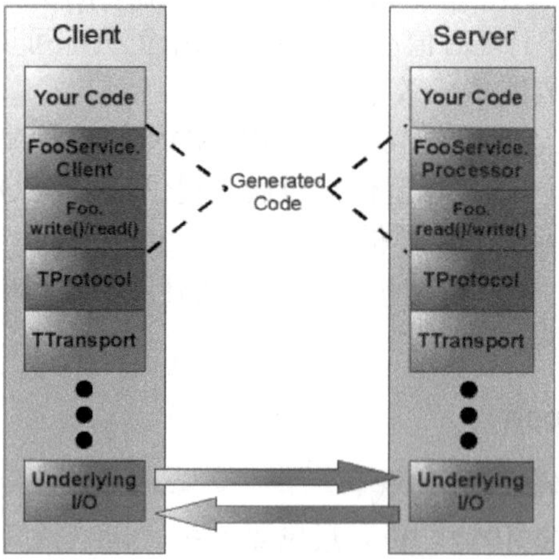

图 5-1 Thrift API 架构

在图 5-1 所示的架构中，Thrift API 从下到上分为 6 个部分。

底层 I/O 通信：机器和网络 I/O 的基础设施。

传输数据模式（TTransports）：Thrift 提供的数据传输模式，参见 5.1.1 节的数据传输模式。

传输协议规范（TProtocol）：Thrift 提供的数据传输协议，参见 5.1.1 节的协议。

数据传输操作（read/write 操作）：Thrift 生成的代码，实现所定义数据结构的接收、发送基础功能，可利用的基础协议参见 5.1.1 节的协议。

客户端/服务器端的服务（service）：Thrift 生成的代码，实现客户端器服务器端所定义的数据通信行为，可利用的基础服务参见 5.1.1 节的服务类型。

业务逻辑实现（Your Code）：用户实现的代码，根据 Thrift 生成的代码（传输操作和服务）框架，实现有关业务逻辑。

---

5 http://en.wikipedia.org/wiki/Apache_Thrift

相应地，业务逻辑实现部分，针对服务器端的实现步骤包括：根据服务（service）接口的约定进行实现，创建 TProcessor，创建 TServerTransport，创建 TProtocol，创建 TServer，启动 Server。

类似地，业务逻辑实现部分，针对客户端的实现步骤包括：创建 TTransport，创建 TProtocol，基于 TTransport 和 TProtocol 创建 Client，调用 Client 的相应方法（service 定义的接口）。

综上所述，基于 Thrift 的数据通信具有以下优势。

① 二进制的通信协议，低延迟且跨语言实现数据串行化（特别是相对于构建在网络应用层协议上的 SOAP Web 服务所占带宽开销低）。

② 简洁和自含的依赖库，不依赖其他编程框架和 XML 配置。

③ IDL 的语言绑定实现自然和直观。例如，对同一列表类的容器对象，Java 语言可以使用 ArrayList<String>实现绑定，而 C++语言可以使用 std::vector<std::string>实现绑定。

④ 应用层的封装和串行化层的封装是清晰隔离的，可以被独立修改。

⑤ 预置多样的串行化格式，包括二进制、压缩的二进制、基于 HTTP 的文本。

⑥ 高效的跨语言的文件串行化。

⑦ 无须过多依赖构建，不存在非兼容的软件许可（software licenses）。

关于使用 Thrift 实现分布式系统的通信，本小节不再给出具体实例，感兴趣的读者可以参考相应的官方文档和网络教程。下一节将从作为分布式系统的 Storm 的视角，说明 Thrift 在其中的应用，当然读者也可以把接下来的部分作为基于 Thrift 实现通信的实例。

5.2　Thrift 在 Storm 中的应用：系统节点间的通信

5.2.1　接口的定义与实现

在了解了 Thrift 的基础概念后，可以进一步分析 Storm 通信，也能更清晰地理解 Storm 相关实现的源码。Storm 中 Thrift 的应用场景主要在于系统各个节点的数据通信，例如：

① 客户端与主控节点之间：客户端向主控节点的 nimbus 服务提交 topology 作业，主控节点接收作业的代码包。

② 主控节点与工作节点之间：工作节点的 supervisor 服务从主控节点的 nimbus 服务下载作业，包括 topology 代码和相关序列化文件。

③ 控制台节点与主控节点之间：控制台节点的 UI 服务从主控节点的 nimbus 服务获取系统和指定作业运行时的统计和状态信息。

Storm 0.8.2 实际使用的是 Thrift 7 这个版本，来生成 RPC 通信相关的代码，生成的 Java 代码存放在 backtype.storm.generated 包下。这里的 Thrift 代码实际上是将所有的 Java package 都重命名为“org.apache.thrift7”而已，除此之外与原始的 Thrfit 7 是一样的。之所以单独释出这样一个 Thrift 版本，Storm 的官方解释是考虑到 Thrift 缺少向后兼容和避免包名冲突，以满足一些用户在他们自己的 topology 中用到其他版本的 Thrift。值得注意的是，Storm 并不是完全使用 Java 实现的系统，某些接口和内部的处理部分是使用 Clojure 语言[6]实现的，而对外的服务是使用 Java 语言实现的，这种外部多语言的支持是典型的基于 Thrift 的远程过程调用。除了 Storm，Hadoop HDFS 也使用 Thrift 作为多语言的支持，但使用的形式不同。事实上，用户自行设计的分布式系统也可以参考这样的实现方式，也即内部处理协议和外部通信的协议分开，内部协议的调整局限在系统内部和客户端，外部的通信可以通过 Thrift 的服务调用来实现。

要理解 Storm 远程过程调用的通信，首先需要分析 Storm 系统中的接口定义文件。这个接口定义文件在 Storm 的源码库 storm-core/src 中可以找到，即 storm.thrift。接下来我们分析其中典型的几个定义，该文件完整的部分可参考附录中的 storm.thrift。

1．作业（topolog）与组件（component）的定义

组件（component）是 Storm 作业（topology）的静态结构单元。任何一个组件都会被指定一个唯一标识，称为“component id”。例如，一个组件接收其他组件的输出时，需要使用那个组件的标识。事实上，作业维护 map 结构来保存“component id”到“component”的映射，该关系包含所有的 component 类型（所有的 spout、bolt）。作业在 Thrift IDL 中的定义如下。

```
Struct StormTopology{
1: required map<string, SpoutSpec> spouts;
2: required map<string, Bolt> bolts;
3: required map<string, StateSpoutSpec> state_spouts;
}
```

可以看到，Storm 中的组件分为 spout 和 bolt 两种，而在 Thrift 的定义中 spout 和 bolt 是相同的。这里我们只分析 bolt 的 Thrift 定义，它由一个 ComponentObject 结构和一个 ComponentCommon 结构组成。

ComponentObject 即是 bolt 的实现实体，在 Thrift IDL 中的定义如下。

```
union ComponentObject {
1: binary serialized_java;
2: ShellComponent shell;
3: JavaObject java_object;
}
```

ComponentObject 是以下三个类型之一。

① 序列化的 Java 对象：这个对象需要实现 IBolt 接口。

② ShellComponent 对象：这意味着该 bolt 是由其他语言实现的，而且 Storm 将会实例化一个 ShellBolt 对象来负责处理基于 JVM 的工作进程与该组件（非 JVM 的进程）之间的通信。

---

[6] Clojure 语言是一个运行在 JVM（Java 虚拟机）上的动态函数式编程语言，其语法接近于 Lisp 语言。

③ JavaObject 结构：该结构指明 Storm 实例化该 bolt 所需要的类名和构造参数，它在用非 JVM 语言来定义 topology 时有用，因为它可以使用基于 JVM 的组件，而无须自行创建和串行化相关的 Java 对象。

ComponentCommon 结构定义了这个组件的其他所有属性，在 Thrift IDL 中的定义如下。

```
struct ComponentCommon {
  1: required map<GlobalStreamId, Grouping> inputs;
  2: required map<string, StreamInfo> streams; //key 是 stream id
  3: optional i32 parallelism_hint;
  4: optional string json_conf; // 组件相关的配置
}
```

ComponentCommon 包括如下部分。

① 组件的输入：这个组件接收的数据项，通过一个 map 结构（维护 component id 到 stream id 的映射，在 stream 做分组时用到）被定义。

② 组件的输出：这个组件输出的数据项，其元数据通过一个 map 结构维护（例如，元数据中包含数据结构的定义，是由 Field 声明的）。

③ 组件的并行度：并行度 parallelism_hint，将在 9.1 节详细说明。

④ 组件的配置项：包括配置组件需要多少个跨机器的进程、是否运行在调试模式下、组件可用的最大并行度等。

类似地，spout 的定义中同样有 ComponentCommon，故 spout 也可以接收组件的输入。但是必须指出，与 bolt 不同的是，Storm Java API 并没有提供接口指定 spout 接收什么，这是因为 spout 的输入声明不是让编程人员使用的，而是 Storm 系统在内部使用的。例如，在一定的配置下 Storm 系统会自动向作业添加隐式的 bolt 和输入来实现反馈机制（将在 8.2.3 节和 9.2.2 节中详细分析）。所以，显式声明一个 spout 的输入，在提交这个作业时将会报错。

2.服务（service）的定义与实现

在 storm.thrift 这个接口定义文件中，定义了三种服务，分别是 nimbus、DistributedRPC 和 DistributedRPCInvocations。这里我们以 nimbus 为例，分析服务的定义及实现。nimbus 服务在 IDL 中的定义如下。

```
service Nimbus {
//作业相关的服务行为
  void submitTopology(1: string name, 2: string uploadedJarLocation, 3: string jsonConf, 4: StormTopology topology) throws (1: AlreadyAliveException e, 2: InvalidTopologyException ite);
  void submitTopologyWithOpts(1: string name, 2: string uploadedJarLocation, 3: string jsonConf, 4: StormTopology topology, 5: SubmitOptions options) throws (1: AlreadyAliveException e, 2: InvalidTopologyException ite);
  void killTopology(1: string name) throws (1: NotAliveException e);
  void killTopologyWithOpts(1: string name, 2: KillOptions options) throws (1: NotAliveException e);
```

```
        void activate(1: string name) throws (1: NotAliveException e);
        void deactivate(1: string name) throws (1: NotAliveException e);
        void rebalance(1: string name, 2: RebalanceOptions options) throws (1: NotAliveException e, 2:
InvalidTopologyException ite);
    //文件相关的服务行为
        string beginFileUpload( );
        void uploadChunk(1: string location, 2: binary chunk);
        void finishFileUpload(1: string location);
        string beginFileDownload(1: string file);
        binary downloadChunk(1: string id);
    //监控相关的服务行为
        string getNimbusConf( );
        ClusterSummary getClusterInfo( );
        TopologyInfo getTopologyInfo(1: string id) throws (1: NotAliveException e);
        string getTopologyConf(1: string id) throws (1: NotAliveException e);
        StormTopology getTopology(1: string id) throws (1: NotAliveException e);
        StormTopology getUserTopology(1: string id) throws (1: NotAliveException e);
    }
```

可以看到，IDL 中定义了 nimbus 服务的行为，主要包含如下三类。

第一类是作业相关的行为，包括以下几种。

提交作业：这里定义了两种服务接口，用于以不同的参数选项提交作业。

撤销作业：这里定义了两种服务接口，用于以不同的参数选项撤销作业。

暂停作业：这里定义了一种服务接口，用于将运行中的作业挂起（有别于撤销，因为作业及配置仍存在系统中，但是不再继续数据处理过程）。

激活作业：这里定义了一种服务接口，用于将挂起的作业重新运行。

负载均衡：这里定义了一种服务接口，用于系统将所有运行作业的任务重新在可用的工作节点分配，这里需要请求系统状态并根据日志分析节点的负载。

第二类是文件相关的行为，包括实现文件上传、下载的 5 个行为，是在客户端提交作业后，针对作业相关代码包文件的操作。例如，beginFileUpload( )用于客户端将 jar 文件向主控节点传输，beginFileDownload( )用于工作节点从主控节点下载文件。

第三类是监控相关的行为，包括获取系统全局状态、主控节点状态和作业状态的 6 个行为。这类行为可以用于实现系统不同级别的监控，事实上 Storm UI 后台便是调用了相关服务实现的。

上述 nimbus 服务根据 IDL 文件中的定义，在 Storm 中已经通过 Thrift 生成了相关的代码，即为 backtype.storm.generated 包下的 Nimbus.java。该 Java 文件列举如下，从该文件可以看到，IDL 接口定义在 Java 语言中的具体声明转化。

```
    public class Nimbus {
        public interface Iface {
            public void submitTopology(String name, String uploadedJarLocation, String jsonConf,
StormTopology topology) throws AlreadyAliveException, InvalidTopologyException, org.apache.thrift7.TException;
```

```
        public void submitTopologyWithOpts(String name, String uploadedJarLocation, String jsonConf,
StormTopology topology, SubmitOptions options) throws AlreadyAliveException, InvalidTopologyException,
org.apache.thrift7.TException;
        public void killTopology(String name) throws NotAliveException, org.apache.thrift7.TException;
        public void killTopologyWithOpts(String name, KillOptions options) throws NotAliveException,
org.apache.thrift7.TException;
        public void activate(String name) throws NotAliveException, org.apache.thrift7.TException;
        public void deactivate(String name) throws NotAliveException, org.apache.thrift7.TException;
        public void rebalance(String name, RebalanceOptions options) throws NotAliveException,
InvalidTopologyException, org.apache.thrift7.TException;
        public String beginFileUpload( ) throws org.apache.thrift7.TException;
        public void uploadChunk(String location, ByteBuffer chunk) throws org.apache.thrift7.TException;
        public void finishFileUpload(String location) throws org.apache.thrift7.TException;
        public String beginFileDownload(String file) throws org.apache.thrift7.TException;
        public ByteBuffer downloadChunk(String id) throws org.apache.thrift7.TException;
        public String getNimbusConf( ) throws org.apache.thrift7.TException;
        public ClusterSummary getClusterInfo( ) throws org.apache.thrift7.TException;
        public TopologyInfo getTopologyInfo(String id) throws NotAliveException, org.apache.
thrift7.TException;
        public String getTopologyConf(String id) throws NotAliveException, org.apache.thrift7.TException;
        public StormTopology getTopology(String id) throws NotAliveException, org.apache.thrift7.
TException;
        public StormTopology getUserTopology(String id) throws NotAliveException, org.apache.
thrift7.TException;
      }
```

上述 Java 文件声明了 nimbus 服务的接口，而具体的服务 Storm 实际是使用 Clojure 语言实现的，部分源码摘录如下。

```
    (defn launch-server! [conf nimbus]
      (validate-distributed-mode! conf)
      (let [service-handler (service-handler conf nimbus)
            options (-> (TNonblockingServerSocket. (int (conf NIMBUS-THRIFT-PORT)))
                        (THsHaServer$Args.)
                        (.workerThreads 64)
                        (.protocolFactory (TBinaryProtocol$Factory.))
                        (.processor (Nimbus$Processor. service-handler))
                        )
           server (THsHaServer. options)]
        (.addShutdownHook (Runtime/getRuntime) (Thread. (fn [] (.shutdown service-handler) (.stop
server))))
        (log-message "Starting Nimbus server...")
        (.serve server)))
```

基于 Thrift 实现通信的一个优势在于，Thrift 实现了整个协议栈而不只是 IDL 与具体实现语言的转化。Clojure 实现的 nimbus 服务，其中使用了 Thrift 提供的 NonblockingServerSocket、THsHaServer、TBinaryProtocol、Proccessor。其中，Processor 会使用 service-handle 来处理接收到的数据，系统只需要在 service-handle 中实现 Nimbus$Iface，其他与该服务相关的通信协议栈 Thrift 都已经在生成的代码中实现了。同时由于 Clojure 语言基于 JVM，所以 Thrift 只需要将相关 IDL 定义转化成 Java 语言。

3．接口的实现

Storm 内部的处理逻辑是由 Clojure 语言实现的，外部提供的接口是由 Java 语言实现的。Storm 的接口都由 Java 语言提供，使得系统的所有功能对于用户群体最大的 Java 来说都是可兼容的，对其在开源社区的发展也是有益的。值得一提的是两个例外，一个是 DRPC（分布式远程过程调用）[7]，另一个是 transactional topology[8]，都是纯 Java 实现的。其实原因不难理解，因为这两个功能实际上是基于 Storm 的基础功能的高层抽象，更接近编程人员实现的工作（而非 Storm 核心功能）。

根据官方的说明，我们梳理了 Storm 源码中 Java 语言实现的接口和 Clojure 语言实现的功能[9]，见表 5-1 和表 5-2。

表 5-1　Java 接口的包名及其主要实现的功能

包名	功能
backtype.storm.coordination	实现了 Storm 中必要的协同批处理功能，主要用于 DRPC（分布式远程过程调用）和事务性作业 topology。这个包里最重要的类是 CoordinatedBolt
backtype.storm.drpc	DRPC 的高层次抽象的具体实现
backtype.storm.generated	Thrift 生成的接口
backtype.storm.grouping	包含了实现自定义 stream 分组（grouping）时需要用到的接口
backtype.storm.hooks	定义了 Storm 系统处理各种事件的钩子（hook[10]）接口。（例如，在任务发射 tuple 时，在 tuple 被 ack 时）
backtype.storm.serialization	Storm 序列化/反序列化 tuple 的实现，基于 Kryo 构建
backtype.storm.spout	spout 及相关接口的定义，如 SpoutOutputCollector，也包括了 ShellSpout（实现了非 JVM 语言定义 spout 的协议）
backtype.storm.task	bolt 及相关接口的定义，如 OutputCollector，也包括了 ShellBolt（实现了非 JVM 语言定义 bolt 的协议）。TopologyContext 也是在这里定义的，用来在运行时供 spout 和 bolt 获取 topology 的执行信息
backtype.storm.testing	包括了 Storm 单元测试中用到的各种测试 bolt 及工具

7 代码参见 backtype.storm.coordination

8 代码参见 backtype.storm.transactional

9 https://github.com/nathanmarz/storm/wiki/Structure-of-the-codebase

10 https://github.com/nathanmarz/storm/wiki/Hooks

续表

包名	功能
backtype.storm.topology	在 Thrift 结构之上使用 Storm 系统的 Java API（用户不需要了解 Thrift 的细节）。这里有 TopologyBuilder 及用于定义不同 spout 和 bolt 的基类，还有高层的 IBasicBolt 接口，便于实现特定类型的 bolt
backtype.storm.transactional	包括了事务型 topology 的实现
backtype.storm.tuple	包括 Storm 中 tuple 数据模型的实现
backtype.storm.utils	包含了 Storm 源码中用到的数据结构及各种工具包

表 5-2 Clojure 接口的包名及其主要实现的功能

包名	功能
backtype.storm.bootstrap	包括了一个宏来引入源码中用到的所有类及命名空间
backtype.storm.clojure	实现了用于 Storm 的 Clojure 定义的领域专用语言（DSL）
backtype.storm.cluster	封装了 Storm 守护进程中用到的 Zookeeper 逻辑，提供 API 将系统的运行状态保存到 Zookeeper（例如，哪里运行着怎样的任务，每个任务运行的是哪个 spout/bolt）
backtype.storm.command.*	包括了各种 storm xxx 开头的客户端命令的实现
backtype.storm.config	Clojure 实现的配置读取/解析工具包，包括了为 nimbus、supervisor 等守护进程指名所使用的本地目录。（例如，master-inbox 函数会为 nimbus 返回本地目录，用于保存上传给它的 jar 文件）
backtype.storm.daemon.acker	实现 acker bolt，确保数据被接口完全处理[11]
backtype.storm.daemon.common	实现 Storm 守护进程所用的公共函数，同时包括了各种心跳及 Storm 中其他数据结构的定义
backtype.storm.daemon.drpc	包括了 DRPC 服务的实现，与 DRPC topology 一起使用
backtype.storm.daemon.nimbus	包括了 nimbus 的实现
backtype.storm.daemon.supervisor	包括了 supervisor 的实现
backtype.storm.daemon.task	实现了 spout 或 bolt 的任务实例，包括了处理消息路由、序列化、为 UI 提供状态集合及 spout/bolt 执行动作的实现
backtype.storm.daemon.worker	实现了工作进程，包括了消息传输和任务启动
backtype.storm.event	实现了一种简单的异步函数执行器。nimbus 和 supervisor 在很多场合都用到了异步函数执行器来避免资源竞争
backtype.storm.log	用来输出日志信息
backtype.storm.messaging.*	在高层实现的点对点消息通信。工作在本地模式[12]时，Storm 使用内存中的 Java 队列来模拟消息传递；工作在集群模式时，Storm 使用 ZeroMQ 实现消息传递。相关通用的接口在 protocol.clj 中定义

[11] 这会在 9.2.3 节展开说明。

[12] 参见 4.1.3 节。

续表

包名	功能
backtype.storm.stats	实现了向 Zookeeper 写入状态的定时程序，这些汇总的状态可供 UI 使用。实现了不同粒度的窗口和聚合
backtype.storm.testing	实现了 Storm 作业的测试工具，包括用于时间仿真的工具等
backtype.storm.thrift	基于 Thrift 生成 API 实现的 Clojure 封装
backtype.storm.timer	实现了后台定时器，用于延迟执行或者轮询执行函数[13]
backtype.storm.ui.*	实现 Storm UI，通过 nimbus 的 Thrift API 来获取需要的数据
backtype.storm.util	包括了 Storm 代码中用到的通用工具函数
backtype.storm.zookeeper	包括了 Clojure 对 Zookeeper API 的封装，同时也提供了高层的操作，如 mkdirs、delete-recursive

5.2.2 客户端与 Storm 系统的通信

客户端与 Storm 系统的通信，可以通过 backtype.storm.utils.NimbusClient 类实现。该类用于连接 Storm 的 nimbus 服务，获取其分布式代理（proxy）；客户端调用代理的方法与系统的通信，实际上就是使用 Thrift API 完成的。NimbusClient 类的主要方法及其功能见表 5-3。

表 5-3　NimbusClient 类的主要方法及其功能

方法名	功能
NimbusClient(java.lang.String host, int port)	构造函数，参数 host 是 nimbus 服务的 hostname 或 IP 地址，参数 port 是 nimbus 服务的端口
getConfiguredClient(java.util.Map conf)	也用于构造该类对象，使用指定的配置获取 NimbusClient 对象，参数 conf 是配置信息，包含主机名（host）和端口（port）
getClient( )	获取 nimbus 服务的本地代理，是 Nimbus.Client 对象，实际上就是分布式对象的本地代理（proxy, stub）

这里，我们分析一下 backtype.storm.utils 下面的 client.getConfiguredClient，其代码如下所示。其实，它是从配置（Map 对象）中取出 nimbus 服务的主机和端口，再调用构造函数实例化一个 NimbusClient 对象。

```
public static NimbusClient getConfiguredClient(Map conf) {
    try {
        String nimbusHost = (String) conf.get(Config.NIMBUS_HOST);
        int nimbusPort = Utils.getInt(conf.get(Config.NIMBUS_THRIFT_PORT));
```

[13] Storm 不能使用标准 Java 库的 java.util.Timer 类，是因为 nimbus 和 supervisor 必须能与模拟的时间集成，用于单元测试。

```
            return new NimbusClient(conf, nimbusHost, nimbusPort);
        } catch (TTransportException ex) {
            throw new RuntimeException(ex);
        }
    }
```

使用 NimbusClient 对象调用如下方法，可以获得 nimbus 服务的本地代理，这是一个 Nimbus.Client（在 backtype.storm.generated 包下）对象。注意：Nimbus.Client 与 NimbusClient 的类名相似，但不在同一个包下，而且在分布式通信中的作用完全不同。

```
NimbusClient nimbusClient = NimbusClient.getConfiguredClient(conf);
Nimbus.Client client=nimbusClient. getClient( );
```

其中，Nimbus.Client 对象是基于 Thrift 根据 storm.thrift 这个 IDL 文件定义生成的，是 nimbus 服务的本地代理。其实，backtype.storm.generated.Nimbus 中除了 Client 之外，还包含了另一种客户端 AsyncClient。这两种客户端的区别在于 Client 实现了 Iface 接口，以同步的方式调用服务；AsyncClient 实现了 AsyncIface 接口，以异步的方式调用服务。针对两种客户端的方法，分别有对应的参数、结果类，另外还有一个 Processor 接口实现类（在 nimubus 服务器端调用）。Iface/AsyncIface 接口实现将调用 send_xxx 和 recv_xxx，而 send_xxx 和 recv_xxx 分别由对应的 Client 内部类 xxx_args 和 xxx_result 包装，然后往下调用 sendBase/receiveBase，也即交由 Thrift（TserviceClient）继续处理。

通过 Nimbus.Client 丰富的 API 接口（就是 IDL 中定义 nimbus 的行为），客户端可以获取类似 Storm UI 列举的监控和统计信息，自行实现监控控制台。例如，客户端可以通过 Thrift 调用如下服务。

getClusterInfo ：获取 Cluster 的运行概况，包括作业和工作节点的状态等。

beginFileUpload ：开始上传文件。

uploadChunk ：上传文件块。

finishFileUpload ：上传文件结束。

submitTopology：提交作业。

killTopology：撤销作业。

其详细的服务接口，可以参见 5.2.1 节 Nimbus.java 文件的定义，在此不再赘述。

5.3　ZeroMQ 在 Storm 中的应用：作业任务间的通信

5.3.1　ZeroMQ：面向分布式并发应用的高性能异步消息处理库

ZeroMQ[14]，也被称为 ZMQ、0MQ 和 ØMQ，是简单易用的传输层代码库，可使网络

[14] http://zeromq.org/

编程更加简捷，并能提供更高性能的通信服务。ZeroMQ 包含消息处理队列库，可在多个线程、内核和机器之间弹性伸缩。这个开源项目的明确目标是“成为标准网络协议栈的一部分”，现在离这个目标显然还有差距，但它正在不断进步和演化中。ZeroMQ 项目最早定位为“史上最快消息队列”，所以名字里面会有“MQ”（Message Queue）两个字母；但是随着功能逐渐演变发展，消息队列的味道慢慢淡化，定位为面向应用的消息内核（或称消息层）。ZeroMQ 作为基于消息的嵌入式网络编程库，可作为并发框架连接多个应用程序，支持 N-to-N 的连接和多种工作模式。从网络通信协议的角度看，ZeroMQ 处于会话层之上、应用层之下，它提供的封装使得编程人员甚至不需要自行调用 Socket 函数就能完成复杂的网络通信，并支持多种编程语言，这也为 ZeroMQ 的应用带来了更多的优势。

分布式系统中的并行数据处理，采用消息队列的方式，比采用共享状态（无论是基于内存还是基于外存）的方式在性能和可用性方面更具优势。近些年发展起来的 Erlang 和 Go 语言都采用消息的方式实现并行任务之间的协同。应该说 ZeroMQ 并不是对 Socket 的简单封装，往往也不去实现已有的网络协议和底层的点对点通信模式；但是它有自己的编程模式，可实现 TCP 之上的协议（虽然 ZeroMQ 不一定基于 TCP），它还可以用于进程间和进程内通信。

基于 ZeroMQ 的网络通信编程，与传统 Socket 编程方法最大的区别在于，传统方法是端到端的（1:1 映射），而 ZeroMQ 可以支持 $N:M$ 这样多对多的关联。传统 Socket 如 BSD 套接字采用点对点方式，需要显式地建立连接、销毁连接、选择协议（TCP/UDP）和处理错误等。而 ZeroMQ 封装了这些技术细节，可以直接以程序库的形式被分布式应用或并发程序使用，实现节点间进程级的通信。ZeroMQ 把通信的需求分为四类，其中支持传统 TCP Socket 的点对点模型是一类。基于 ZeroMQ 更为常用的通信模式型有如下四类。

1．请求回应（request-reply）模型

这种模型下，请求端发起请求，等待回应端回应请求。从请求端来看，一定是收、发配对的；反之，在回应端一定是发、收配对的。请求端和回应端都可以是 1:N 映射。常见的情形下，1 是服务端，N 是客户端。ZeroMQ 通过专用的 Device 组件，只需要加入若干路由节点，便能很好地支持路由功能，将 1:N 映射扩展为 N:M 映射。于是，底层的端点地址是对上层隐藏的，每个请求都隐含有回应地址，而上层应用无须关注。在 ZeroMQ 中这种模型被用于远程过程调用或者任务分发。

2．发布订阅（publish-subscribe）模型

这个模型下，发布端是单向发送数据的，不关心这些数据能否全部被订阅端收到；相应地，订阅端负责接收数据，可以无须向发布端反馈。这里要说明一下，模型在数据收发方面的保障。一方面，在发布端开始发送数据的时候，若订阅端尚未连接，这些数据将被直接丢弃；另一方面，若订阅端连接上来，模型将保证数据不会丢失。如果发布端和订阅端需要交互（比如要确认订阅端是否已经连接上），则使用额外的套接字采用请求回应模型实现。在 ZeroMQ 中这种模型被用于数据分发。

3．管道（push-pull, pipeline）模型

这个模型下，通过单向的管道结构，push 端向 pull 端单向推送数据流。在 ZeroMQ 中这种模型被用于任务分发和汇集。

4．点对点（exclusive pair）模型

这个模型下，通过固定的套接字，被连接的两端实现数据单向或双向发送。在 ZeroMQ 中这种模型很少被应用，只在更高级编程人员的特殊需求下实现底层通信时使用。

ZeroMQ 专注于解决数据通信的基本问题。ZeroMQ 关注的是通信双方的职责，而非实现方式（如监听端口还是连接对方端口）。对于复杂多进程协同的系统，不必纠结于进程启动的次序。例如，通过 ZeroMQ 的 API 实现服务器，编程人员不再需要 bind/listen/accept 这些底层繁琐的 Socket 编程接口，不需要为每个通道保留一个句柄，也不必在意服务器端是否需要先启动（bind），而后才能让客户端实现业务逻辑（connect）。此外，使用 ZeroMQ 不必在意底层实现是使用短连接方式还是长连接方式。ZeroMQ 定义的 Transient （短暂） Socket 和 Durable（持久） Socket 是不同的概念，并非区别于实现层是否保持了 TCP 连接。Durable Socket 的生命期可以长于一个进程的生命期，即使进程退出，再次启动后依旧可以继续之前的 Socket。当然，这种设计模式可按需被实现，并不是针对可用性提升的。对于 ZeroMQ，如有需求（若内存有限），甚至可以把数据传输的缓存放置到持久化存储上。

相应地，基于上述通信模型，分布式/并发系统可以按需组合这些模型，解决实际问题。与其他同一级别的工具相比，ZeroMQ 有以下一些特点。

① 点对点无中间节点。传统的消息队列需要服务器来存储转发数据，而 ZeroMQ 放弃了这种设计，因为消息服务器最终还是需要点对点传输数据至相应节点。通过在发送端缓存数据，ZeroMQ 实现端对端数据传输，并可以通过设置参数控制缓存量。当然，ZeroMQ 通过 zmq_device 也支持传统的消息队列模式。

② 强调消息收发模式。ZeroMQ 将点对点通信模式做了归纳，比如常见的订阅模式（一个消息发给多个客户）、分发模式（*N* 个消息平均分给 *X* 个客户）等。下面是目前支持的消息模式配对，任何一方都可以作为服务器端。

PUB and SUB
REQ and REP
REQ and XREP
XREQ and REP
XREQ and XREP
XREQ and XREQ
XREP and XREP
PUSH and PULL
PAIR and PAIR

③ 以统一接口支持多种底层通信（线程间通信、进程间通信、跨主机通信）。传统模式下，本机多进程的软件迁移至分布式跨主机的环境里，程序通常要将 IPC 接口用套

接字重写一遍；而 ZeroMQ 只需要修改通信协议的配置，在使用配置文件的情形下无须修改代码。

④ 异步高性能。ZeroMQ 设计追求简洁高效，其发送数据是异步模式的，通过单独出一个 I/O 线程来实现，相关资源释放也均交由 ZeroMQ 管理。

关于使用 ZeroMQ 实现的系统通信，本小节不再给出具体实例，感兴趣的读者可以参考相应的官方文档和网络教程。应当注意的是， Storm 系统使用了 ZeroMQ 的管道模型。接下来我们分析 Storm 中基于 ZeroMQ 实现的数据通信。

5.3.2 Tuple 与 declareOutputFields( )：数据项结构及声明

Storm 作业的任务（spout 与 bolt 在运行时的实例）之间的通信，就是通过 ZeroMQ 实现的串行化 Java 对象传递。这种通信存在于同一作业的任务之间，可以在同一台机器上，也可以在不同的机器间。所传递的串行化 Java 对象，在 Storm 中是通过 backtype.storm.tuple.Tuple 来表达的。在本书后续章节中，若强调 Tuple 这种流式数据中的基本单元，将使用**“数据项”**一词来指代 Tuple。

运行时的 Storm 作业，连续接收到达的流式数据，这些数据的基本单元就是 Tuple；处理后的数据，若需要向下游任务传递，同样需要封装为 Tuple 结构。backtype.storm.tuple 包下的 Java 文件定义了 Storm 任务间数据传递的数据模型接口、实现和一些工具类，具体如下。

backtype.storm.tuple.Tuple 是一个接口，是 Storm 所使用的主要数据结构，可以包含任意类型的值。这个接口定义了一系列方法，如 getInteger( )和 getString( )等，用于获取和转换域值。Storm 自动对基础类型（primitive types，如 int、String 和二进制数组等）进行串行化；而对自定义类型的串行化，需要实现和注册这个类型的串行化接口。

backtype.storm.tuple.TupleImpl 是 backtype.storm.tuple.Tuple 接口的实现类。

backtype.storm.tuple.Fields 是一个可枚举的类，实现了 Serializable 接口和 Iterable<String>接口，用于声明 Tuple 中的域。域有以下两种声明方式，实际应用中往往使用第一种方式。

```
Fields(java.lang.String... fields)
或 Fields(java.util.List<java.lang.String> fields)
```

例如，一个用于表示人的 Tuple，其结构包括姓名和年龄，则可以通过 Fields 以 new Fields(“name”,“age”)来声明数据结构的域。另外，与域相关的还有针对输出数据流的 Fields Grouping 模式，允许根据一个或者多个 Tuple 的指定域，控制该 Tuple 向指定的下游组件传输。

backtype.storm.tuple.Values 是一个集合类，实现了 Serializable 接口、Iterable<Objec>接口、Collection< Object>接口和 List<Object>接口，用于在 Tuple 中组织值。

作为一种分布式系统，Storm 在任务之间传递数据时，需要知道如何串行化和反串行化一个对象，默认是使用 Kryo[15]实现的。Kryo 能够灵活快速地处理串行化，Storm 默认使用它来串行化基础类型，如 Strings、byte arrays、ArrayList、HashMap、HashSet 和 Clojure 集合类型。Tuple 是由任意类型的域组成的，个性化域的串行化需要自行实现其串行化方法（实现对应类的 Serializable 接口）。

对于作业的组件，spout 和 bolt 在传递数据项的方法上有所不同，但传递数据的单元结构均为 Tuple。在 spout 中，nextTuple( )方法被连续调用，这里用户自定义的处理逻辑被执行，组织成指定结构的 Tuple 对象，然后将该对象通过成员对象 OutputCollector 的 emit( )方法加入输出数据流。类似地，在 bolt 中，execute( )方法被连续调用，用户自定义的处理逻辑被执行，若须继续传递则将结果组织成指定结构的 Tuple 对象，然后将该对象通过成员对象 OutputCollector 的 emit( )方法加入输出数据流。其中，声明输出数据流 Tuple 结构的方法是 declareOutputFields( )。例如，在一个 spout 或 bolt 中，如下代码定义了 Tuple 的数据结构只含有一个名为 word 的域。

```
public void declareOutputFields(OutputFieldsDeclarer declarer){
  declarer.declare(new Fields("word"));
}
```

另外，从我们实施的项目中抽取了两个例子。下面的 TupleProducer 类用于一个 spout，从 JMS 中间件获取的消息转化成为一个有结构的 Java 对象。

```
public class TupleProducer implements Serializable {
  public Values toTuple(Message msg) throws JMSException {
        if (msg instanceof TextMessage) {
              String json = ((TextMessage) msg).getText( );
              try {
                    String[] _cols = StringUtil.split(json, ";");
                    String no = cols[3];
                    String cplx = cols[2];
                    String tpid1 = cols[10];
                    String tgsj = cols[9];
                    String jcd = cols[1];
                    String location="JNC"+jcd.substring(3,9);
                    String direction=jcd.substring(9);
                    return new Values(no,location,cplx,tpid1,tgsj,direction);
              } catch (UnsupportedEncodingException e) {
                    e.printStackTrace( );
              }
              return null;
        } else{
              return null;
        }
```

15 http://code.google.com/p/kryo/

```
    }
    public void declareOutputFields(OutputFieldsDeclarer declarer){
        declarer.declare(new Fields("no","location","cplx","tpid1","tgsj","direction"));
    }
}
```

这个类实现了 Serializable 接口，将接收到的原始消息（Message 对象）进行拆解，获取需要的域（no, location, cplx, tpid1, tgsj, direction），通过 Values 进行了重新组织。同时，在 declareOutputFields( )方法中声明了上述域对应的域名称。也即，这里处理后输出的数据，将按照这里声明的结构，以 Tuple 对象继续向下游传输。类似地，下游的 bolt 接收数据后，可以按照结构中的对应域获取数据，并处理后继续向下游传递。它的直接下游 bolt 的代码摘录如下。

```
public class FlowBolt extends BaseRichBolt {
    private OutputCollector collector_;
    ……
    public void execute(Tuple tuple)   {
        String no=tuple.getStringByField("no");
        String location=tuple.getStringByField("location");
        String tpid1=tuple.getStringByField("tpid1");
        String tgsj_str=tuple.getStringByField("tgsj");
        String cplx = tuple.getStringByField("cplx");
        ……//其他业务逻辑
        String jcdid =…;
        int average_liuliang=…;
        collector_.emit(new
Values(jcdid,Calendar.getInstance( ).getTimeInMillis( ),average_liuliang));
    }
    public void declareOutputFields(OutputFieldsDeclarer declarer){
        declarer.declare(new Fields("jcdid","time","average_liuliang"));
    }
}
```

在这个 bolt 中，execute( )方法是用户自定义的处理逻辑，输入参数 Tuple 对象即为接收的数据流中的数据单元。在这里该 bolt 按照既定的结构声明拆解输入的 Tuple 对象，运算完成后的结果通过 Values 组织成指定结构的新 Tuple，通过成员对象 OutputCollector 的 emit( )方法加入输出数据流。这个新 Tuple 的结构，也是在 declareOutputFields( )方法里声明的。

可以看到，Storm 不是对 Tuple 的域进行全局静态的声明，这就是 Storm 的动态类型定义机制。编程人员只需要将可串行化的对象作为值（作为 Values 的成员），放入 Tuple（作为 Fields），由 Storm 自行处理串行化。这样设计的原因首先在于，对数据项增加静态的域声明会增大 API 的复杂程度。与之相对的是，Hadoop API 静态声明属性的键和值，于是需要大量的标注，为了安全转换类型成为很大的负担。更重要的原因在于，从第 2 章分析可知流式数据是结构松散的，以静态声明的方式指名数据结构是不太现实的。举一个直观的例子，假设一个 bolt 接收了多个输入流，每个输入流数据项的数据结构都是不同的，当其在执行 execute( )方法时作为参数的 Tuple 对象，可能是所有输入的任何一种结构，静态声明需要考虑所有输入的任意组合。虽然可以通过 Java 反射机制实现对象的识别，但是 Storm 没有采取静态声明的做法，而是使用了更简单和直观的方法来动态定义域的类型，可以由每个组件自行声明所输出 Tuple 的域结构。其实，这种机制使得通过动态语言（如 Clojure 和 Jruby，）使用 Storm 更加直观。

值得一提的是，Storm 从 0.7.0 版本以后开始支持组件级配置（component-specific configurations），可以被用来更加灵活地实现通信对象的串行化。当然，在一个组件实现的串行化可以被其他的组件所使用，因为当一个作业被提交时，所有组件定义的串行化方式是以并集的方式在 JVM 中注册的。若两个组件针对同一个类实现了串行化，任何一个都可能被选择使用。针对这样的问题，为了能够对一个类强制使用确定的串行化方式，需要用到作业级配置（topology-specific configuration）来注册的，而在串行化时作业级配置的优先级要高于组件级配置。关于组件级配置和作业级配置的详细说明，可以参见官方文档[16]。

5.4　Storm 可配置的通信机制

在本书使用的 0.8.2 版本及之前的版本中，Storm 的通信只能够使用既定的 ZeroMQ，相关内容可以参见 5.3 节。随着 Storm 被业界广泛应用，ZeroMQ（JZMQ）实现的消息通信存在的问题也逐渐显现出来。最主要的问题表现在以下几方面。

① 由于与 Storm 的实现语言不同，ZeroMQ 通信时的内存管理不受 JVM 的控制。ZeroMQ 本身由 C 语言实现，使用的内存不受 Java 虚拟机的控制，于是无法通过-Xmx 参数来调节 Storm 关于通信的内存优化。

② ZeroMQ 以黑盒的方式被使用，Storm 无法获得通信时的状态，如多少数据被缓存（buffer）或未发送。

③ Storm 的安装和运行时依赖增多，包括 ZeroMQ 和 JZMQ，造成系统维护复杂。

在最新发布的 Storm 0.9 版本里，增加了新的消息传输机制，使得通信的数据传输机制可以被配置替换，而不必被捆绑于某种具体的传输机制如 ZeroMQ。例如，Yahoo 的 Andy Feng 实现了一个基于 Netty 的纯 Java 的消息传输机制。

为实现这种可替换的通信机制，需要满足如下一些条件以满足 Storm 的语义。

① 建立数据传输的缓冲区。在客户端建立这个缓冲区，在通信连接没有建立之前把发送的数据缓存起来。这样，数据发送方可以在连接建立之前发送消息，而不需要等连接建立起来，可使得接收方是独立运行的。

[16] https://github.com/nathanmarz/storm/wiki/Configuration

② 在消息传输层保证消息最多只能发送一次。Storm 系统有 ACK 机制，可使得没有被发送成功的消息会被重发，若传输层面也重发，会导致消息被发多次。

这种传输机制由两个接口来定义：backtype.storm.messaging.IContext 和 backtype.storm.messaging.IConnection。

其中，IContext 负责客户端和服务器端连接的建立，主要有四个方法。

① prepare(Map stormConf) ：遵从 Storm 定义的 prepare 方法，可以接收 storm 的配置。

② term( )：终止，方法会在 worker 卸载这个传输插件的时候调用，自定义实现时可以在这里释放占用的资源。

③ bind(String topologyId, int port)：建立服务器端的连接。

④ connect(String stormId, String host，int port)：建立一个客户端的连接。

而 IConnection 则定义了在 IContext 上发送、接收数据的接口。

① recv(int flag)：接收消息。

② send(int taskId, byte[] payload)：发送消息。

③ close( )：该连接关闭的时候调用，释放相关资源。

作为可以配置的传输插件，这种通信机制是可插拔的，而不作为核心代码的一部分。例如，以 netty 实现的传输插件，被放在了一个单独的目录里面，Storm 整个的源码结构也从原来的单一项目变成了多项目（在 Storm 源码里面可以发现多个 project.clj）。这个通信插件通过 netty 实现了绝大部分关于消息传输的细节，使得 storm-netty 的使用非常简便。这里只是抛砖引玉，不再详细探究，相关内容可以参考其项目的源码[17]。

5.5 本章小结

本章主要讲解了 Storm 的通信模型，包括系统节点间的通信模型和作业任务间的通信模型。针对系统节点间的通信模型，本章介绍了 Thrift 框架的概念及其在远程过程调用方面的原理；同时也从 Storm 系统的视角，介绍了接口定义和与客户端通信的方式。针对作业任务间的通信模型，本章简要介绍了 ZeroMQ 这个高效异步的通信库，也详细解释了 Storm 作业中数据项的数据结构封装和声明，并用实例说明了数据项在组件间的传递。本章详细介绍的这些通信模型，为接下来讲解 Storm 的数据处理过程提供了基础。

[17] https://github.com/nathanmarz/storm/tree/moved-to-apache/storm-netty

第 6 章

Storm 的作业单元：Topology

作业是一个广泛的概念，对于分布式系统的数据处理过程，作业通常是指用户提交的、需要系统一次完成或持续处理的工作的集合，是用户视角的数据处理应用单元。在批处理系统中，数据处理是以作业为基本单位由用户提交给系统计算的，如 Hadoop MapReduce 中的 job；在流式处理系统中，我们依然沿用“作业”这个概念，如 Storm 中的 Topology。但是，应当看到，流式数据处理的作业与批处理系统中的作业是不同的，最关键的区别在于后者的计算会最终结束，而前者的计算除非人为停止，否则将永久运行。

针对 Storm 这个流式处理系统，本章将讨论其作业，包括 Topology 结构、关键元素（尤其多种 Stream 的流组模式），以及编程范式。通过学习本章的内容，读者能对 Storm 系统作业的概念及基本编程方式有初步的理解，而后续的两章会针对作业的两种基本构成元素进一步展开。

6.1 Topology 的构成

Storm 系统的数据处理应用单元，是被打包的被称为 Topology 的作业。正因为流式数据具有实时、连续的特征，Topology 作为流式数据处理应用一定也是不间断的。即，除非人为停止，否则将永久运行。Storm 的 Topology 在很多资料中被直译为“拓扑”，这是因为它的数据处理过程可以分为不同的处理阶段，可以体现这些处理阶段的组合，呈现有向无环图（Directed Acyclic Graph, DAG）的结构。为了体现 Storm 是一种分布式系统，作为其处理应用单元的 Topology 在本书中仍然被称为作业。在不引起混淆的情况下，“作业”和 Topology 的语义是可以相互替换的。

上面已经提及，Storm 系统的作业是由多个数据处理阶段组合而成的，而每个处理阶段在构造时被称为组件（Component），在运行时被称为任务。下面将从这两个角度详细分析 Topology 的构成（图 6-1）。

从构造时 Topology 的编程过程角度，作业是由多个组件按照一定的处理逻辑顺序构成的图结构。组件根据作用的不同，在 Storm 中分为两类：Spout 组件和 Bolt 组件。而 Topology 就是这两类组件通过数据流（Stream）连接的一种计算逻辑结构。也即，组件处理的输出结果，作为下游组件的输入数据流继续处理。构造时 Topology、Spout、Bolt 和 Stream 的关系，如图 6-1 所示。

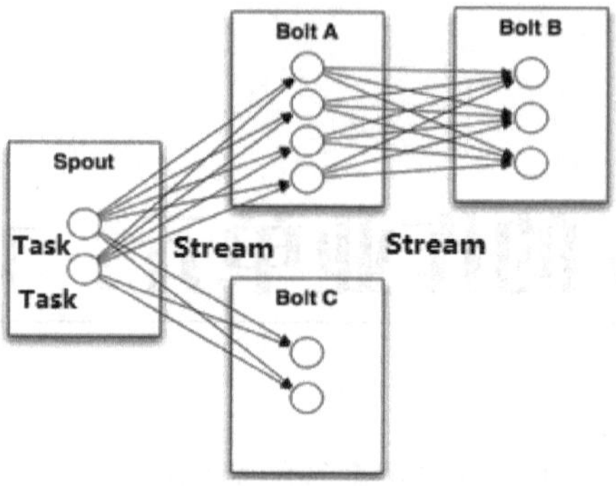

图 6-1　Storm 的 Topology 构成

从运行时 Topology 的实际执行过程角度，作业是由多个组件的实例，也即任务，按照构造时建立的逻辑顺序和配置的并发度，形成的数据流图结构。Spout 和 Bolt 两类组件均可以在构造时设置并发度，运行时相应生成多份实例任务。而组件的任务间数据传递，也可以按照不同的构造时组件连接关系和配置，形成运行时的数据流分组（Stream Groupings）。运行时 Topology、Task 和 Stream 的关系，如图 6-1 所示。关于 Stream Grouping 的概念，将在 6.2 节详细说明。

其中，一个 Topology 包含的两种组件如下。

Spout：Storm 中的数据源编程单元，用于为 Topology 生产消息（数据）。一般地，Spout 从外部数据源（如 Message Queue、RDBMS、NoSQL、Realtime Log，甚至 HDFS）不间断地读取数据，并作为一定结构的数据项（Tuple 元组）传递给 Topology 处理。关于 Spout 的内容，本书将在第 7 章详细介绍。

Bolt：Storm 中的数据处理编程单元，实现 Topology 中的相关数据处理逻辑。一般，在 Bolt 中，编程人员可以实现数据过滤、聚合、查询数据库等操作，处理的结果以一定结构的数据项，以流式传递的方式向下游组件传递和处理。关于 Bolt 的内容，本书将在第 8 章详细介绍。

在构建时作为编程单元，Spout 和 Bolt 针对不同的逻辑处理；而在运行时每一个 Spout 和 Bolt 会被实例化作为任务（Task）在 Storm 集群中执行。运行时，Spout 和 Bolt 按照 TopologyBuilder 配置的并发度，Storm 集群自动完成任务在线程中的组织、线程在进程中的组织、进程在集群中机器的组织。这部分内容，将在第 9 章中介绍。

Topology 通过命令被提交到 Storm 集群中运行，占用相关计算资源；也可以通过命令停止 Topology 的运行，将 Topology 占用的计算资源归还给 Storm 集群。在整个生命周期中，Topology 共有 active、inactive、killed、rebalancing 四种持久化状态，这些状态及其事件变迁如图 6-2 所示。

① acitve 状态表明一个 Topology 是活跃的。在该状态下，它可以被不同的事件转移

至其他三种状态。其中，monitor 实际上是执行为该 Topology 重新分配任务的操作，返回值为 nil，即不会在 Zookeeper 中更改其持久化状态；activate 在该状态下是空操作；rebalance 也是执行为该 Topology 重新分配任务的操作，但会将其持久化状态更改为 rebalancing；inactivate 会将该 Topology 的状态改为 inactive。

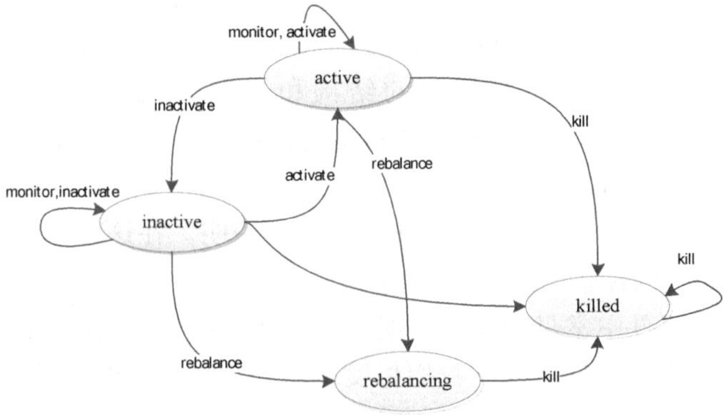

图 6-2　Topology 的持久化状态及状态变迁

② inacitve 状态表明一个 Topology 是非活跃的。在该状态下，它可以被不同的事件转移至其他三种状态。其中，monitor 实际上是执行为该 Topology 重新分配任务的操作，返回值为 nil，即不会在 Zookeeper 中更改其持久化状态；inactivate 在该状态下是空操作；rebalance 也是执行为该 Topology 重新分配任务的操作，但会将其持久化状态更改为 rebalancing；activate 会将该 Topology 的状态改为 active。

③ killed 状态表明一个 Topology 已经被撤销。在该状态下，它不可以被转移至其他三种状态。

④ rebalancing 状态表明一个 Topology 正在被重新分布。在该状态下，kill 事件可以将其转移至 killed 状态。

事实上，Topology 还可通过其他事件转移至非持久化的状态。例如，startup 和 do-rebalance 用于重分布和移除作业等。后者假设所有任务都是活跃的，所有的端口都不用判断是否需要保留，也即所有任务重新分配，而无论某些端口上的任务分配是否已经满足均衡要求。这些内容在本书后续章节会简单提及，此处不再详述；感兴趣的读者可以参阅 Storm 关于 Topology 状态转移的源代码，这部分是使用 Clojure 语言实现的。

6.2　Stream：组件间的数据传递

6.2.1　概述

流（Stream）是 Storm 中对传递的数据进行的抽象。正如 2.1 节所述，流是时间上无限的数据项 Tuple 序列。从 Storm 的作业 Topology 的角度看，Spout 是 Stream 的源，为 Topology 从特定数据源获取数据项，并向作业中发射（emit）形成 Stream；而 Bolt 可以同时接收任意多个上游送达的 Stream 作为输入，进行数据的处理过程，当然若有需要，Bolt 还可以发射（emit）新的 Stream 继续给下游的 Bolt 进行处理。

Stream 中的 Tuple 可以被指定结构，由一个或多个域（field）组成。这种组织方式，类似于数据库中模式（schema）的定义，但不同的是 Tuple 的定义不必是严格统一的，而是可以在每个组件（无论 Spout 还是 Bolt）中指定。默认情况下，Tuple 可以包含基本类型，如 integers、longs、shorts、bytes、strings、doubles、floats、booleans 和 byte arrays。当然，编程人员也可以自行定义需要的结构和类型，只需要实现特定的串行化器（serializers）即可。关于 Tuple 中域的概念和相关设置，可以参见 5.3.2 节。

每一个流（Stream）都被分配了一个标识 id。对于最常见的、由 Spout 或 Bolt 输出的单条流，OutputFieldsDeclarer 可以不带 id 进行流的声明。在这种情况下，Stream 被分配了一个名为“default”的标识。

下面给出 Storm 组件中常见的几种数据传递模式，它们都被称为流组模式，有着各自的特点和使用模式。为了方便叙述，我们将发送流的组件称为源组件，也即 componentId 标识的那个组件；接收流的组件称为目标组件，这里的组件是 Spout 或者 Bolt。

6.2.2 Stream Grouping：流组模式

1. Shuffle Grouping：随机分组

随机分组是最常用的数据流组模式，它的函数声明如下。这里有一个参数 componentId，是指源组件的 id；还有一个参数 streamId，是声明的流的标识。

```
shuffleGrouping(java.lang.String componentId)
shuffleGrouping(java.lang.String componentId, java.lang.String streamId)
```

在这种流组模式下，源组件将其发送的数据项，以随机的方式向其所有目标组件发送，可以保证每个目标组件收到数量近似的 Tuple，如图 6-3 所示。这个例子示意的代码实现也列举在下面。

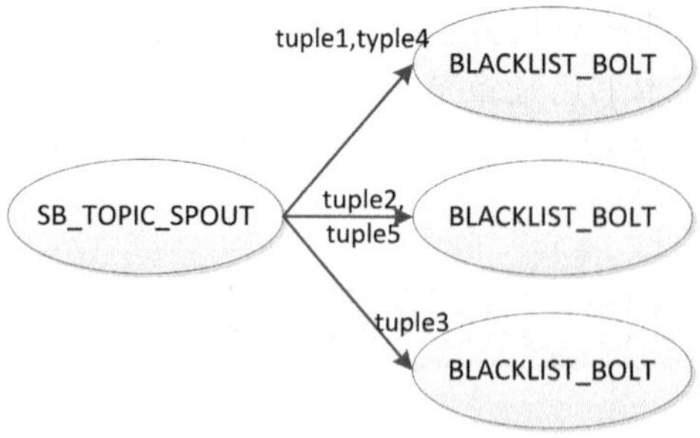

图 6-3 随机分组

在实例化了一个 Topology Builder 构建器后，依次增加了两个组件：首先是一个名为 *SB_TOPIC_SPOUT* 的 Spout，其次是一个名为 *BLACKLIST_BOLT* 的 Bolt，后者的并发度被设置为 3。前文说过，Spout、Bolt 都是 Storm 中的编程单元，其运行时的组织可以在编程构建时定义。这里的 *BLACKLIST_BOLT* 的并发度为 3，意味着运行时该 Bolt 会有 3 个实例（使用 3 个线程）同时在计算。这里我们主要关注两个组件之间流组设置对数据传递的影响。

```
    // 实例化 Topology 的构建器
    TopologyBuilder builder = new TopologyBuilder( );
    // 在该 Topology 中增加一个 Spout
    builder.setSpout(SB_TOPIC_SPOUT, topicSpout);
    //  在该 Topology 中增加一个 Bolt，并行度设置为 3，以随机分组的模式接收上面 Spout 发送
的数据项
    builder.setBolt(BLACKLIST_BOLT, new BlackListBolt( ), 3)
    .shuffleGrouping(SB_TOPIC_SPOUT);
```

在这个例子中，*BLACKLIST_BOLT* 以 shuffleGrouping 的流组模式，接收来自 *SB_TOPIC_SPOUT* 的流。这个例子来自我们项目中实际的业务计算，用于识别黑名单中的车牌，*SB_TOPIC_SPOUT* 发送车牌数据流，*BLACKLIST_BOLT* 将会根据黑名单列表基础数据，检索流中在黑名单中存在的车牌。如图 6-3 所示，假设 tuple1~5 是依次由 *SB_TOPIC_SPOUT* 发送的数据项，而 3 份 *BLACKLIST_BOLT* 分别接收了其中的 2 个、2 个和 1 个。这种流组模式下的数据传递，类似于分布式系统中轮转调度（round-robin）的实现。可以看到，随机分组模式，适用于输入无关的数学计算等原子操作。只要这 3 份 *BLACKLIST_BOLT* 均加载了完整的基础数据，这个操作就可以被独立并行执行，是可以随机从上游 Spout 中接收数据的。

当然，并不是所有计算操作能够被随机分配，例如为每个单词计数，这就要考虑下面要介绍的其他分组方式了。

2．All Grouping：副本分组

副本分组函数声明如下。这里的参数 componentId 是指源组件的 id，参数 streamId 是声明的流的标识。

```
    allGrouping(java.lang.String componentId)
    allGrouping(java.lang.String componentId, java.lang.String streamId)
```

在这种流组模式下，源组件将其发送的数据项，以复制的副本形式向其所有目标组件发送，可以保证每个目标组件均收到同一 Tuple，如图 6-4 所示。这个例子示意的代码实现也列举在下面，用于向其所有 Bolt 发送清零信号。

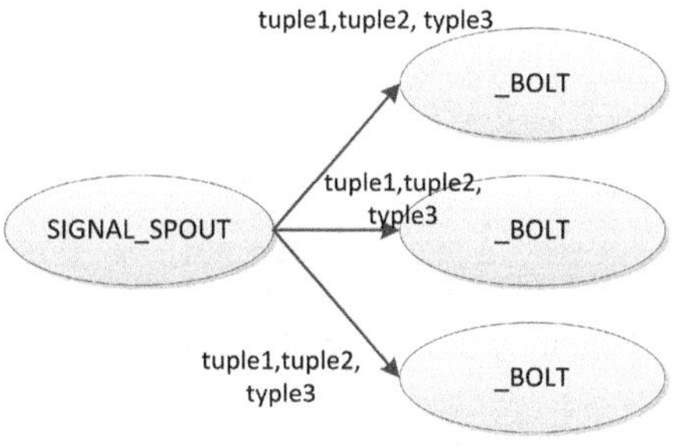

图 6-4　副本分组

在实例化了一个 TopologyBuilder 构建器后，依次增加了两个组件：首先是一个名为 *SIGNAL_SPOUT* 的 Spout，其次是一个名为 *_BOLT* 的 Bolt，后者的并发度被设置为 3。这里的 *_BOLT* 的并发度为 3，意味着运行时该 Bolt 会有 3 个实例（使用 3 个线程）同时在计算。

```
// 实例化 Topology 的构建器
TopologyBuilder builder = new TopologyBuilder( );
// 在该 Topology 中增加一个 Spout
builder.setSpout(SIGNAL_SPOUT, topicSpout);
// 在该 Topology 中增加一个 Bolt，并行度设置为 3，以副本分组的模式接收上面 Spout 发送的数据项
builder.setBolt(_BOLT, new CounterBolt( ), 3)
            .allGrouping(SIGNAL_SPOUT, "signals");
```

在这个例子中，*_BOLT* 以 allGrouping 的流组模式，接收来自 *SIGNAL_SPOUT* 的名为 signals 的流。*SIGNAL_SPOUT* 定时向其下游的所有 Bolt 发送一个刷新缓存信号，实现定期的缓存刷新，可以用于清除计数器缓存。如图 6-4 所示，假设 tuple1~3 是依次由 *SIGNAL_SPOUT* 发送的数据项，而 3 份 *_BOLT* 均接收了所有的 3 个。这种流组模式下的数据传递，类似于分布式系统中发送信号量（signal）的实现。另外，*_BOLT* 可以不只接收来自 *SIGNAL_SPOUT* 的流，若要区分流中数据以实现计数器清零，可以在 *_BOLT* 的实现中加入如下部分。

```
public void execute(Tuple input)
{
String str = null;
try
{
if(input.getSourceStreamId( ).equals("signals"))
{
    str = input.getStringByField("action");
        if("refreshCache".equals(str))
            counters.clear( );
    }
}catch (IllegalArgumentException e)
{
    //什么也不做
}
……
}
```

_BOLT 的 execute( )函数中的 if 分支，用来检查数据流的来源，在这个例子中通过识别数据项完成了识别清零的信号量。注意，这里使用了上面已经声明过的具名数据流"signals"，若不使用具名的数据流，Storm 默认使用名为"default"的数据流。关于 signals-spout 的实现

方式，还可以参考 https://github.com/storm-book/examples-ch03-topologies 上的示例。

3．Global Grouping：全局分组

全局分组函数声明如下。这里的参数 streamId 是流的标识。

```
globalGrouping( )
globalGrouping (java.lang.String streamId)
```

在这种流组模式下，源组件将其发送的数据项，全部发送给目标组件的某一个实例，而且该实例是这个组件中 ID 最小的那个任务。这种流组可以保证数据项只会被目标组件的一份实例所处理，示意图如图 6-5 所示，相关示意的代码实现也列举在下面。

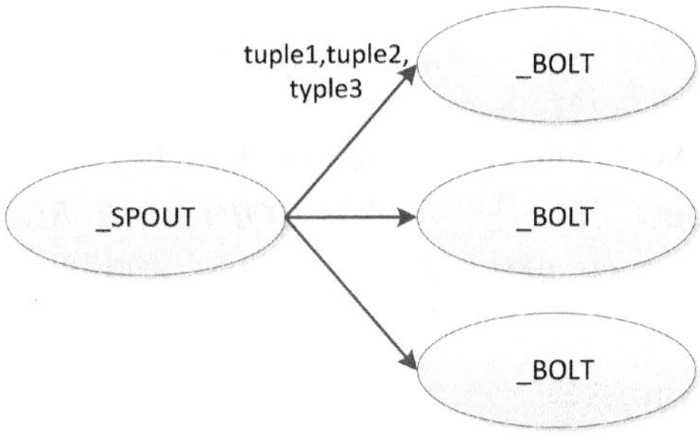

图 6-5　全局分组

在实例化了一个 TopologyBuilder 构建器后，依次增加了两个组件：首先是一个名为 *_SPOUT* 的 Spout，其次是一个名为 *_BOLT* 的 Bolt，后者的并发度被设置为 3。这里的 *_BOLT* 的并发度为 3，意味着运行时该 Bolt 会有 3 个实例同时在计算。

```
// 实例化 Topology 的构建器
TopologyBuilder builder = new TopologyBuilder( );
// 在该 Topology 中增加一个 Spout
builder.setSpout(_SPOUT, topicSpout);
//  在该 Topology 中增加一个 Bolt，并行度设置为 3，以全局分组的模式接收上面 Spout 发送
的数据项
builder.setBolt(_BOLT, new TempBolt( ), 3)
.                 globalGrouping (_SPOUT,);
```

在这个例子中，*_BOLT* 以 globalGrouping 的流组模式，接收来自 *_SPOUT* 的流。*_SPOUT* 向 *_BOLT* 发送的数据项，实际上会全部被 ID 最小的那个实例所接收。如图 6-5 所示，假设 tuple1~3 是依次由 *_SPOUT* 发送的数据项，3 份 *_BOLT* 中只有一份实例全部接收了这些数据项，而其他两份不会接收到数据项。这种流组模式下的数据传递，实际上忽略了 *_BOLT* 的并行度设置，所以对目标组件来说往往是被联合使用的。

4．Fields Grouping：按域分组

按域分组的函数声明如下。这里的参数 componentId 是指源组件的 id，参数 streamId 是声明的流的标识，参数 fields 是分组使用的域。

```
fieldsGrouping(java.lang.String componentId, Fields fields)
fieldsGrouping(java.lang.String componentId, java.lang.String streamId, Fields fields)
```

在这种流组模式下，源组件将其发送的数据项，按 Tuple 中指定域的值分组，向下游目标组件发送，可以保证拥有相同域组合的值的 Tuple，被发送给同一个 Bolt。其示意图如图 6-6 所示，实现代码也列举在下面。

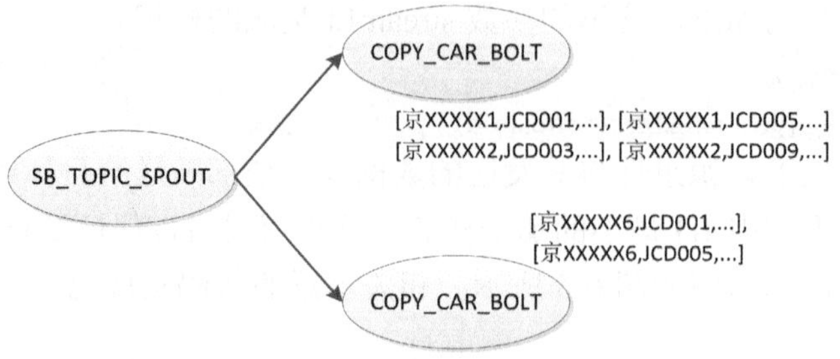

图 6-6　按域分组

在实例化了一个 TopologyBuilder 构建器后，依次增加了两个组件：首先是一个名为 *SB_TOPIC_SPOUT* 的 Spout，其次是一个名为 *COPY_CAR_BOLT* 的 Bolt，后者的并发度被设置为 2。这里的 *COPY_CAR_BOLT* 的并发度为 2，意味着运行时该 Bolt 会有 2 个实例同时在计算。

```
// 实例化 Topology 的构建器
TopologyBuilder builder = new TopologyBuilder( );
// 在该 Topology 中增加一个 Spout
builder.setSpout(SB_TOPIC_SPOUT, topicSpout);
// 在该 Topology 中增加一个 Bolt，并行度设置为 2，以按域分组的模式接收上面 Spout 发送的数据项
builder.setBolt(COPY_CAR_BOLT, new CopyCarBolt( ), 2)
        .fieldsGrouping(SB_TOPIC_SPOUT, new Fields("no"));
```

在这个例子中，*COPY_CAR_BOLT* 以 fieldsGrouping 的流组模式，按照域 no 分组，接收来自 *SB_TOPIC_SPOUT* 的流。这个例子来自项目中实际的业务计算，用于甄别套牌车的车牌，*SB_TOPIC_SPOUT* 发送车牌数据流，*COPY_CAR_BOLT* 将会根据路网数据、检测点列表等基础数据，计算并发现流中出现的套牌车车牌，其中的域 no 即为车牌号码。如图 6-6 所示，这里有 6 个数据项，包含 3 个车牌，有两个车牌的 Tuple 发给了其中一个 *COPY_CAR_BOLT*，另外一个车牌的 Tuple 发送给了另外一个 *COPY_CAR_BOLT*。这种流组模式下的数据传递，类似于数据库管理系统中的分组（group by）的实现。

需要注意的是，在按域分组的流组模式中，所有域集合必须存在于源组件的域声明中，也即例子中的域 no 必须在 *SB_TOPIC_SPOUT* 中已经声明。

5. Direct Grouping：直接分组

直接分组函数声明如下。这里的参数 componentId 是指源组件的 id，参数 streamId 是声明的流的标识。

```
directGrouping(java.lang.String componentId)
directGrouping (java.lang.String componentId, java.lang.String streamId)
```

在这种流组模式下，源组件将其发送的数据项，以直接指定目标组件的方式发送，可

以使指定组件接收给定的 Tuple，其示意图如图 6-7 所示。这个例子示意的代码实现也列举在下面，用于将单词按照首字母发送至目标 Bolt。

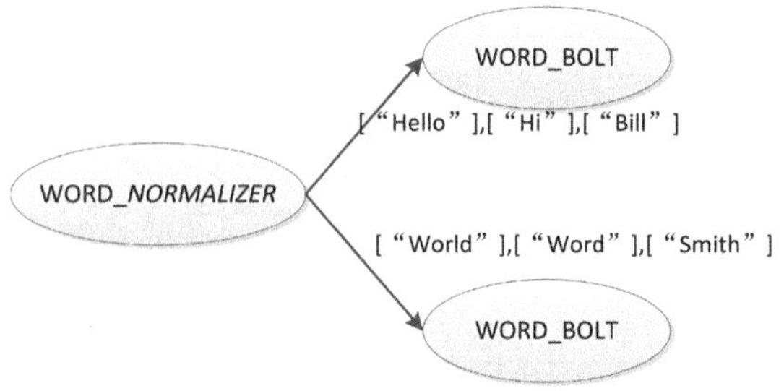

图 6-7　直接分组

在实例化了一个 TopologyBuilder 构建器后，依次增加了三个组件：首先是一个名为 *WORD_SPOUT* 的 Spout，其次是一个名为 *WORD_NORMALIZER* 的 Bolt，最后是一个名为 *WORD_BOLT* 的 Bolt（并发度被设置为 2）。这里的 *WORD_BOLT* 的并发度为 2，意味着运行时该 Bolt 会有 2 个实例同时在计算。

```
  // 实例化 Topology 的构建器
TopologyBuilder builder = new TopologyBuilder( );
  // 在该 Topology 中增加一个 Spout
builder.setSpout(WORD_SPOUT, topicSpout);
  //  在该 Topology 中增加一个 Bolt，接收上面 Spout 发送的数据项
builder.setBolt(WORD_NORMALIZER, new WordNormalizer( ), 1).shuffleGrouping (WORD_SPOUT);
  //  在该 Topology 中增加一个 Bolt，并行度设置为 2，以直接分组的模式接收上述 Bolt 发送的
数据项
builder.setBolt(WORD_BOLT, new WordCounter ( ), 2)
                .directGrouping (WORD_ NORMALIZER);
```

在这个例子中，*WORD_NORMALIZER* 接收来自 *WORD_SPOUT* 的流，并向下游的 *WORD_BOLT* 发送。在 *WORD_NORMALIZER* 这个 Bolt 中，可以在 execute( )函数中编写如下代码，将根据单词首字母决定由哪个 Bolt 接收数据项。值得注意的是，要使用直接数据分组，发送数据项需要使用函数 emitDirect 来替代方法 emit，用于向指定的具名流中发送数据项。

```
public void execute(Tuple input)
{     ...
        for(String word : words)
        {
            if(!word.isEmpty( ))
        {     ...
                collector.emitDirect(getWordCountIndex(word),new Values(word));
            }
        }
        collector.ack(input);
  }
```

```
public Integer getWordCountIndex(String word)
{
    word = word.trim( ).toUpperCase( );
    if(word.isEmpty( ))
    {
        return 0;
    }else
    {
        return word.charAt(0) % numCounterTasks;
    }
}
```

其中，getWordCountIndex( )函数的输入是一个单词，输出是一个作为具名流 ID 的整数。这个函数的实现也很简单，将单词的首字母对 *WORD_BOLT* 这个 Bolt 的任务数取余，也即单词将根据首字母分配其输出流的 ID。相应地，变量 numCounterTasks 即为这个 Bolt 的任务数，需要在 *WORD_NORMALIZER* 这个 Bolt 中的 prepare 方法中计算获得，代码如下。

```
public void prepare(Map stormConf, TopologyContext context, OutputCollector collector)
{
    this.collector = collector;
    this.numCounterTasks = context.getComponentTasks(WORD_BOLT);
}
```

如图 6-7 所示，*WORD_NORMALIZER* 发送的 6 个单词，通过直接分组到达两份目标 Bolt。而数据项在流组划分的依据就是通过 getWordCountIndex( )函数实现的。

6. Local or Shuffle Grouping：本地分组

本地分组函数声明如下。这里的参数 streamId 是流的标识。

```
localOrShuffleGrouping( )
localOrShuffleGrouping (java.lang.String streamId)
```

在这种流组模式下，目标 Bolt 若存在同一进程的任务实例，源组件将以随机分组的模式发送数据项至同一进程的任务；否则，将同随机分组一样发送数据项至所有任务。这种流组，可以使得数据项优先在同一机器的任务中处理，可以减少网络传输的带宽开销。由于其与随机分组十分类似，这里不再给出示例和代码；由于 Storm 的进程和线程组织是集群自动完成的，故程序员不需要过多地考虑进程和线程级的数据通信。

7. Non Grouping：不区分分组

不区分分组函数声明如下。这里的参数 componentId 是指源组件的 id，参数 streamId 是声明的流的标识。

```
noneGrouping(java.lang.String componentId)
noneGrouping(java.lang.String componentId, java.lang.String streamId)
```

在这种流组模式下，程序员不关心数据项在流中的分组。在 Storm 0.8.2 版中，这个流组模式相当于随机分组。由于其与随机分组十分类似，这里也不再给出示例和代码。

6.2.3 自定义流组

上面详细解释了 Storm 内置的 7 种流组，而编程人员还可以按照实际需求，实现自定义的流组。自定义的流组是通过实现 CustomStreamGrouping 这个接口完成的。这个接口在 backtype.storm.grouping 包中，方法见表 6-1。

表 6-1　CustomStreamGrouping 的方法

void	**prepare** (WorkerTopologyContext context,GlobalStreamId stream, java.util.List <java.lang.Integer> targetTasks)
java.util.List<java.lang.Integer>	**chooseTasks** (int taskId, java.util.List<java.lang.Object> values)

其中，prepare( )方法为目标 Bolt 告知运行时流组。这里的信息被 chooseTasks( )用来确定目标 Bolt 的任务实例，也用于确定分组的元数据。chooseTasks( )方法实现自定义的流组，它的输入是目标 Bolt 的任务，输出是用于输出数据项的目标任务。

这里给出一个实例，实现了一个自定义流组，按接收到的数据项中的 uid 的值分组，且将数据发送至对应的任务。

```
public class ModStreamGrouping implements CustomStreamGrouping
{
    private Map _map;
    private TopologyContext _ctx;
    private Global StreamId_stream;
    private List<Integer> _targetTasks;

    @Override
    public void prepare(TopologyContext context, Global StreamId_stream,List<Integer> targetTasks)
    {
        _ctx = context;
        _steram = stream,
        _targetTasks = targetTasks;
    }

    @Override
    public List<Integer> chooseTasks(int taskId List<Object> values)
    {
        Long groupingKey = Long.valueOf( values.get(0).toString( ));
        int index = (int) (groupingKey%(_targetTasks.size( )));
        return Arrays.asList(_targetTasks.get(index));
    }
}
```

这里，采用所获取值的第一个字符的整数值对目标 Bolt 任务数取模，将相同模值的记录在一个任务中进行业务处理。下面这段代码实例，利用自定义的 ModStreamingGrouping，构建 Topology 实现流的自定义分组计算。

```
public class ModGroupingTest
{
    public static class TestUidSpout extends BaseRichSpout
    {
        boolean _isDistributed;
        SpoutOutputCollector _collector;
        public void open(Map conf, TopologyContext context, SpoutOutputCollector collector)
        {
            _collector = collector;
        }
        public void close( )
        {
        }

        public void nextTuple( )
        {
            Utils.sleep(100);
            final Random rand = new Random( );
            final int uid =rand.nextInt(100000000);
            _collector.emit(new Values(uid));
        }

        public void ack(Object msgId) {

        }
        public void fail(Object msgId) {

        }

        public void declareOutputFields(OutputFieldsDeclarer declarer)
        {
              declarer.declare(new Fields("uid"));
        }


    }

    public static class modGroupBolt extends BaseRichBolt
```

```
    {
        OutputCollector _collector;
        String _ComponentId;
        int _TaskId;

        @Override
        public void prepare(Map conf, TopologyContext context, OutputCollector collector)
         {
            _collector = collector;
            _ComponentId = context.getThisComponentId( );
            _TaskId = context.getThisTaskId( );
        }

        @Override
        public void execute(Tuple tuple)
         {
                _collector.emit(new Values(tuple));
            _collector.ack(tuple);
        }

        @Override
        public void declareOutputFields(OutputFieldsDeclarer declarer)
         {
            declarer.declare(new Fields("uid"));
        }
    }

     public static void main(String args[])
    {
        TopologyBuilder builder = new TopologyBuilder( );
        builder.setSpout("uid", new TestUidSpout( ));
        builder.setBolt("process",    new    modGroupBolt(    ),    10).customGrouping("uid",    new
ModStreamGrouping( ));

        Config config = new Config( );
        config.setDebug(true);

        config.setNumWorkers(3);
        LocalCluster cluster = new LocalCluster( );
      cluster.submitTopology("ModTest", config, builder.createTopology( ));
     }
    }
```

在这个名为 ModGroupingTest 的 Topology 中，有一个 Spout 用于随机生成只含一个域 uid 的 Tuple 形成数据流，有一个 Bolt 用于从上述 Spout 接收流进行数据处理。两个组件之间的数据流，是自定义的流组模式 ModStreamGrouping，使得 uid 域的值模数相同的 Tuple 被分配在 Bolt 的同一个任务中计算。

6.3 构建 Topology

6.3.1 TopologyBuilder 与 Config

在前文的例子中，我们已经看到，构建一个 Topology 并不复杂，主要是借助 TopologyBuilder 与 Config 这两个类完成的。前者是 Storm 作业的构建器，后者用于维护（包括读、写）Storm 的配置信息。

TopologyBuilder 位于 backtype.storm.topology 包下，给出了向 Storm 系统执行和管理作业的 Java API。在 5.2 节中已经提及，Topology 实际上是基于 Thrift 与 storm 系统进行通信的，也遵循 Thrift 结构的定义。Thrift 接口对非网络编程人员并不友好，而 TopologyBuilder 大幅降低了构建 Topology 的难度。TopologyBuilder 的主要方法见表 6-2。

表 6-2 TopologyBuilder 的主要方法

返回值	方法
StormTopology	createTopology( )
BoltDeclarer	setBolt(java.lang.String id, IBasicBolt bolt)
BoltDeclarer	setBolt(java.lang.String id, IBasicBolt bolt, java.lang.Number parallelism_hint)
BoltDeclarer	setBolt(java.lang.String id, IRichBolt bolt)
BoltDeclarer	setBolt(java.lang.String id, IRichBolt bolt, java.lang.Number parallelism_hint)
SpoutDeclarer	setSpout(java.lang.String id, IRichSpout spout)
SpoutDeclarer	setSpout(java.lang.String id, IRichSpout spout, java.lang.Number parallelism_hint)

从表 6-2 可以看到，TopologyBuilder 主要给出了三类方法：创建 Topology、增加 Bolt 和增加 Spout 的方法。其中，setBolt 和 setSpout 接口各有多种重载方法，这些方法均返回用于声明组件输入的对象（BoltDeclarer/ SpoutDeclarer）。下面解释所用到的各个输入参数。

① id: 组件（Spout/Bolt）的标识，字符串类型。若需要引用该组件，就使用这里指定的标识 id。

② bolt: 添加的 Bolt 对象。在 setBolt 重载方法中，存在 IRichBolt 和 IBasicBolt 两类 Bolt 参数，均是 Bolt 的接口。区别在于，实现后者接口的 Bolt 类，用于非聚集处理（non-aggregation processing），能够自动进行锚点（anchoring）和反馈（acking）处理，可实现更好的可用性保障。关于 Bolt 和可用性保障的内容，分别详见 8.2 节和 9.2 节。

③ spout: 添加的 Spout 对象。在 setSpout 方法中该参数是 IRichSpout 类型的 Spout 接口。关于 Spout 的内容，详见第 7 章。

④ parallelism_hint: 并行度，数值型参数。该参数设置了组件（Bolt/Spout）运行时将要被分配的线程数量。默认情况下，Storm 集群的一个线程执行该组件的一个任务。关于并行度的详细配置和说明，详见 9.1 节。

Config 位于 backtype.storm 包下，以键值对的形式维护配置信息，提供了方便的配置存取接口。Config 不仅用于维护某一个 Topology 的配置，也用于维护 Storm 集群的配置，后者的默认配置参见附录中的 defaults.yaml。作为维护键值对的 Map 数据结构，Config 可以被 put 任意的配置项，但是 Storm 会忽略那些不能被识别的配置项，而不会抛出异常。编程人员可以自由地使用该结构，为 Bolt 的 prepare( )方法或 Spout 的 open( )方法，提供读取配置的准备工作。

Config 维护的配置信息包括集群配置信息和作业配置信息。表 6-3 列举了几个常用的针对 Topology 的配置项，全部的配置项可以参见 Config 类的 API 说明。

表 6-3　Config 有关 Topology 的主要配置项

类型	配置项及说明
static java.lang.String	**TOPOLOGY_DEBUG** 当设置为 true 时，Storm 将在日志中记录每一条接收和发送的数据，常用于调试
static java.lang.String	**TOPOLOGY_ENABLE_MESSAGE_TIMEOUTS** 设置是否允许 Storm 认定数据的超时，默认是 true，常被用于单元测试
static java.lang.String	**TOPOLOGY_MAX_SPOUT_PENDING** 在给定时间 Spout 的任务能够挂起（pending）数据项的最大数目。这项配置用于反馈机制，作用于一个 Spout 的任务（而非 Spout 或 Topology 整体）。一个挂起的数据项是指 Spout 已经发送（emit），但是尚未接收到反馈（ack）或确认失败（failed）的数据项。这个配置只对使用反馈机制的 Spout 有效
static java.lang.String	**TOPOLOGY_MAX_TASK_PARALLELISM** 这个 Topology 的一个组件最大的并行度。这项配置用于本地模式下测试线程数的限制
static java.lang.String	**TOPOLOGY_MESSAGE_TIMEOUT_SECS** 这个 Topology 的一个数据项完成处理所允许的最大时间。如果数据项在这个时间内没能被反馈（ack），Storm 将在 Spout 认定这个数据项传递失败。Spout 可以据此进一步实现数据的重传机制
static java.lang.String	**TOPOLOGY_NAME** Topology 的名称，是 Topology 被提交时由编程人员自行指定的
static java.lang.String	**TOPOLOGY_TASKS** Topology 的一个组件（Bolt/Spout）所能实例化任务的数量。一个组件的任务可以和其他组件的任务在一个线程中执行，一个组件的所有任务有相同的生命周期。这个配置允许 Topology 扩展或缩小所用资源，而无须重新部署作业
static java.lang.String	**TOPOLOGY_TICK_TUPLE_FREQ_SECS** Tick Tuple 发送的时间间隔（秒）。Tick Tuple 是一种特殊的 Tuple，由_system 组件发送，来自_tick 流，发送至特定的任务。这种数据项常用于定时器
static java.lang.String	**TOPOLOGY_TRANSACTIONAL_ID** 这项配置用于 TransactionalSpouts，包含这个事务型作业（Transactional Topology）的标识 id。这个 id 用于在 Zookeeper 中保存作业的状态。关于事务型作业见 10.2 节

续表

类型	配置项及说明
static java.lang.String	**TOPOLOGY_WORKER_CHILDOPTS** 该 Topology 可用的进程数
static java.lang.String	**TOPOLOGY_WORKER_SHARED_THREAD_POOL_SIZE** 共享线程池的大小，可用于作业进程的任务。线程池可以通过 TopologyContext 进行访问
static java.lang.String	**TOPOLOGY_WORKERS** 该 Topology 可以在集群中使用的进程数量，每一个进程能够执行数个线程（任务）。这个配置项可以和组件的并行度（parallelism hints）参数配合使用

6.3.2 Topology 构建示例

通过上面的构建器类和配置信息类，可以很方便地构建 Topology，这里给出如下示例代码。

```
public class MyTopology
{ ……
public static void main(String[] args) throws Exception
{
TopologyBuilder builder = new TopologyBuilder( );

builder.setSpout("1", new TestWordSpout(true), 5);
builder.setSpout("2", new TestWordSpout(true), 3);
builder.setBolt("3", new TestWordCounter( ), 3)
            .fieldsGrouping("1", new Fields("word"))
            .fieldsGrouping("2", new Fields("word"));
builder.setBolt("4", new TestGlobalCount( ))
            .globalGrouping("1");

Map conf = new HashMap( );
 conf.put(Config.TOPOLOGY_WORKERS, 4);

if (args.length > 0)
{
  conf.put(Config.TOPOLOGY_DEBUG, false);
  StormSubmitter.submitTopology("mytopology", conf, builder.createTopology( ));
}
else
{
  conf.put(Config.TOPOLOGY_DEBUG, true);
 LocalCluster cluster = new LocalCluster( );
  cluster.submitTopology("mytopology", conf, builder.createTopology( ));
```

```
            Utils.sleep(10000);
            cluster.shutdown( );
        }
    }
}
```

在这个例子中，通过 TopologyBuilder 建立的作业，有两个同样的 Spout 分别命名为“1”和“2”，且并行度分别设置为 5 和 3；有一个名为“3”的 Bolt 接收来自上述两个 Spout 的流，且流以 fieldsGrouping 的流组模式到达；还有一个名为“4”的 Bolt 接收名为“1”的 Spout 的流，且流以全局分组的流组模式到达。通过 Config，将该作业的进程数设置为 4。

建立好 Topology 后，可以向 Storm 集群进行作业的提交。提交作业有两种方式，这段代码给出了很好的示例。

① 集群模式下，需要将上述代码及相关依赖打包为一个 jar 文件包，通过命令行进行提交。在这个例子中，源码被打包为名为 my-code.jar 的文件，通过 Storm 的命令行客户端运行下面的这个命令：

```
storm jar my-code.jar MyTopology mytopology
```

这个命令指定了运行的主类为上述 MyTopology，其后的参数指定了该作业在 Storm 集群中的名称“mytopology”。MyTopology 类的 main 函数中的 StormSubmitter 将把作业提交至集群。事实上，这个 StormSubmitter 类，正是 Thrift 接口的封装，相关内容可以参见 5.2.2 节。集群模式下，Storm 的 Topology 会一直运行，除非遇到异常退出，或者人为通过 Linux 系统的 kill 命令使其停止。

② 本地模式下，上述代码可以在本地的 Storm 环境中，在单独的一个 JVM 进程中运行。在这个例子中，这个作业将运行 10 秒后终止。这里使用了 LocalCluster 类调用本地环境，并设置作业名称为“mytopology”。另外 TOPOLOGY_DEBUG 设置为 true，使得日志记录所有数据项的传递。本地模式的相关内容可以参见 4.1.3 节。

这个例子中通过不同类的 Submit Topology （）方法提交作业，因为 Storm 客户端命令行需要参数，而本地模式是不需要参数的，所以两种模式是可以通过此处代码中的 if 分支来进行判断的。

6.3.3　Topology 常见的编程模式

本节将列出 Storm 作业的常见构建模式[1]。

1. 流聚合（stream join）

所谓流聚合，是基于 Tuple 的一些共同字段，把两个或者多个数据流聚合成一个数据流。流聚合和 SQL 里面的 table join 很像，只是 table join 的输入是有限的，并且 join 的语义是非常明确的。而流聚合的语义是不明确的，这是因为输入流是无限的，而计算所涉及

[1] http://xumingming.sinaapp.com/189/twitter-storm-storm%e7%9a%84%e4%b8%80%e4%ba%9b%e5%b8%b8%e8%a7%81%e6%a8%a1%e5%bc%8f/

的数据是有限的。流式数据下的聚合必然跟具体的应用有关。

流聚合最常见的模式是把所有的输入流进行同样的划分，例如，可以通过 Storm 的 fields grouping 在相同字段上进行分组，示例如下。

```
builder.setBolt(5, new MyJoiner( ), 1)
    .fieldsGrouping(1, new Fields("field1", "field2"))
    .fieldsGrouping(2, new Fields("field1", "field2"))
        .fieldsGrouping(3, new Fields("field1", "field2"));
```

在这个例子中，名为“5”的一个 Bolt，聚合了名为“1”、“2”和“3”的三个组件的输入，数据流在域“field1”和“field2”上以按域分组的方式接收。

2. BasicBolt

在 Storm 的作业中，很多 Bolt 可能存在如下相似的数据处理过程。

① 读一个输入 Tuple。

② 根据这个输入 Tuple 处理，然后发送一个或者多个 Tuple。

③ 在 execute 方法的最后 ack 那个输入 Tuple。

这种处理过程常见于函数或者过滤器的实现，为了提供这类 Bolt 更简便的编程模型，Storm 给出了 IBasicBolt 这一 Bolt 接口。关于这个接口的详细内容，参见 8.2.3 节。

3. 批处理（batching）

有很多的需求，使得 Bolt 把一组 Tuple 一起处理，而不是一个个单独处理。例如，批量更新数据。若这种需求下还有数据处理的可靠性需求，在 Storm 中比较常用的方式是，保存这些 Tuple 对象的引用，直到 Bolt 批量处理完成；一旦这个批量处理结束，就批量 ack 这些 Tuple。在 Storm 中实现这样的批处理，通常可采用 2.1.2 节提及的窗口技术，基于时间定时器或基于数据项计数器来实现。

4. 内存内缓存+fields grouping 组合

在实际应用中，Bolt 缓存必要的数据非常常见。这种缓存和 fields grouping 的结合模式，可以使缓存的作用更加明显和直接。

例如，某个 Bolt 需要将短链接变成长链接（bit.ly、t.co 之类的），可以把短链接到长链接的对应关系利用 LRU 算法缓存在内存里面以避免重复计算。上游组件发射短链接，下游组件把短链接转化成长链接并缓存在内存里面。对比下面实现同样功能的两段代码。

```
builder.setBolt(2, new ExpandUrl( ), parallelism).shuffleGrouping(1);
```

```
builder.setBolt(2, new ExpandUrl( ), parallelism).fieldsGrouping(1, new Fields("url"));
```

两种方式在流组模式上，分别选择了随机分组和按域分组。第二种方式的缓存效率比第一种方式的缓存效率高很多，因为同样的短链接始终被发到同一个任务。这会避免不同的机器上有同样的缓存导致的内存浪费，同时也使得同样的短域名更可能在内存里面找到缓存。

5. 计算 top N

Storm 可以处理常见的一类被称为 streaming top N 的连续计算。例如，某个 Bolt 发射这样的 Tuple: ["value", "count"]，其中分别含有值和 1 次计数，需要另一个 Bolt 基于这些信息算出 top N 的 Tuple。

在 Storm 系统中最简单的方法是，将一个 Bolt 做一个全局的 grouping，并且在内存里面保存 top N 的值。这个方法中所有的数据会被发送到同一节点，而单机的处理能力始终是有限的，所以对于大规模数据的输入显然是没有扩展性的。一个更好的方法是，在多台机器上面并行计算这个流每一部分的 top N，然后用一个 Bolt 合并这些机器上面所算出来的 top N，得到最终结果（这其实也是 Map Reduce 的思想）。示例代码如下。

```
builder.setBolt(2, new RankObjects( ), parallellism)
    .fieldsGrouping(1, new Fields("value"));
builder.setBolt(3, new MergeObjects( ))
    .globalGrouping(2);
```

这个模式之所以可行，是因为第一个 Bolt 将数据流按域分组，使得这种 top N 的并行计算在语义上是正确的。

6.4 本章小结

本章主要讲解了 Storm 的作业单元，包括 Topology 的概念和构成、组件之间的流组模式和 Topology 的构建。针对 Topology 的概念和构成，本章给出了简要的说明，关于 Spout 和 Bolt 组件将在第 7 章和第 8 章中详细介绍。针对组件之间的流组模式，本章详细解析了 Storm 内置的 7 种模式，并给出了实现自定义流组的实例。针对 Topology 的构建，本章首先给出了相关的构建器类和配置信息类，接着给出了常见的构建示例，最后总结了 Topology 常见的编程模式。

通过学习本章的内容，读者能对 Storm 作业的概念及基本编程方式有初步的理解，而后续的两章会针对作业的两种基本编程单元进一步展开。

第 7 章

Storm 的数据源编程单元：Spout

上一章详细讲解了 Storm 的作业单元 Topology，说明了 Topology 由两种基本组件 Spout 和 Bolt 构成，它们均是 Storm 编程单元。其中，Spout 是针对数据源的编程单元，作为作业数据处理流程的起始产生数据流，并可以维护数据项在流中的处理状态。本章将详细讨论 Spout 的接口层次结构、使用模式，以及与之相关的数据处理可靠性。通过学习本章的内容，读者能对 Storm 针对数据源的抽象有所理解，也会为后续章节的学习提供基础。

7.1 Spout 的接口与实现

7.1.1 Spout 与接口层次

Spout 是 Topology 中数据流（Stream）的源头，也是 Storm 针对数据源的编程单元。一般的，Spout 从外部的数据源读取数据项（Tuple），并将读取的数据项传输至作业的其它组件。

Spout 可以将数据项发送至多个数据流（Stream）。编程人员可以首先使用 OutputFieldsDeclarer 类的 declareStream( )方法来声明多个流，指定数据将要发送到的流，然后使用 SpoutOutputCollector 的 emit 方法将数据发送。

Storm 为 Spout 提供的编程抽象，首先是以接口的形式，具有面向接口的编程风格。其中，IRichSpout 是使用 Java 语言实现 Spout 最主要的接口。事实上，IRichSpout 本身并未提供更多属性或方法，只是扩展了（extends）另外两个接口 ISpout 和 IComponent。这些接口的层次结构如图 7-1 所示。

如图 7-1 所示，IRichSpout 包含了所扩展的两个接口的所有方法。在这些方法中，最重要的方法是 nextTuple( )。该方法向 Topology 发送一个 Tuple，或者在没有新 tuple 时直接返回。对 Spout 的任意实现来说，都应当确保在 nextTuple( )函数上不会阻塞（block），因为 Storm 是在同一线程上调用 Spout 的所有方法的。

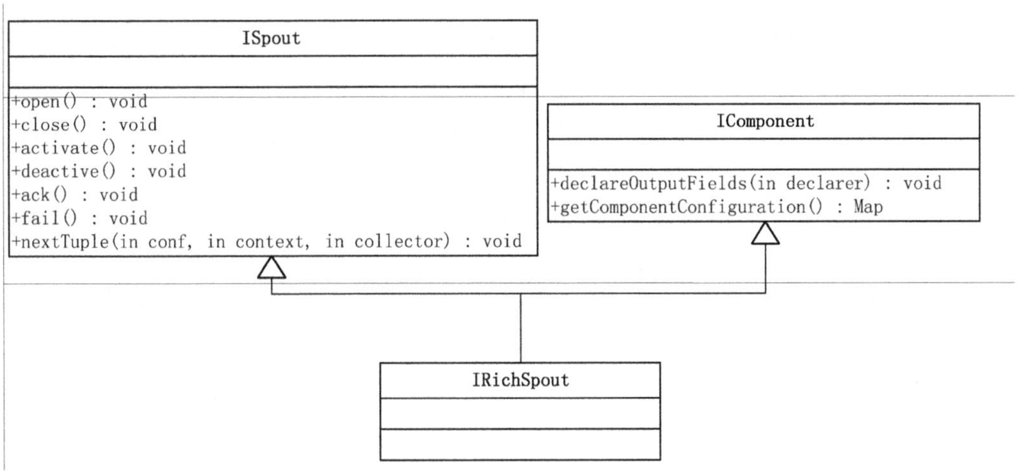

图 7-1　Spout 接口的层次结构

另外，Spout 重要的方法还有 ack( )和 fail( )。这些方法被用来检测一个数据项是否被 Topology 完整处理，或者处理失败。应当注意，这些方法只针对可靠的 Spout 有效，相关内容将在 7.3 节和 9.2.2 节详细说明。

7.1.2　ISpout 和 IComponent 接口

这里介绍一下 IRichSpout 上层的两个接口 ISpout 和 IComponent。

ISpout 在 backtype.storm.spout 包下，声明了 Spout 的核心方法，用于向 Topology 供给数据项。对于每一个发出的数据项，Storm 通过 Spout，可以追踪它经历处理过程的有向无环图（Directed Acyclic Graph，DAG）。ISpout 提供的方法见表 7-1。

表 7-1　ISpout 的方法

返回类型	方法声明
void	**open**(java.util.Map conf, TopologyContext context, SpoutOutputCollector collector) 用于实例化 Spout 的一个运行时任务，被集群中的某一进程调用
void	**close**( ) 用于停止一个 Spout
void	**activate**( ) 在 Spout 从非激活状态转换为激活状态时被调用
void	**deactivate**( ) 在 Spout 的非激活状态被调用
void	**ack**(java.lang.Object msgId) Storm 用于确认该 Spout 发送的这个数据项已经被完整处理
void	**fail**(java.lang.Object msgId) Storm 用于确认该 Spout 发送的这个数据项已经失败
void	**nextTuple**( ) 当这个方法被调用时，Storm 要求 Spout 发送一个数据项至 output collector

1．open( )与 close( )

这是一对功能相反的方法，用于实例化和撤销一个运行时任务。open( )用于实例化 Spout 的一个运行时任务，被集群中的某一进程调用，提供 Spout 运行的环境。open( )函数有三个参数：conf、context 和 collector。

① conf 对象维护 Storm 中针对该 Spout 的配置信息。这些配置信息是 Topology 提供的，被集群中运行该 Spout 任务的机器使用。

② context 是一个上下文对象，用于获取该组件运行时任务的信息。例如，Topology 中该 Spout 所有任务的位置，包括任务的 id、组件 id 和输入输出信息等。

③ collector 对象用于从该 Spout 发送数据项。数据项可以在任意时刻发送，包括调用 open( )和 close( )方法。这个对象是线程安全（thread-safe）的，能够被保存为这个 Spout 对象的实例化变量（instance variable）。

close( )用于撤销 Spout 的任务。注意，该方法不提供任何释放资源等的保证，因为这是 Storm 工作节点的 supervisor 服务通过命令 kill -9 来撤销集群中相关的进程实现的。还应当注意的是，当运行在本地模式（Local Mode）下时，被关闭的上下文对象（context）可以保证撤销相应的 Topology。

2．activate( )和 deactivate( )

这是一对功能相对的方法，用于使能一个 Spout 的运行时任务。activate( )方法在激活状态被调用，其 nextTuple( )方法随即被调用。Spout 由激活状态转换为非激活状态，可以由 Storm 的客户端命令实现。deactivate( )方法在非激活状态被调用，其 nextTuple( )方法将不会被调用。非激活状态的任务之后可以再次被激活（reactivated）。

3．ack( )和 fail( )

这是一对功能相对的方法，用于确认该 Spout 发送的数据项已经被完整处理或已经失败。ack( )方法的典型实现是，将确认过的数据项从队列中移除，不再维护；相对地，fail( )方法的典型实现是将失效的数据项放回队列，并在稍后重新发送。这一对方法对 Spout 的可靠数据传输起着决定性的作用，在 9.2.2 节还将详细说明。

4．nextTuple( )

用于该方法 Spout 向 Topology 中发送（emit）一个数据项，是 Spout 需要实现的最重要的方法。这个方法的实现要求是非阻塞（non-blocking）的，确保没有需要发送的数据项时立即返回。在可靠的 Spout 的一个任务中，nextTuple( )、ack( )、fail( )三个方法的调用在一个单独线程中循环。当不存在数据项需要发送时，nextTuple( )将会休眠一小段间隔（几毫秒），确保不会浪费过多的 CPU 资源。

IComponent 在 backtype.storm.topology 包下，声明了 Topology 组件的通用方法。实际上，使用 Java 语言实现的 Spout 和 Bolt，都必须实现这个接口。IComponent 提供的方法见表 7-2。

表 7-2　IComponent 的方法

返回类型	方法声明
void	declareOutputFields(OutputFieldsDeclarer declarer) 声明指定输出流的数据项结构
java.util.Map	getComponentConfiguration( )获取组件的配置信息

declareOutputFields( )方法声明了指定输出流的数据项结构（schema）。参数 declarer 被用来声明输出流（stream）的 id、域，以及是不是一个直接流（direct stream）。

getComponentConfiguration( )方法声明了指定组件的配置。注意：这里只有以 topology.*开头的那些配置项是可以在具体实现类中重载的，而且这种重载需要使用 6.3.1 节提及的 TopologyBuilder 类在构造时实现。

7.1.3　接口的实现类及实例

前面已经介绍了 Spout 的接口，也说明了 Spout 是面向接口的编程，在 Storm 中使用 Spout 对 Topology 的数据源进行编程，首先需要实现 IRichSpout 接口。Storm 内置了许多 Spout 的实现，如 BaseRichSpout、ClojureSpout、DRPCSpout、FeederSpout 和 RichShellSpout 等。其中，BaseRichSpout 是 Spout 最基本、最常用的实现类。关心前文所述接口的实现细节的读者，可以去看一下 backtype.storm.topology.base 包下的 BaseRichSpout 类的具体源代码，这里不再详述。

下面使用 Storm 官方例子 WordCount 中的 TestWordSpout，简要说明一个 Spout 的编程与使用方式。TestWordSpout 的源码如下。

```
public class TestWordSpout extends BaseRichSpout
{
    public static Logger LOG = Logger.getLogger(backtype/storm/testing/TestWordSpout);
    boolean _isDistributed;
    SpoutOutputCollector _collector;

    public TestWordSpout( )
    {    this(true);
    }

    public TestWordSpout(boolean isDistributed)
    {
        _isDistributed = isDistributed;
    }

    public void open(Map conf, TopologyContext context, SpoutOutputCollector collector)
    {
        _collector = collector;
```

```
        }

        public void close( )
        {
        }

        public void nextTuple( )
        {
            Utils.sleep(100L);
            String words[] = {
    "nathan", "mike", "jackson", "golda", "bertels"
     };
            Random rand = new Random( );
            String word = words[rand.nextInt(words.length)];
            _collector.emit(new Values(new Object[] {
                word
            }));
        }

        public void ack(Object obj)
        {
        }

        public void fail(Object obj)
        {
        }

        public void declareOutputFields(OutputFieldsDeclarer declarer)
        {
            declarer.declare(new Fields(new String[] {
                "word"
            }));
        }

        public Map getComponentConfiguration( )
        {
            if(!_isDistributed)
            {
                Map ret = new HashMap( );
                ret.put(Config.TOPOLOGY_MAX_TASK_PARALLELISM, Integer.valueOf(1));
                return ret;
            } else
            {
                return null;
```

```
            }
        }
    }
```

可以看到，TestWordSpout 扩展了 Spout 的基本实现类 BaseRichSpout。

① 构造函数。这里类中有两个重载的构造函数。其中有参数的构造函数，需要设置布尔型变量_isDistributed，而这个变量指示了这个 Spout 的并行度。若_isDistributed=false，则意味着这个 Spout 运行时仅有一份任务实例。无参数的构造函数中，调用了有参数的构造函数，并设置_isDistributed=true。

② open( )函数。该函数的实现，仅仅将传入的参数 collector 赋值给局部变量，使得之后通过该局部变量来操作数据项的发送。

③ declareOutputFields( )函数，声明了输出流的数据项的结构，也即 Tuple 的域。这个例子中，数据项声明了一个名为“word”的域。关于 Tuple 中域的声明，可以参见 5.3.2 节。

④ nextTuple( )函数。首先，让一直执行的线程休眠 100 毫秒，再继续执行下述函数体。也即，通过线程的休眠，控制 nextTuple( )产生数据项的周期为 0.1 秒。其次，在维护的字符串数组中，随机挑选一个字符串，作为“word”域，交由变量 collector 作为一个 Tuple 发送。由于这个 Spout 无须确认数据项是否被完整处理，故这里没有 ack 发送的数据项。

⑤ getComponentConfiguration( )函数，返回了组件的配置信息。在这个例子中，只有_isDistributed=false 的实例才返回包含该配置项的 Map 数据结构。

⑥ 其他重载函数，均为空实现。

在官方例子 WordCount 中，正是使用了这个类的实现作为一个 Topology 的 Spout。在 Topology 实现类的 main 函数中相关代码如下。

```
    TopologyBuilder builder = new TopologyBuilder( );
        builder.setSpout("sentenceGenSpout", new TestWordSpout ( ));
```

7.2　Spout 的使用模式

下面分析 Storm 中 Spout 的使用模式，包括直接连接和队列连接两种。

7.2.1　直接连接

在直接连接的模式中，Spout 与外部的数据源或其数据发送器（emitter）直接连接，如图 7-2 所示。这个连接模式相对容易实现，尤其是针对已知的单个设备或一组设备。所谓已知的设备（well-known device），是指在 Topology 构建启动时就已经存在，并与 Topology 有相同的生命周期的数据源。相对地，所谓未知的设备（unknown device），是在 Topology 运行后添加或启动的。

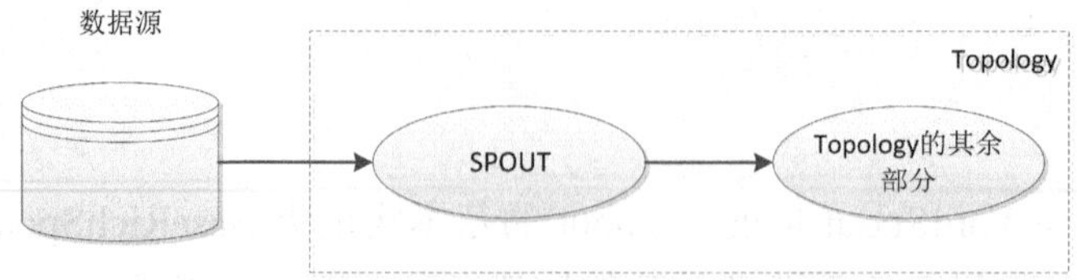

图 7-2　单个 Spout 的直接连接

举个例子说明这种连接方式。Twitter 在 2010 年推出了一种新的编程接口 Twitter Streaming API（信息流应用编程接口）[1]，允许第三方调用获取实时数据，在自行实现的客户端显示实时 Twitter 消息。编程人员使用这种 API，通常的步骤有：

① 连接 Twitter Streams，创建一个长链接（不需要人为关闭），经过 OAuth 验证；

② Twitter 通过该链接实时发送更新的数据（在 Twitter 中称为推文，即 Tweet）；

③编程处理不断接收的数据。

这里我们使用 Twitter Streaming API，按上述过程构建一个 Spout 读取 Twitter 数据流，而且该 Spout 把 API 当做数据发送器直接连接。从数据流中得到符合 track 参数的公共推文数据（即 Tweet，可参考 Twitter 开发页面）。在这个直接连接的 Spout 中，nextTuple( ) 函数的实现如下所示，而完整的代码可参考 Leibiusky 书中给出的例子[2]。

```
public void nextTuple( )
{       //创建 HTTP 客户端
    client = new DefaultHttpClient( );
    client.setCredentialsProvider(credentialProvider);
    HttpGet get = new HttpGet(STREAMING_API_URL+track);
    HttpResponse response;
    try {   //执行 HTTP 访问
        response = client.execute(get);
        StatusLine status = response.getStatusLine( );
        if(status.getStatusCode( ) == 200)
        {
            InputStream inputStream = response.getEntity( ).getContent( );
            BufferedReader reader = new BufferedReader(new InputStreamReader(inputStream));
            String in;
            while((in = reader.readLine( ))!=null)
            {  //逐行读取数据
                try{   //解析获取的推文，并发送解析结果
                    Object json = jsonParser.parse(in);
                    collector.emit(new Values(track,json));
                }catch (ParseException e)
                {
                    LOG.error("Error parsing message from twitter",e);
                }
```

[1] https://dev.twitter.com/docs/streaming-apis

[2] https://github.com/storm-book/examples-ch04-spouts/

```
            }
        }
    } catch (IOException e) {
        LOG.error("Error in communication with twitter api ["+get.getURI( ).toString( )+"],
            sleeping 10s");
        try {
            Thread.sleep(10000);
        } catch (InterruptedException e1)
        {
        }
    }
}
```

在这个 Spout 的 nextTuple( )中，从配置对象中得到了建立连接需要的参数，包括 track、user 和 password，然后通过 Apache 的 DefaultHttpClient 与 Streaming API 建立连接；Twitter 在通过验证后，经该连接实时发送更新数据；当有推文数据正常返回（也即例子中的 StatusCode 为 200）时，Spout 使用 BufferedReader 缓存返回的结果，并在那个 while 循环体中逐行解析，将每行推文数据 JSON 文本结构转化为 Java 对象。使用 collector 对象将解析后的对象发送（emit）。

这里的 nextTuple( )方法，没有调用 ack( )和 fail( )方法，也无须反馈。注意：在真实的应用中使用一个单独的线程执行这个方法值得推荐，并通过维护一个内部队列来交换数据，这也是 7.2.2 节所要讲述的第二种连接模式的要点。

上面的例子使用一个 Spout 直接连接 API 读取 Twitter 数据。接下来并行化扩展这个实现，形成如图 7-3 所示的效果。

要在 Topology 中连接数据源并行读取推文数据，一方面需要多个 Spout 的任务实例同时执行；另一方面需要保证这些任务从同一个流读取数据时，读取正交的不同数据分片（partitions）。在 Storm 中实现这样的方式并不复杂，需要利用所在作业的上下文信息，而这些信息恰好是 TopologyContext 对象所提供的，而且作业的任意组件（Spout/Bolt）都可以访问。利用 Storm 的这一特点，可将上面的例子扩展，将输入数据流划分到多个 Spout 读取，其 open( )函数修改如下。

```
public void open(Map conf, TopologyContext context, SpoutOutputCollector collector)
{
    //从上下文 context 对象获取 Spout 任务的数量
    int spoutsSize = context.getComponentTasks(context.getThisComponentId( )).size( );
    //获取这个 Spout 当前任务的 id
    int myIdx = context.getThisTaskIndex( );
    String[] tracks = ((String) conf.get("track")).split(",");
    StringBuffer tracksBuffer = new StringBuffer( );
    for(int i=0; i< tracks.length;i++)
    {
        //检测这个 Spout 的任务是否需要读取 track 的部分
        if( i % spoutsSize == myIdx)
        {
```

```
                    tracksBuffer.append(",");
                    tracksBuffer.append(tracks[i]);
                }
            }
            if(tracksBuffer.length( ) == 0)
            {
                throw new RuntimeException("No track found for spout" +
              " [spoutsSize:"+spoutsSize+", tracks:"+tracks.length+"] the amount" +
              " of tracks must be more then the spout paralellism");
                this.track =tracksBuffer.substring(1).toString( );
            }
        ...
        }
```

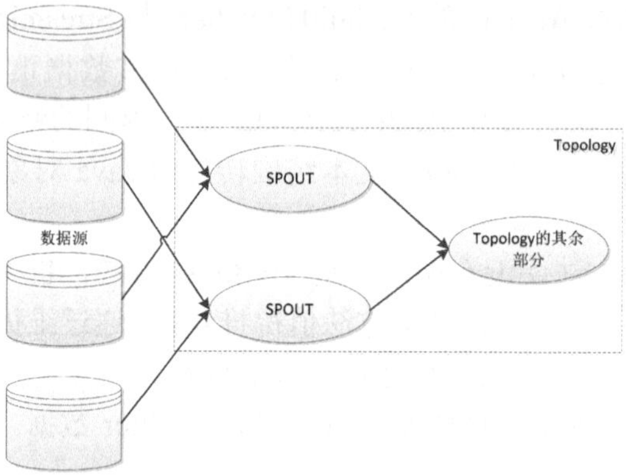

图 7-3　分布 Spout 的直接连接

这里需要解释一下这个例子。

① 这个例子中 Twitter Streaming API 所需的 track 参数，已经在 Map 类型的对象 conf 中作为组件的配置信息维护。所以，在划分读取的数据前，可以通过 conf.get("track")获取该参数，并转化为字符串数组在 tracks 对象中维护。

② 运行时 Spout 的任务数，可以从 TopologyContext 类型的对象 context 获取。事实上，这些 Topology 相关的信息，可以在该 Topology 的任何一个组件中获取。此外，通过 context 对象，还可以获知组件当前任务的 id，如本例子中的 context.getThisTaskIndex( )。

③ 数据划分的原则是，将数组 tracks 中维护的数据均匀分配给 Spout 的多个任务，每个任务根据数据划分去执行相应的推文数据过滤。这里数据划分的实现是，将参数在 tracks 数组中的位置与任务数取模，模数与当前任务 id 相同的那些数据将被该任务负责处理，追加在 StringBuffer 类型的对象 tracksBuffer 中维护。所以，实际效果是，所有 track 按照在数组中的顺序，逐个向每个任务分配；每个任务维护自身的 track 数据，将在 nextTuple( )函数中执行相应的推文过滤。

综上所述，利用这一实现，数据源可以与 Spout 的多个分布式任务直接连接，均匀读取数据发送至 Topology 处理。当然，这类实现可以应用到其他常见场景。

上面的例子，都是 Spout 与已知设备数据源的连接。类似地，Storm 也可以直接连接未知设备。此时，Storm 需要借助一个协同系统维护数据源的状态。协同系统，如前文提及的 Zookeeper 集群，可以探察设备状态的变化，包括设备的增减，并根据这些状态的变化创建或销毁与 Storm 的连接。例如，基于 Storm 从 Web 服务器收集日志文件并处理的过程，可以按图 7-4 所示的方式实现。在这个系统的实现中，Storm 接收来自两种数据源的数据流，一方面 Spout 与 Web 服务器直接连接，获取服务器的日志数据；另一方面 Spout 与状态协同系统直接连接，获取状态通知事件。于是，系统可以参照推送的事件通知，处理不断追加的服务器日志数据。从 Web 服务器收集日志文件时，运行中的（active）的 Web 服务器数量可能随着时间变化，所以，添加 Web 服务器时，协同系统可以通过状态变化感知，并创建一个新的 Spout 任务与之直接连接。

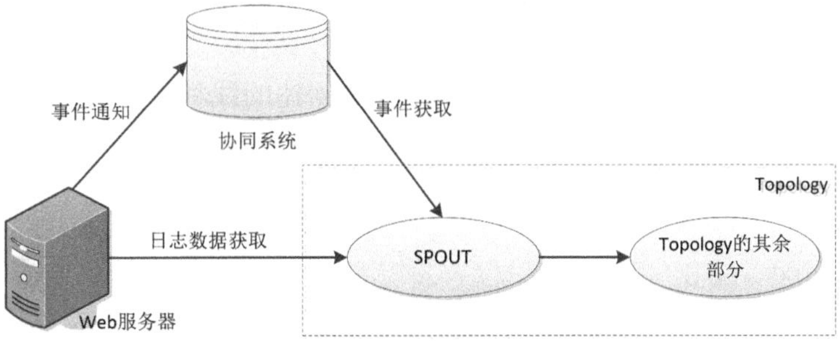

图 7-4　Spout 的直接连接与协同

7.2.2　队列连接

Spout 的第二种使用模式是队列连接，如图 7-5 所示。

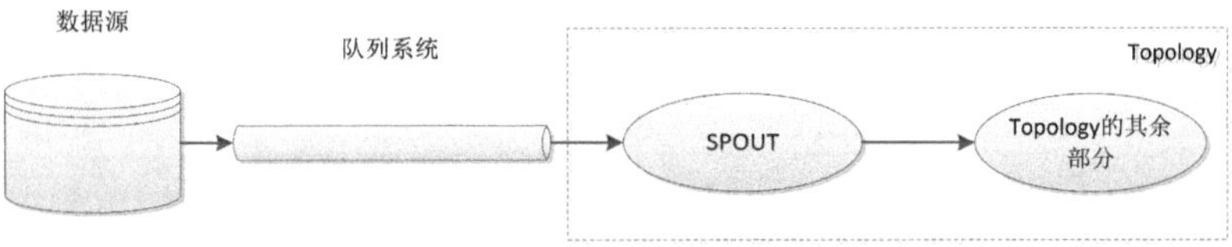

图 7-5　Spout 的队列连接

与直接连接不同的是，外部的数据源或其数据发送器（emitter）通过一个队列系统，与 Spout 进行连接并把消息转发给 Spout。更重要的是队列系统，如数据持久化存储系统和实现 JMS 协议的各种消息队列系统，存在如下的优点。

① 作为 Spout 和数据源之间的中间件，消息队列系统有其消息存储、转发和重发能力，可以增强数据传输的可靠性。

② 编程人员不需要理解数据源及其消息发送器的实现机制，正是由于队列系统的存在，逻辑隔离了 Spout 对数据源的依赖，添加或移除数据源只要对队列系统稍做调整，而对 Storm 系统的数据处理基本没有影响。

当然，这种 Spout 的连接模式也存在一个明显的局限，即队列系统容易出现单点故障。解决这类问题，一方面可以在队列系统本身通过热备或者副本增强可靠性，另一方面可以在外部增加相关的机制来实现其故障恢复。

注意，为实现 Storm 基于队列连接的并行化，可以通过轮询（round-robin pull）或哈希（hashing）队列的方式，将传输的数据在 Spout 之间进行划分。所谓哈希队列，是指把队列数据经过哈希运算后发送至 Spout，或创建多个队列与多个 Spout 一一对应。

举个例子说明这种连接方式。在这个例子中，利用 Redis 和它的 Java 库 Jedis 创建了一个队列系统。Redis 是一个开源、由 ANSI C 语言实现，支持网络和持久化的内存 key-value 数据库。Redis 提供多种语言的 API，包括 Java 语言；而 Jedis 正是 Redis 的 Java 版本的客户端实现。下面实现的例子创建了一个日志处理器，从一个未知的数据源收集日志。

在这个例子中，使用 lpush 命令向队列中插入数据，使用 blpop 命令等待获取数据。当存在多个进程时，使用 blpop 命令可以以轮询的方式获取数据。为了能够从 Redis 存储中获取数据，可以使用一个用 Spout 的 open( )方法创建的线程。在这里使用线程，可以避免 nextTuple( )方法在调用时锁定（locking）主函数（main）。

```
new Thread(new Runnable( )
{
    @Override
    public void run( )
    {
        try
        {
            Jedis client= new Jedis(redisHost, redisPort);
            List res = client.blpop(Integer.MAX_VALUE, queues);
            messages.offer(res.get(1));
        }catch(Exception e)
        {
            LOG.error("从 redis 读取队列出错",e);
            try
            {
                Thread.sleep(100);
            }catch(InterruptedException e1)
            {
            }
        }
    }
}).start( );
```

事实上，在 open( )方法中构建这个线程，目的是维护一个内部队列 messages。在该线程中创建 Redis 连接，然后执行 blpop 命令接收数据；每当收到了一个消息，它就被添加到内部队列 messages 中。这些被队列维护的数据，最终需要被 Spout 的 nextTuple( )方法作为数据项发送出去。从这里可以看到，在 Spout 的队列连接模式中，对于 Spout 来说数据源更像是 Redis 而非向 Redis 队列写入数据的那些设备。事实上，Spout 也不需要知道那些设备的数量和其他细节。

需要注意的是，不应当在 Spout 创建过多的线程，因为每个 Spout 都运行在不同的线程。一个更好的替代方案是增加该 Spout 的并行度，这种方式下 Storm 集群会在分布式环境中创建相应的线程，提高并行处理能力。

有了上述维护数据的队列，在 Spout 的 nextTuple( )方法中仅需要做的事情就是从内部队列获取数据，并向 Topology 发送它们。这个过程如下面的代码所示。当然，编程人员还可以借助 Redis 在 Spout 实现消息重发，从而实现可靠的数据传输。

```
public void nextTuple( )
{
    while(!messages.isEmpty( ))
    {
        collector.emit(new Values(messages.poll( )));
    }
}
```

比较 Spout 的这两种连接模式，由于队列连接模式存在可靠性和隔离性的优点，Storm 似乎更倾向于让编程人员使用这一种模式。为此，Storm 官方提供的示例中，很多 Spout 使用了第三方的队列或存储实现系统与数据源的队列连接。综观这些 Spout 实现所依赖的队列，可以把它们分为如下三类。

① 连接消息队列的 Spout。例如，从实现 JMS 协议的系统、Kestrel 或 Kafka 获取并发送数据的 Spout。由于松耦合、相对轻量级的实现和内存维护的特点，这是实际应用最为典型的一类 Spout。在 3.2 节中提及的我们开发的业务系统中，技术选型便使用了 ActiveMQ-Spout，而 ActiveMQ 正是 Apache 社区最著名的、实现了 JMS 协议的消息队列系统。

② 连接内存缓存的 Spout。例如，从 Memcached 或 Redis 等内存数据存储中获取并发送数据的 Spout。这类 Spout 被广泛应用于从高速、高吞吐量的数据存储中获取数据，以流式数据处理的方式进行数据分析的场景。

③ 连接持久化存储的 Spout。例如，从 Cassandra、HDFS（Hadoop Distributed File System）或关系数据库等持久化数据存储中获取并发送数据的 Spout。随着海量数据管理和离线数据处理的广泛应用，这类大规模数据存储的在线分析的需求日渐迫切，这类 Spout 的开源实现也成为当前 Storm 社区的一大热门。

7.3　Spout 与数据的可靠性

7.3.1　可靠的 Spout 与不可靠的 Spout

使用 Storm 处理流式数据时，数据处理的可靠性是不可忽视的。尤其是存在无法处理或处理失败的消息时，Spout 需要做哪些工作，作为整体的 Topology 需要做哪些工作，都非常重要。应该说，不同的场景下，可用性需求是不一样的：对数据敏感的操作或应用，任何数据的丢失都是不能容忍的，例如银行日志的处理；而对大规模数据的聚集操作，由于统计操作对有限数据的丢失或不准确并不敏感，所以有限数据的不可靠很可能并不影响处理的结果。

保障可靠性一定存在资源的开销，影响流式数据处理的性能，所以任何形式的保障策略必然涉及保障可靠性和资源消耗之间的权衡。对于 Storm 来说亦是如此：高可靠性的 Topology 必须能够确认发送数据项的状态、管理丢失的消息，必然消耗更多资源；低可靠性的 Topology 也许会丢失一些数据项，但无须过多地管理数据项，故占用的资源相对较少。Storm 提供了多层次机制，供编程人员实现多样的可靠性策略。

作为 Storm 作业的起始，Spout 对数据传递的可靠性起着至关重要的作用，这也是数据处理可靠性的第一个环节。本小节主要讨论可靠的 Spout 与数据可靠性之间的关系。在 7.1.2 节已经提及，Storm 可以通过 Spout 生成的消息 id 追踪每一个数据项的处理状态，确认它们是否被完整处理，抑或处理失败。其中，处理失败，是通过数据项在 Topology 中处理超时认定的，而编程人员可以通过 6.3.1 节提及的 Config 类来配置超时的阈值。

Storm 将可以管理数据项可靠性的 Spout 称为**可靠的 Spout**（reliable Spout），它是通过锚定（anchoring）数据项和反馈数据项来实现确认所发送的数据项的状态的。可靠的 Spout 可以在利用 SpoutOutputCollector 对象发送数据项时，标记一个消息的 id。

```
collector.emit(…,  messageId)
```

当一个数据项被所有的目标 Bolt 成功处理时，可以在 Spout 中调用 ack( )方法进行反馈；若处理失败，则调用 fail( )方法报告失败。所以，在 Storm 中一个数据项被**完整处理**（fully processed）是指，这个数据项被所有的目标 Bolt（target Bolt）或锚定 Bolt（anchored Bolt）所处理；而数据项的失败（failed）是指被报告失败，或在给定的时间阈值内，没能被完整处理。关于 Bolt 的锚定，将在 8.2 节详细讲解。

事实上，这个在发送数据项时所标记的 id，可以是任意的数据类型。当 Storm 在 ack 或者 fail 一条数据项时，是通过回溯至那个发送该数据项的 Spout 来认定的。ack( )和 fail( )两个方法，都有一个字符型的参数 msgId，就是需要在 Spout 中确认状态的数据项的 id。当然，在 Spout 中，可以不去关心数据处理的状态，也即忽略这些 id 的数据项，也不接收相应的反馈和失败的通知，Storm 也就不会消耗相关资源追踪这些数据项的处理状态了。相对地，Storm 将这一类 Spout 称为**不可靠的 Spout**（unreliable Spout）。

7.3.2 可靠的 Spout 的数据项管理

对于一个在 Storm 的 Topology 中处理的数据项，发生下列情况之一即认定其处理失败：

- 提供数据的 Spout 调用 collector.fail(tuple)；
- 处理时间超过配置的超时时间(timeout)。

Storm 通过可靠的 Spout 产生的数据项的消息 id，可以追踪一个数据项的处理状态。Storm 通过调用 Spout 的 nextTuple( )方法来获取下一个数据项，通过 open( )方法参数里面提供的 SpoutOutputCollector 来发送该数据项到它的其中一个输出流。注意：Spout 发送数据项的时候会提供一个消息 id，并在其整个声明周期有效。正是通过这个消息 id，Storm 可以完成数据项处理状态的追踪，这在 9.2.2 节还会详细说明。

接下来，我们通过一个处理银行事务（transaction）的例子，说明可靠的 Spout 及其可靠性管理。这个例子存在如下的业务可靠性需求：

- 如果事务失败了，则重新发送消息；
- 如果失败了太多次，则终止 Topology 的运行。

这里创建了一个 Spout 和一个 Bolt。其中，Spout 维护 Map 数据结构，随机发送 100 个事务 id，可以据此实现简单的数据重发。这个 Spout 的设计实现如下，完整的代码可以参见 Leibiusky 书中给出的例子[3]。

```
public void nextTuple( )
{
    if(!toSend.isEmpty( ))
    {
        for(Map.Entry<Integer, String> transactionEntry : toSend.entrySet( ))
        {
            Integer transactionId = transactionEntry.getKey( );
            String transactionMessage = transactionEntry.getValue( );
            collector.emit(new Values(transactionMessage),transactionId);
        }
        toSend.clear( );
    }
}

public void open(Map conf, TopologyContext context, SpoutOutputCollector collector)
{
    Random random = new Random( );
    messages = new HashMap<Integer, String>( );
    toSend = new HashMap<Integer, String>( );
    transactionFailureCount = new HashMap<Integer, Integer>( );
    for(int i = 0; i< 100; i++)
    {
        messages.put(i, "transaction_"+random.nextInt( ));
        transactionFailureCount.put(i, 0);
    }
    toSend.putAll(messages);
    this.collector = collector;
}

public void declareOutputFields(OutputFieldsDeclarer declarer)
```

[3] https://github.com/storm-book/examples-ch04-spouts/

```
    {
        declarer.declare(new Fields("transactionMessage"));
    }

    public void ack(Object msgId)
    {
      messages.remove(msgId);
      transactionFailureCount.remove(msgId);
    }

    public void fail(Object msgId)
    {
        Integer transactionId = (Integer) msgId;
        //检查事务失败次数
        Integer failures = transactionFailureCount.get(transactionId) + 1;
        if(failures >= MAX_FAILS)
        {   //失败次数超过阈值，终止 Topology
            throw new RuntimeException("Error, transaction id ["+
              transactionId+"] has had too many errors ["+failures+"]");
        }
        //失败次数没有达到阈值，保存这个计数并重发此消息
        transactionFailureCount.put(transactionId, failures);
        toSend.put(transactionId, messages.get(transactionId));
        LOG.info("Re-sending message["+msgId+"]");
    }
```

在这里，messages、toSend 和 transactionFailureCount 均是 Map<Integer,String>结构，并且是在 open( )方法中初始化的。前两者存储了 100 个随机的 key-value 数据对，分别用于存储数据和缓存要发送的数据；最后一个用于统计某个数据项的失败次数。

相应地，处理这些数据项的 Bolt 设计如下，通过随机数保证了所接收的数据项有 80%的概率会被调用 fail( )。

```
    public void execute(Tuple input)
    {
        Integer r = random.nextInt(100);
        if(r > 80)
        {
            collector.ack(input);
        }else
        {
            collector.fail(input);
        }
    }
```

根据这个例子中的 Spout，若 toSend 有尚未发送的数据对，则获取其消息内容和 id，

将其作为一个数据项发送出去，并使用这个 id 进行追踪；在所有数据对被发送后，清空 toSend 队列。值得一提的是，java.util.Map 的 clear( )方法是安全的，因为 nextTuple( )、fail( )和 ack( )方法的调用会修改 Map 对象，而且这些方法都运行在一个线程内。这些方法在一个线程内执行，意味着 Spout 的实现不必关心这些方法的同步问题，但是必须要注意的是，nextTuple( )方法应当是非阻塞式的（non-blocking），否则它会使得 fail( )和 ack( )方法的处理被挂起（pending）。

这里维护了两个 Map——toSend 和 transactionFailureCount，用来跟踪待发送数据项和每个数据项的失败次数。ack( )方法只是简单地把确认成功的数据项从数据队列 message 和失败计数 transactionFailureCount 的列表中删除。fail( )方法根据数据项失败的次数，决定应该对这个数据项重新发送，还是终止整个 Topology 的执行；终止 Topology 执行的条件是，存在一个数据项，其失败次数超过了设定的阈值。

① 检查某个数据项的失败次数。如果存在一个失败次数大于阈值的数据项，则通过抛出 RuntimeException 终止运行该 Topology 的进程。

② 否则，保存失败次数，并把数据项放入待发送队列（toSend），就会再次调用 nextTuple( )方法来重新发送。

这里还需要注意的是，若使用了副本分组（All Grouping，参见 6.2.2 节），而 Topology 中任意的 Bolt 任务失败，Spout 的 fail( )方法便会被调用。另外，Storm 节点（工作节点 supervisor）并不维护状态，因此如果像本例那样在内存中保存信息，而节点又不幸挂了，所有缓存的消息就会丢失。但是，Storm 是一个快速失败（fast-fail）的系统，被终止的 Topology 会在抛出异常时挂掉后，由 Storm 重启并恢复到抛出异常前的状态。

7.4 本章小结

本章主要讲解了 Storm 的数据源编程单元，Spout 作为作业数据处理流程的起始，产生数据流并可以追踪数据项的状态。主要内容包括 Spout 的编程接口和层次结构、Spout 的使用模式和可靠的 Spout 的应用。针对 Spout 的编程接口和层次结构，本章给出了与 Spout 实现紧密相关的三个接口。针对 Spout 的使用模式，本章详细介绍了两种常用模式——直接连接和队列连接，并分别给出了实现的示例。针对可靠的 Spout 及其机制，本章首先给出了相关的概念和方法语义，接着通过一个简单的示例，讲解了 Spout 在保障数据可靠性方面的作用。

通过学习本章的内容，读者能对 Storm 针对数据源的抽象有所理解，也会为后续章节的学习提供基础。

第 8 章

Storm 的数据处理编程单元：Bolt

第 7 章详细讲解了 Storm 的 Topology 两种基本组件之一的 Spout，它是针对数据源的编程单元。这一章将详细讲解另一种基本组件 Bolt，这是 Topology 中数据处理的编程单元。在 Bolt 中，编程人员可以实现自定义的处理过程，例如，过滤、函数、聚集、连接等计算。本章将详细讨论 Bolt 的接口及实现，以及可靠的 Bolt 为数据处理所提供的保障机制。通过学习本章的内容，读者能对 Storm 针对数据处理的抽象有所理解，也会为后续章节的学习提供基础。

8.1 Bolt 的接口与实现

8.1.1 Bolt 与接口层次

Bolt 是 Topology 中数据处理的基本单元，也是 Storm 针对处理过程的编程单元。Topology 中所有的处理都是在这些 Bolt 中完成的，编程人员可以实现自定义的处理过程，例如，过滤、函数、聚集、连接等计算。这些处理过程可以是简单的流转换（stream transformations），也可以是复杂的计算过程。复杂的计算往往需要多个步骤和使用多个 Bolt。

例如，基于上一章提及的 Twitter Streaming API，可以根据连续的推文数据（Tweet）流生成趋势分析图流，只需如下两个步骤：① 一个 Bolt 进行推文转发的滚动计数；② 一个或多个 Bolt 用于输出 Top X 的趋势图。当然，第二个步骤可以通过更多个 Bolt 实现更好的处理并行性。

Bolt 可以将数据项发送至多个数据流（Stream）。编程人员首先可以使用 OutputFieldsDeclarer 类的 declareStream( )方法来声明多个流，指定数据将要发送到的流，然后使用 SpoutOutputCollector 的 emit 方法将数据发送。

当声明了一个 Bolt 的输入流后，编程人员可以从其他的组件中接收这些指定的流。当接收某个组件的所有流时，需要在程序中逐个声明接收的过程。InputDeclarer 对象默认接收来自某组件默认的流（名为“default”的流，参见 6.2 节）。例如，以下两个语句是完全等价的，都是从名为“1”的组件中接收默认的流。

```
语句一：
declarer.shuffleGrouping("1")
语句二：
declarer.shuffleGrouping("1", DEFAULT_STREAM_ID)
```

事实上，可以在 Bolt 中开启新的专用线程异步进行数据处理，因为 OutputCollector 输出对象是线程安全（thread-safe）的，可以在任意时刻被调用。

与 Spout 类似，Storm 为 Bolt 提供的编程抽象，也是以接口的形式，具有面向接口的编程风格。其中，IRichBolt 是使用 Java 语言实现 Bolt 最主要的接口。事实上，IRichBolt 本身并未提供更多属性或方法，只是扩展了（extends）另外两个接口 IBolt 和 IComponent。这些接口构成的层次结构如图 8-1 所示。

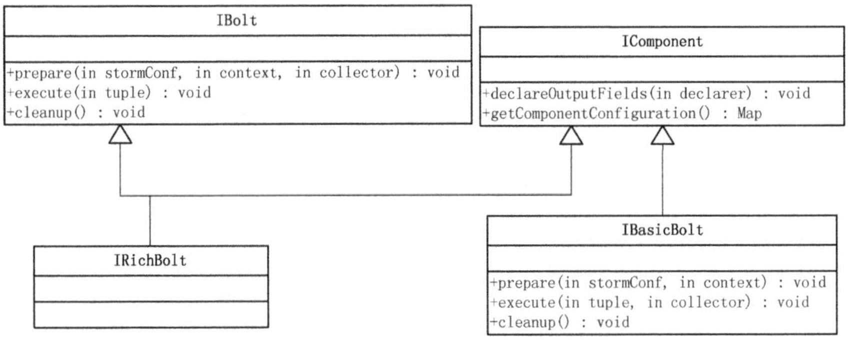

图 8-1　Bolt 接口的层次结构

如图 8-1 所示，IRichBolt 包含了所扩展的两个接口的所有方法。在这些方法中，最重要的方法是 execute( )，该方法接收一个数据项作为输入。Bolt 可以将处理后的结果作为新的 Tuple，使用 OutputCollector 对象的 emit( )方法发送。Bolt 可以在 OutputCollector 中对每一个发送数据项调用 ack( )方法，使得 Storm 能够追溯这个数据项是否被完整处理；这种 ack 机制最终到发送最初发送数据项的 Spout 结束，可参见 7.3.2 节和 9.2.3 节的讨论。

8.1.2　IBolt 和 IComponent 接口

下面介绍一下 IRichBolt 上层的两个接口 IBolt 和 IComponent。

IBolt 在 backtype.storm.task 包下，声明了 Bolt 的核心方法，作为处理单元用于接收数据项和处理数据项。IBolt 提供的方法见表 8-1。

表 8-1 IBolt 的方法

返回类型	方法声明
void	**prepare**(java.util.Map stormConf, TopologyContext context, OutputCollector collector) 在这个组件的任务被初始化时，由集群中的工作进程（worker）调用
void	**execute(Tuple input)** 接收一个数据项并处理
void	**cleanup( )** 在 IBolt 将关闭时调用

1．prepare( )与 cleanup( )

这是一对功能相反的方法，用于实例化和撤销一个运行时 Bolt 任务。prepare( )用于实例化 Bolt 的一个运行时任务，被集群中的某一进程调用，提供 Bolt 运行的环境。prepare ( )方法有三个参数：stormConf、context 和 collector。

① stormConf 对象维护 Storm 中针对该 Bolt 的配置信息。这些配置信息是 Topology 提供的，被集群中运行该 Bolt 的机器使用。

② context 是一个上下文对象，用于获取该组件运行时任务的信息。例如，Topology 中该 Bolt 所有任务的位置，包括任务的 id、组件 id 和输入输出信息等。

③ collector 对象用于从该 Bolt 发送数据项。数据项可以在任意时刻发送，包括调用 open( )和 close( )方法。这个对象是线程安全（thread-safe）的，能够被保存为这个 Bolt 对象的实例化变量（instance variable）。

cleanup( )用于撤销 Bolt 的任务。注意：该方法不提供任何释放资源等的保证，因为这是 Storm 工作节点的 supervisor 服务通过命令 kill -9 来撤销集群中相关的进程实现的。还应当注意的是，当运行在本地模式（Local Mode）下时，被关闭的上下文对象（context）可以保证撤销相应的 Topology。

2．execute( )

该方法用于 Bolt 从 Topology 中接收一个数据项（Tuple），并可以将处理的结果作为新的数据项发送（emit），是 Bolt 需要实现的最重要的方法。

这个方法的参数 input 是一个数据项对象，它包含了众多的元数据（metadata），包括它来自的组件、流、任务等。数据项中的值，可以通过 Tuple 类的 getValue( )方法获得。Tuple 类 getValue 有众多的重载方法和变种方法，见表 8-2。事实上，对于接收的这一条数据项，Bolt 不必立即去处理，可以将其缓存，之后在合适的时间处理。例如，连接操作是针对两个数据项的运算，典型的聚集操作是针对数据集合的计算，都需要这样的数据处理方式。

处理结果的数据项的发送，是通过在 prepare( )方法中提供的 OutputCollector 对象，调用 emit( )方法实现的。在结果数据项发送后，所有的输入数据项可以被反馈（ack）或确认失败（fail）。否则，Storm 无法确定这些数据项在 Spout 发送至 Topology 后，何时完成处理。

Tuple 类是封装数据项的对象，这个类的一个对象作为 execute( )方法的输入。关于 Tuple 的声明，可以参见 5.3.2 节的内容，可以在 Bolt 的 execute( )方法中按需编程实现数据处理。

表 8-2　Tuple 类的方法

返回类型	方法声明
int	**size**( ) 获取该数据项的域的数量
int	**fieldIndex**(java.lang.String field) 获取指定域名称在数据项中声明的位置
boolean	**contains**(java.lang.String field) 判断指定的域名称是否在该数据项中
java.lang.Object	**getValue**(int i) 获取该数据项指定位置的域的值
java.lang.String	**getString**(int i) 获取该数据项指定位置的域的字符型值
java.lang.Integer	**getInteger**(int i) 获取该数据项指定位置的域的整型值
java.lang.Short	**getShort**(int i) 获取该数据项指定位置的域的短整型值
java.lang.Long	**getLong**(int i) 获取该数据项指定位置的域的长整型值
java.lang.Float	**getFloat**(int i) 获取该数据项指定位置的域的浮点型值
java.lang.Double	**getDouble**(int i) 获取该数据项指定位置的域的双精度浮点型值
java.lang.Boolean	**getBoolean**(int i) 获取该数据项指定位置的域的布尔型值
java.lang.Byte	**getByte**(int i) 获取该数据项指定位置的域的字节型值
byte[]	**getBinary**(int i) 获取该数据项指定位置的域的二进制数组值
java.lang.Object	**getValueByField**(java.lang.String field) 获取该数据项指定域名称的域的值
java.lang.String	**getStringByField**(java.lang.String field) 获取该数据项指定域名称的域的字符型值
java.lang.Integer	**getIntegerByField**(java.lang.String field) 获取该数据项指定域名称的域的整型值
java.lang.Short	**getShortByField**(java.lang.String field) 获取该数据项指定域名称的域的短整型值
java.lang.Long	**getLongByField**(java.lang.String field) 获取该数据项指定域名称的域的长整型值

续表

返回类型	方法声明
java.lang.Float	**getFloatByField**(java.lang.String field) 获取该数据项指定域名称的域的浮点型值
java.lang.Double	**getDoubleByField**(java.lang.String field) 获取该数据项指定域名称的域的双精度浮点型值
java.lang.Boolean	**getBooleanByField**(java.lang.String field) 获取该数据项指定域名称的域的布尔型值
java.lang.Byte	**getByteByField**(java.lang.String field) 获取该数据项指定域名称的域的字节型值
byte[]	**getBinaryByField**(java.lang.String field) 获取该数据项指定域名称的域的二进制数组值
Fields	**getFields**( ) 获取该数据项的所有域列表
java.util.List<java.lang.Object>	**getValues**( ) 获取该数据项的所有域的值列表
java.util.List<java.lang.Object>	**select**(Fields selector) 根据选择器指定的域，获取该数据项的域的值列表
MessageId	**getMessageId( )** 获取这个数据项的消息 id
java.lang.String	**getSourceComponent**( ) 获取创建这个数据项的组件的 id
int	**getSourceTask**( ) 获取创建这个数据项的组件任务的 id
java.lang.String	**getSourceStreamId**( ) 获取这个数据项来自的流的 id
GlobalStreamId	**getSourceGlobalStreamid**( ) 获取该数据项的全局流 id（global stream id，也即 component + stream）

Tuple 类提供了众多方法，它们可以大致分为以下 5 类。

① 获取属性的方法。这一类型包括 size( )、fieldIndex( )和 contains( )三个方法，分别用于获取该数据项域的数量、获取指定域名称所在的索引位置和判定是否存在指定名称的域。Tuple 的域名称、域的位置，均是由创建该数据项的组件（Spout/Bolt）的 declareOutputFields( )方法声明的；所声明的域的个数，即为 size( )方法的返回值。关于数据项结构的声明，可参见 5.3.2 节的内容。

② 获取元数据的方法。这一类型包括 getMessageId( )、getSourceComponent( )、getSourceTask( )、getSourceStreamId( )和 getSourceGlobalStreamid( )五个方法，可以获取数据项中包含的五个元数据。

消息 id（message id）是在数据项被创建时，通过一定的规则赋值的。对于 Spout 发送的数据项，消息 id 是即时生成的，参见 7.3.2 节；而对于 Bolt 处理结果作为发送的数据项，其消息 id 是根据其所有依赖数据项的 id，按 XOR 计算得到的。这样的消息 id 生成规则，对于维护数据项处理的状态有着极为重要的意义。

源组件（Source compenent）id 和源组件任务（Source task）id，是与生成该数据项的组件相关的元数据。在 Storm 中，对某个数据项来说，生成该数据项的组件称为源组件。相应地，源组件的标识即为这里的源组件 id；而生成该数据项的那个运行时实例（也即任务）的 id，即为这里的源组件任务 id。这两项元数据，往往用于追溯组件与数据项的关联。

流 id（stream id）与全局流 id（global stream id），是与该数据项来自的流相关的元数据。关于流的内容，可参见 6.2 节。流 id 即为流声明时的具名 id，或者是默认的名称“default”；全局流 id 是一种全局有效的流定义的方式，将组件名称和流名称合并作为标识。这两项元数据，往往用于追溯流与数据项的关联。

③ 根据域获取值的方法。这一类包括 getValue( )方法和多个 get 具体数据类型的方法，这些方法的参数是指定域所在 Tuple 的位置，返回的是相应的数据类型。其中，getValue( )是通用的方法，它返回 Object 类型的对象，需要根据具体情形进行类型的强制转换。

④ 根据域的名称获取值的方法。这一类包括 getValueByField( )方法和多个 get 具体数据类型的方法，这些方法的参数是指定域的名称，返回的是相应的数据类型。其中，getValueByField( )是通用的方法，它返回 Object 类型的对象，需要根据具体情形进行类型的强制转换。

⑤ 获取 Tuple 的值或域列表的方法。这一类包括 getFields( )、getValues( )和 select( )方法，分别获取该数据项的所有域列表、值列表和值列表子集。

此外，另一接口 IComponent 在 backtype.storm.topology 包下，声明了 Topology 组件的通用方法，使用 Java 语言实现的 Spout 和 Bolt 都必须实现这个接口。IComponent 提供的方法见表 7-2，相关内容参见 7.1.2 节。

8.1.3　接口的实现类及实例

前面已经介绍了 Bolt 的接口，也说明了 Bolt 是面向接口的编程，在 Storm 中使用 Bolt 对 Topology 的数据处理过程进行编程，实现一个 Bolt 时，通常需要实现 IRichBolt 接口。Bolt 对象由 Storm 客户端所在的机器创建，序列化为 Topology，并提交给集群中的主控节点，随后集群启动工作进程反序列化 Bolt，作为任务调用 prepare( )，最后开始接收并处理数据项。

编程人员构建的自定义 Bolt，应当将相关的参数在构造函数中进行初始化，随 Bolt 被提交到集群时，这些参数值会随着一起序列化。下面使用 Storm 官方例子中的 SplitSentence，简要说明一个 Bolt 的编程与使用方式。SplitSentence 的源码如下。

```
class SplitSentence implements IRichBolt
{
    private OutputCollector collector;
publlic void prepare(Map conf, TopologyContext context, OutputCollector collector)
{
```

```
                this.collector = collector;
        }

    public void execute(Tuple tuple)
    {
                String sentence = tuple.getString(0);
                for(String word : sentence.split(" "))
                {
                    collector.emit(new Values(word));
                }
        }

    public void cleanup( )
    {
    }

    public void declareOutputFields(OutputFieldsDeclarer declarer)
    {
                declarer.declare(new Fields("word"));
        }
    }
```

这是一个实现极为简单的 Bolt。下面分析其重载后的几个方法。

（1）prepare( )函数。该函数的实现，仅仅将传入的参数 collector 赋值给局部变量，使得之后通过该局部变量来操作数据项的发送。

（2）declareOutputFields( )函数，声明了输出流的数据项的结构，也即 Tuple 的域。在这个例子中，数据项声明了一个名为“word”的域。关于域声明的详细内容，参见 5.3.2 节。

（3）execute( )函数。首先，将获取输入的数据项的值。这个数据项，仅有一个字符串类型的域，是一行英文句子。其次，将取出的值，也即一行英文句子，转化为单词数组，并将每个单词使用 collector 对象发送。

注意：这个 Bolt 在发送数据项后，并没有对输入的数据项进行反馈。这就意味着如果该 Bolt 因为某些原因丢失了一些数据（不论是因为 Bolt 的故障，还是因为程序有意为之），产生输入数据项的最起始的源数据项的 Spout，不会收到任何反馈，任何其他的 Spout 和 Bolt 也无从确认数据项的处理状态，故无法对这些数据提供可靠性的保障。这种方式资源开销较小，在许多可靠性要求不高的场景下是适用的。在许多情况下，编程人员想获知数据项在 Topology 内处理的状态，需要对数据项进行反馈，则需要在 Bolt 发送数据时增加相关的代码。

（4）cleanup( )函数，函数体为空。

结合 7.1.3 节给出的 Topology 及 Spout 示例，可以在 Topology 类的 main 函数中加入相关代码，以添加上述 Bolt。

```
Topology builder builder=new TopologyBuilder（）;
Builder.SetSpout （“SentenceGenSpout”, new TestWord Spout（）,1）;
builder.setBolt("splitBoult", new SplitSentence ( ), 2)
```

```
                    .shuffleGrouping("sentenceGenSpout ");
```

Storm 内置了许多 IRichBolt 的实现，如 BaseRichBolt、ClojureBolt、CoordinatedBolt、JoinResult、KeyedFairBolt、RichShellBolt、ShellBolt 和 TupleCaptureBolt 等。其中，BaseRichBolt 是 IRichBolt 最基本的实现类。关心 IRichBolt 接口的实现细节的读者，可以看一下 backtype.storm.topology.base 包下的 BaseRichBolt 类的具体源代码，这里不再详述。

8.2　Bolt 与数据的可靠性

8.2.1　可靠的 Bolt 与不可靠的 Bolt

作为 Storm 作业的处理单元，Bolt 接收流中的数据项，并可以产生新的数据项在 Topology 中传递，并可以能够追溯数据处理的状态，是实现数据处理可靠性的必要环节。本小节主要讨论可靠的 Bolt 与数据可靠性之间的关系。Storm 可以通过 Spout 生成的消息 id 追踪每一个数据项的处理状态，确认它们是否被完整处理，抑或处理失败。而追溯的处理过程，正是数据项所经历的各个 Bolt 的处理和在 Topology 的传递。同样，数据项的处理失败，是通过数据项在 Topology 中处理超时认定的，而编程人员可以通过 6.3.1 节提及的 Config 类来配置超时的阈值。

Storm 将可以反馈数据项处理状态的 Bolt 称为**可靠的 Bolt**（reliable Bolt），它是通过锚定(anchoring)数据项来实现反馈所发送的数据项的状态的。可靠的 Bolt 可以在发送数据项时，通过 OutputCollector 对象的 emit 方法，锚定依赖的数据项或流。与之相对，对输出数据项不锚定的 Bolt，在 Storm 中称为**不可靠的 Bolt**（unreliable Bolt）。

8.2.2　可靠的 Bolt 的数据项管理

Storm 保证通过可靠的 Spout 发送的每条消息，都可以追溯其处理状态，要么被所有 Bolt 完整处理，要么尚未完整处理，要么处理失败。按同样的思路，设计实现可靠的 Bolt，编程人员需要在该 Bolt 中对发送的数据项进行反馈。

Storm 的 Topology 是一个有向无环图，数据项会经过其中一条或多条分支流。图上的每个节点都会调用 ack(tuple)或 fail(tuple)，Storm 因此知道数据项是否处理失败了，并最终通知那个或那些发送了这些数据项的 Spout。既然一个 Storm 作业运行在高度并行化的环境里，跟踪始发 Spout 任务的最好方法就是在消息数据项内包含一个始发 Spout 引用。这一技术在 Storm 中被称做**锚定**（Anchoring）。

下面通过例子来了解一个可靠 Bolt 的实现。这个例子修改自 8.1.3 节提及的 SplitSentence，使它能够反馈数据项的处理状态。相关的实现代码如下。

```
class SplitSentence implements IRichBolt
{
    private OutputCollector collector;
```

```
public void prepare(Map conf, TopologyContext context, OutputCollector collector)
{
        this.collector = collector;
    }

public void execute(Tuple tuple)
{
        String sentence = tuple.getString(0);
        for(String word : sentence.split(" "))
        {
            collector.emit(tuple, new Values(word));
        }
        collector.ack(tuple);
    }

public void cleanup( )
{
}

public void declareOutputFields(OutputFieldsDeclarer declarer)
{
        declar.declare(new Fields("word"));
    }
}
```

上述例子与 8.1.3 节的 SplitSentence 有如下两处不同。

① 输出数据项时对输入数据项进行了锚定。锚定发生在调用 collector.emit( )时。

② OutputCollector 对象对输入的数据项进行了反馈。反馈发生在调用 collector.ack( )时。

正如前面提到的，Storm 可以沿着数据项的处理过程，追溯至始发的 Spout 任务。而 collector.ack(tuple)和 collector.fail(tuple)会告知 Spout 每条消息都发生了什么。当图结构上的每条消息都已被处理时，Storm 就会认为来自 Spout 的原始数据项被完整处理了。这也是 7.3.1 节所提及的数据“完整处理”的内涵。

如果一个数据项没有在规定的时间内完成对消息树（message tree，即数据项处理流程中所有的消息构成的结构）的处理，就认为这个数据项处理失败。Storm 默认超时时间为 30 秒，可以通过 6.3.1 节提及的 Config 类，修改 Config.TOPOLOGY_MESSAGE_TIMEOUT，设置自定义的 Topology 的超时时间。同时，相应的 Spout 应当考虑处理失败的情况，可以重试或丢弃相应的数据项。

这里尤其应当注意的是，Topology 中处理的每个数据项必须要么是确认处理的（collector.ack( )），要么是认定失败的（collector.fail( )）。由于 Storm 基于内存维护相关信息来追溯每个数据项，如果编程人员没有使用 ack 或 fail 来确认处理或认定失败，某些特定的组件任务最终会耗尽所有的内存，导致故障。

一个 Bolt 可以使用 collector.emit(streamId, tuple)把数据项 tuple 分发到多个流，其中参数 streamId 是所发送至的流的标识 id。之后，可以利用 TopologyBuilder 类，决定 Topology 的其他 Bolt 从上述 Bolt 的哪个流接收数据。

类似地，一个数据项可以使用多个锚定，这往往用于需要处理数据集合的聚集操作。在这种场景下，可以使用内存缓冲接收的数据项，使得 Bolt 连接或聚合数据流；为确认数据已处理完成，需要把流锚定到缓存的多个数据项上。通常，可以向 emit 方法传入数据项列表来实现上述过程，一段相关的示例代码如下。

```
...
List anchors = new ArrayList( );
anchors.add(tuple1);
anchors.add(tuple2);
collector.emit(anchors, values);
...
```

在这个例子中，输出的数据项被放置在 values 对象中，使用 collector 对象的 emit 方法发送时，向维护在列表 anchors 中的多个 tuple 进行了锚定。通过这种方式，Bolt 在任意时刻调用 ack 或 fail 方法，都会通知消息树；由于流锚定了多个数据项，所有相关的始发 Spout 都会收到通知。

下面具体说明一下 OutputCollector 对象。OutputCollector 在 backtype.storm.task 包下，声明了与发送数据项有关的方法，见表 8-3。

表 8-3　OutputCollector 的发送数据项的方法

返回类型	方法声明
java.util.List<java.lang.Integer>	**emit**(java.util.List<java.lang.Object> tuple) 发送一个新的无锚定的数据项至默认流
java.util.List<java.lang.Integer>	**emit**(Tuple anchor, java.util.List<java.lang.Object> tuple) 发送一个新的数据项至默认流，并锚定至一个数据项
java.util.List<java.lang.Integer>	**emit**(java.util.Collection<Tuple> anchors, java.util.List<java.lang.Object> tuple) 发送一个新的数据项至默认流，并锚定至一组数据项
java.util.List<java.lang.Integer>	**emit**(java.lang.String streamId, java.util.List<java.lang.Object> tuple) 发送一个新的无锚定的数据项至指定的流
java.util.List<java.lang.Integer>	**emit**(java.lang.String streamId, Tuple anchor, java.util.List<java.lang.Object> tuple) 发送一个新的数据项至指定的流，并锚定至一个数据项
java.util.List<java.lang.Integer>	**emit**(java.lang.String streamId, java.util.Collection<Tuple> anchors, java.util.List<java.lang.Object> tuple) 发送一个新的数据项至指定的流，并锚定至一组数据项
void	**emitDirect**(int taskId, java.util.List<java.lang.Object> tuple) 发送一个新的无锚定的数据项至特定任务的默认流
void	**emitDirect**(int taskId, Tuple anchor, java.util.List<java.lang.Object> tuple) 发送一个新的数据项至特定任务的默认流，并锚定至一个数据项
void	**emitDirect**(int taskId, java.util.Collection<Tuple> anchors, java.util.List<java.lang.Object> tuple) 发送一个新的数据项至特定任务的默认流，并锚定至一组数据项

续表

返回类型	方法声明
void	**emitDirect**(int taskId, java.lang.String streamId, java.util.List<java.lang.Object> tuple) 发送一个新的无锚定的数据项至特定任务的指定流
void	**emitDirect**(int taskId, java.lang.String streamId, Tuple anchor, java.util.List<java.lang.Object> tuple) 发送一个新的数据项至特定任务的指定流，并锚定至一个数据项
void	**emitDirect**(int taskId, java.lang.String streamId, java.util.Collection<Tuple> anchors, java.util.List<java.lang.Object> tuple) 发送一个新的数据项至特定任务的指定流，并锚定至一组数据项

OutputCollector 对象在 Bolt 中，用于发送数据项的方法，共有 12 个重载方法。这些方法来自两个方法 emit( )和 emitDirect( )的重载。其中，emitDirect( )方法都是向指定 id 的任务发送数据项，都有一个参数 taskId 作为任务的 id。由于每个 emitDirect( )方法都有一个可以对应的无 taskId 参数的 emit( )方法，所以下面我们主要解释 emit( )方法的参数，emitDirect( )方法同理亦然。

① 发送的数据项列表 tuple，该对象维护将要发送的数据项集合。

② 要锚定的数据项 anchor 或数据项列表 anchors，该对象维护输出数据项要锚定的一个或一组数据项；若不存在 anchor 或 anchors 参数，说明发送的数据无须锚定。

③ 发送至的指定流 streamId，该参数标识了一个具名的流，数据项将发送至这个流；若不存在这个参数，则说明数据项将发送至默认的流。

事实上，锚定数据项和进行数据处理的确认，一定存在系统资源的开销，影响 Storm 流式数据处理的性能。所以，Storm 在 OutputCollector 类中提供了众多的发送数据的方法，以权衡具体业务的可靠性和开销。这也体现了 Storm 为数据处理提供了可选择的可靠性保障，同时不失编程的灵活性。

8.2.3 IBasicBolt 和 BaseBasicBolt

从上面的分析可以看到，在许多场景下 Bolt 的数据处理，都需要确认处理完成或认定失败。实现这样的 Bolt，也需要相似的代码 emit 数据和调用 ack/fail，为此，Storm 提供了另一个用来实现 Bolt 的接口 IBasicBolt，对于该接口的实现类，会在执行 execute 方法之后自动调用 ack 方法。

IBasicBolt 的接口层次如图 8-1 所示。这里需要注意以下几点。

① 接口 IBasicBolt 直接继承自接口 IComponent，而不是继承自 IBolt。相应地，这个接口需要声明 prepare( )、execute( )和 cleanup( )三个基本方法。

② IBasicBolt 之所以需要重新声明上述方法，而非继承自接口 IBolt，是因为方法的参数与之不同。相比 IBolt，接口 IBasicBolt 中的 prepare( )方法省略了参数 collector，而在 execute( )方法中增加了参数 collector。这个 collector 参数是 BasicOutputCollector 类的对象，

而非 OutputCollector 类的对象，专门用于自动锚定到作为参数传入的数据项，并在发送数据项后实现自动的 ack。

Storm 内置了许多 IBasicBolt 的实现类，如 BaseBasicBolt、IdentityBolt、PrepareBatchBolt、PrepareRequest 和 TridentSpoutCoordinator 等。其中，BaseBasicBolt 是 IBasicBolt 最基本的实现类。关心 IBasicBolt 接口的实现细节的读者，可以看一下 backtype.storm.topology.base 包下的 BaseBasicBolt 类的具体源代码，这里不再详述。

接下来，我们使用 BaseBasicBolt 这个 IBasicBolt 的实现类，完成与 8.2.2 节例子功能相同的一个可自动 ack 的 Bolt。实现代码如下。

```
class SplitSentence extends BaseBasicBolt
{
    public void execute(Tuple tuple, BasicOutputCollector collector)
    {
        String sentence = tuple.getString(0);
        for(String word : sentence.split(" "))
        {
            collector.emit(new Values(word));
        }
    }

    public void declareOutputFields(OutputFieldsDeclarer declarer)
    {
        declarer.declare(new Fields("word"));
    }
}
```

可以看到，从代码的形式上，execute( )的实现更像是 8.1.3 节的那个不可靠的 Bolt。但是与之不同的是，这里的 SplitSentence 扩展了 BaseBasicBolt，参数 collector 是 BasicOutputCollector 类的对象。所以，在调用 emit 发送数据项时，默认对输入数据项 tuple 进行了锚定，并自动确认了处理的过程。也就是说，功能完全等价于 8.2.2 节的例子，代码形式上却更加简洁。

8.3 本章小结

本章主要讲解了 Storm 的数据处理编程单元 Bolt。主要内容包括 Bolt 的编程接口和层次结构，以及可靠的 Bolt 及其可靠性机制。针对 Bolt 的编程接口和层次结构，本章给出了与 Bolt 实现紧密相关的多个接口，并讨论了它们之间的层次关系，以及两种典型的实现类 BaseRichBolt 和 BaseBasicBolt。针对可靠的 Bolt 及其可靠性机制，本章给出了相关原理，并通过多个示例，讲解了 Bolt 在保障数据可靠性方面的作用。

通过学习本章的内容，读者能对 Storm 针对数据处理的抽象有所理解，也会为后续章节的学习提供基础。

第 9 章 Storm 的保障机制

本书第二篇的前几章，详细讲解了 Storm 的基础概念，包括系统架构、通信模型、作业、数据源编程单元和数据处理编程单元等，使编程人员理解 Storm 系统的基本概念和原理。从这一章开始，本篇将讨论几个 Storm 中关于保障能力的进阶概念，包括 Storm 系统的并行执行能力和可用性保障。

作为一种实时数据处理系统，Storm 的并行能力是指作业、作业中的任务如何在集群中分配和执行，影响系统的性能，体现了功能性保障；同时，Storm 的可用性保障作为流式处理系统中最重要的一环，可以提供多级的容错机制，体现了非功能性保障。通过学习本章的内容，读者能对 Storm 的功能性保障和非功能性保障有更深的理解。

9.1 Storm 的功能性保障：多粒度的并行化

9.1.1 并发模型

前文不止一次提及 Storm 的进程、线程和任务，本小节将详细说明 Storm 的并发模型以及性能调优。Storm 集群的并发模型如图 9-1 所示。

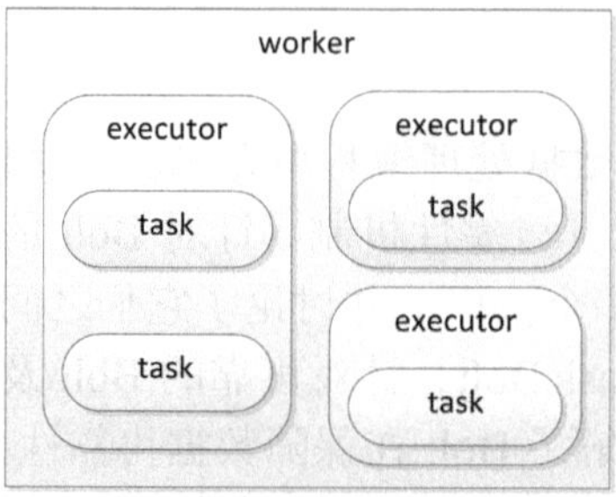

图 9-1　Storm 集群的并发模型

1．进程（worker）

进程在 Storm 中使用术语 worker 来描述。一个 worker，属于一个特定的 Topology，并且会运行该 Topology 一个或多个组件（Spout/Bolt）的一个或多个线程；而一个运行时的 Topology 在 Storm 集群中由一个或多个进程组成。事实上，每个 worker 都是物理上的 JVM 进程，而且默认配置下 Storm 总试图在整个集群中均匀分配 worker，以及在所有的 worker 中均匀分配线程。

2．线程（executor）

线程在 Storm 中使用术语 executor 来描述。一个 executor 由一个特定的 worker 产生，其上运行同一个组件（Spout/Bolt）的一个或多个任务；而一个 worker 可以产生一个或多个 executor。在 6.3.1 节提及的 TopologyBuilder 的设置 Spout/Bolt 的方法，并行度参数 parallelism_hint 实际设置的就是执行某组件实例的线程数量。

3．任务（task）

线程在 Storm 中使用术语 task 来描述。一个 task 是组件（Spout/Bolt）的一份运行时实例，用于实际的数据处理。在一个既定的 Topology 中，一个组件的任务数在整个生命周期中是不变的，但是执行该组件任务的线程数是可以随时变化的。即，对一个组件来说，它的线程数小于等于任务数。需要注意的是，Storm 默认使用一个线程执行一个任务，也即默认情况下任务数和线程数是相同的。另外，6.2 节提及的流组模式，指的都是组件任务之间的数据传递。

由操作系统的知识可知，进程是并行执行程序的基本单元，线程是并发执行程序的基本单元。正是由于上述模型的存在，Storm 可以实现作业执行的并行化，提高数据处理的效率。

9.1.2　并行度配置

基于上述模型，可以引出与 Storm 并行化执行相关的另一概念并行度（parallelism）。这是一个更加泛化的概念，不仅指传统的系统中进程对线程的管理配置，而且在 Storm 还指进程数和任务数的管理配置。编程人员可以在 Topology 中配置并行度的相关参数，Storm 提供了两种途径，一种是在配置文件中配置这些数值，另一种是在代码中设置。在第 4 章中已经提及，Storm 使用 conf 目录下的文件 storm.yaml 配置系统属性，其中设置的配置项将覆盖 storm.jar 中的默认配置文件 default.yaml（可参考本书附录中的 defaults.yaml）。也即，配置文件的优先级为 default.yaml<storm.yaml。在用户代码中可以进行更细粒度的并行度配置。注意，存在同一配置项的多种配置方法时，它们的作用优先级为：defaults.yaml < storm.yaml < Topology 级配置< 内部组件级配置< 外部组件级配置。

接下来，我们从如下几个角度分析与并行度相关的 Storm 配置。

1. 配置工作节点

在本书写作时 Storm 0.8.2 稳定版本中推出了新特性——Topology 隔离（Isolation Scheduler）。在这种方式下 Storm 可以为指定的 Topology 配置单独隔离的 *N* 个工作节点来运行，而这 *N* 个节点上只运行该 Topology，不会与其他 Topology 共享；其他工作节点将被其他的普通 Topology 共享。更进一步，这些 Topology 具有高优先级，在资源不足时，将抢占其他普通 Topology 的资源来优先满足。

使用这种方式只需要修改 nimbus 主控节点的配置文件 storm.yaml，指定 scheduler 为 IsolationScheduler。例如，对于名为 mytopology 的 Topology 使用隔离机制，可以对 nimbus 的配置文件 storm.yaml 做如下修改，使得该作业以隔离的方式使用 2 个工作节点。

```
storm.scheduler: "backtype.storm.scheduler.IsolationScheduler"
isolation.scheduler.machines:
    "my-topology": 2
```

2. 配置进程

这用于设置 Storm 集群中存在的进程数量，以实现在集群机器上创建 Topology 实例并行执行。这里所对应的配置项为 TOPOLOGY_WORKERS[1]，可以在用户代码中通过类 backtype.storm.Config，以如下的方式使用。

```
config.setNumWorkers(int worker)
```

Storm 默认设置一个作业的进程数量为 1。进程（worker）运行在 Storm 集群的某工作节点上（运行 supervisor 的机器）。一个工作节点上可以运行的 worker 的数量，取决于这台机器的 STORM_HOME/conf/storm.yaml 文件中的配置项 supervisor.slots.ports 的内容。即，该配置项中配置了多少个端口号，该机器就可以运行多少个进程，通常可以根据机器的性能调整这个参数。整个 Storm 集群可运行的进程的数量是集群中所有 supervisor 的 slot 数量之和。所以，一个 Topology 可以配置的进程数，尽量不超过集群中所有 supervisor 的 slot 数量之和。关于工作节点 supervisor 的其他配置，可以参见 4.2.3 节。

默认情况下，Storm 配置进程时设置 JVM 的最大内存是 768MB。在实际应用中，由于会在 Bolt 中加载大量数据，上述内存默认配置会导致内存溢出及程序崩溃。为此，可以在配置文件 storm.yaml 中设置 worker 的启动参数。例如，如下的配置项会在工作节点启动时传递给 JVM，使得 worker 可以使用 2048BM 内存。

```
worker.childopts: "-Xmx2048m"
```

3. 配置线程

这用于设置一个组件运行时的线程数量，以执行组件的实例。这里需要在用户代码中通过类 backtype.storm.topology.TopologyBuilder，以如下的方式使用。

```
builder. setSpout (..., java.lang.Number parallelism_hint)
builder. setBolt (..., java.lang.Number parallelism_hint)
```

[1] http://storm.apache.org/apidocs/backtype/storm/Config.html#TOPOLOGY_WORKERS

上述两个方法的函数声明可参见 6.3.1 节。这里需要注意的是，从 Storm0.8.0 版本开始，参数 parallelism_hint 指示了该组件初始需要的线程数量，而非任务数量。由于 Storm 默认使用一个线程执行一个任务，也即默认情况下任务数和线程数是相同的。

4．配置任务

这用于设置一个组件（Spout/Bolt）的实例任务的数量。这里所对应的配置项为 TOPOLOGY_TASKS [2]，可以在用户代码中通过类 backtype.storm.topology.ComponentConfigurationDeclarer，以如下的方式使用。

```
declarer.setNumTasks( java.lang.Number val)
```

下面通过官网的一个例子[3]来说明如下用户代码的设置所指示的 Storm 并行度。

```
topologyBuilder.setBolt("green-bolt", new GreenBolt( ), 2)
            .setNumTasks(4) .shuffleGrouping("blue-spout);
```

上述代码构造了一个名为 GreenBolt 的 Bolt，配置初始化时使用 2 个线程运行 4 个实例任务。也就是说，上述代码使得 Storm 运行时在一个线程中运行该组件的两个任务。注意，若未显式配置任务数量，Storm 将会默认一个线程执行一个任务。

接下来，我们扩展上述例子，形成如图 9-2 所示的完整的 Topology。这个作业由三个组件组成，一个类为 BlueSpout 的 Spout，两个 Bolt 的类分别为 GreenBolt 和 YellowBolt；数据从 BlueSpout 发送至 GreenBolt，而后者的输出发送至 YellowBolt。

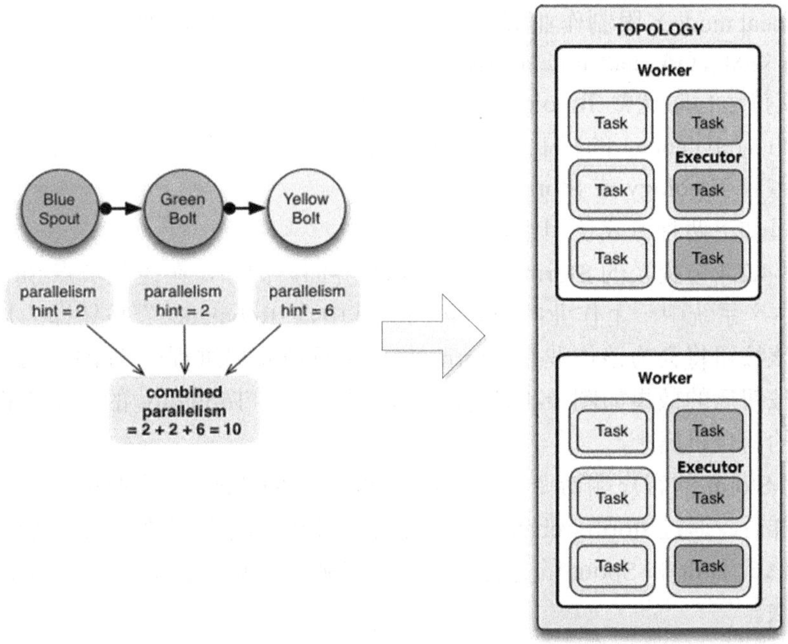

图 9-2　一个示例 Topology 及其运行时分布

2 http://storm.apache.org/apidocs/backtype/storm/Config.html#TOPOLOGY_TASKS

3 http://storm.apache.org/documentation/Understanding-the-parallelism-of-a-Storm-topology.html

这个 Topology 的相关代码如下。

```
Config conf = new Config( ); conf.setNumWorkers(2); // Topology 将使用两个进程
topologyBuilder.setSpout("blue-spout", new BlueSpout( ), 2); // 设置该 Spout 的线程数为 2(任务数为默认的 2)
topologyBuilder.setBolt("green-bolt", new GreenBolt( ), 2)    //设置该 Bolt 的线程数为 2
                .setNumTasks(4) .shuffleGrouping("blue-spout");    //设置任务数为 4
topologyBuilder.setBolt("yellow-bolt", new YellowBolt( ), 6)
                .shuffleGrouping("green-bolt");    //设置该 Bolt 的线程数为 6(任务数默认为 6)
StormSubmitter.submitTopology( "mytopology", conf, topologyBuilder.createTopology( ) ); ```
```

如图 9-2 左侧所示，在 setSpout 和 setBolt 方法中的并行度参数 parallelism_hint，指示了组件使用的线程数，这个例子的三个组件使用了 10 个线程。同时，由于在 Config 中设置 Topology 使用的进程数为 2，故平均一个进程将会产生 5 个线程。运行时的 Topology 进程/线程的一种分布模式如图 9-2 右侧所示。其中，GreenBolt 的 4 个任务将在 2 个线程中执行，也即一个线程会执行两个任务；而其他的 Spout 或 Bolt 均使用默认的一个线程对应一个任务。

此外，Storm 还有一个参数 TOPOLOGY_MAX_TASK_PARALLELISM[4]与控制 Topology 并行度有关。这个参数设置了一个组件所能并行化的最大线程数量，也即 parallelism_hint≤TOPOLOGY_MAX _TASK_PARALLELISM。这个参数典型地被用于本地模式下（local mode）限制作业所产生的线程数，相关的代码如下。

```
config.setMaxTaskParallelism(int max)
```

Storm 支持运行时调整 Topology 的并行分布，这也是这个系统的一大特色。通过一个被称为重分布（rebalance）的机制，编程人员可以在作业启动后增加或减少进程/线程的数量，而无须重启 Topology 或 Storm 集群。

可以通过如下两种方式使用重分布机制。

① 使用 4.2.4 节提及的 Storm UI 这个 Web 界面。例如，在控制节点 Storm UI 中，图 9-3 给出了生产系统中一个作业的配置页面。其中，“Rebalance”按钮即为启动重分布的入口，点击该按钮将会为该作业在 Storm 集群中重新布局进程/线程的分布。在这个例子中，点击该按钮后的效果如图 9-4 所示。可以看到，该 Topology 的两个进程，被均匀地分布在集群的两台机器上。

② 使用 Storm 的客户端命令。Storm 的计算以 Topology 为作业单位，Topology 提交到 Storm 集群后，通过 storm rebalance 命令可对其进行动态调整。比如增加 Topology 的 worker 数，修改 Bolt 和 Spout 的并行度等，达到弹性计算的目的。rebalance 命令主要有以下两种用法。

[4] http://storm.apache.org/apidocs/backtype/storm/Config.html#TOPOLOGY_MAX_TASK_PARALLELISM

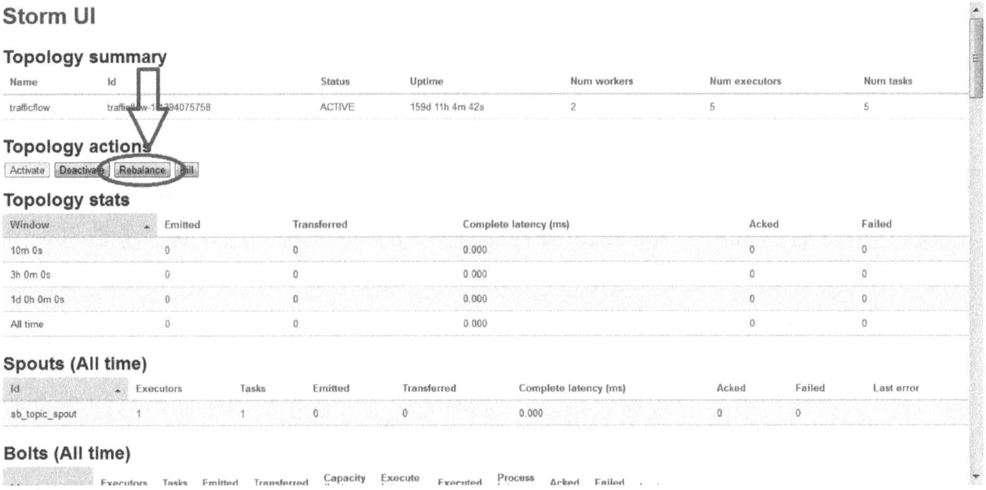

图 9-3　Storm UI 中 Topology 的配置页面

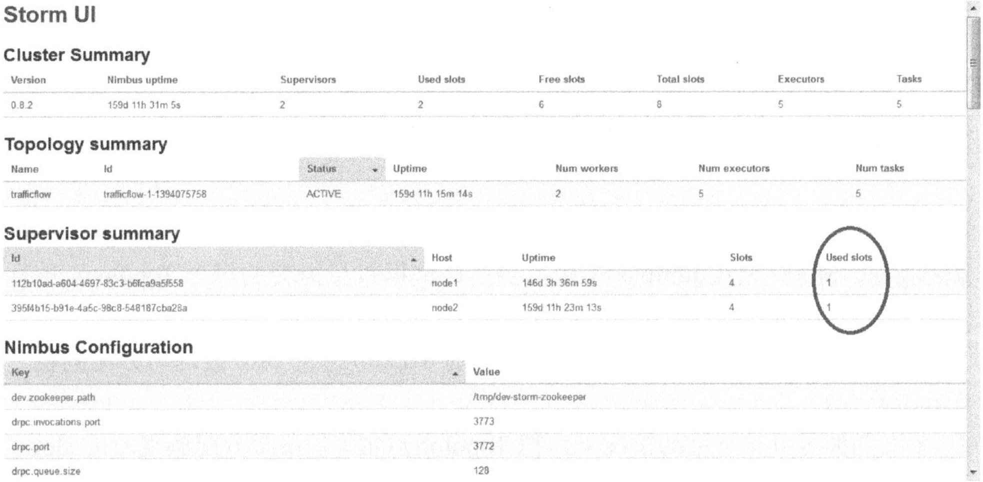

图 9-4　Topology 重分布后的效果

- 调整指定 Topology 的进程数量。

```
storm rebalance topology-name -n    new-work-num
```

其中，topology-name 是 Topology 在提交至 Storm 集群时指定的名称，new-work-num 是修改后的进程的数量。

- 调整指定 Topology 中指定组件的并行度。

```
storm rebalance topology-name -e    component=parallelism
```

其中，topology-name 是 Topology 在提交至 Storm 集群时指定的名称，component 是组件在构建该 Topology 时指定的名称，parallelism 是修改后的组件并行度。

关于 rebalance 命令更多的用法，可通过 storm help rebalance 获取在线帮助信息。例如，重分布上面例子中那个名为 mytopology 的作业，使得作业使用 5 个进程，名为“blue-spout”的 Spout 使用 3 个线程，名为“yellow-bolt”的 Bolt 使用 10 个线程。

```
$ storm rebalance mytopology -n 5 -e blue-spout=3 -e yellow-bolt=10
```

通过上面的说明，我们得出如下结论。

① Topology 的进程数量可通过 Config 类设置，实际上就是修改执行该 Topology 的 Java 进程数。它可以通过 storm rebalance 命令调整。

② Topology 中某个组件的线程数，是通过并行度参数即 parallelismNum，在 setBolt 中指定的。它可以通过 storm rebalance 命令调整，但不能超过该组件的任务数量（当然也不能超过在 Config 或配置文件设置的 TOPOLOGY_MAX_TASK_PARALLELISM）。

③ 某个组件（Spout/Bolt）的任务数，通过 setNumTasks( )设置，无法在运行时调整。任务就是组件类的实例化对象，有多少个任务就会存在多少个该组件的对象。当不做额外设置时，任务数默认与组件的线程数相同。这是因为，任务并发的配置是与计算的实际业务相关的，往往是按需优化的。通过并发模型及其优化配置，Storm 可以实现作业的并行化和并发调度，可以提高数据处理的效率；但是同样应当注意的是，并不是所有的组件都适合并发，也即不是任意组件都是任务越多越好。例如，对某些聚集操作，在最后一步只需要一个 Bolt 来进行汇总计算，这个 Bolt 就不适合多个实例任务并发执行。又如，实现从 JMS 的消息主题（topic）中获取消息数据的 Spout，消息主题的语义[5]限制了该 Spout 的并发能力。

9.1.3 可插拔的自定义调度器

Storm 默认的调度策略，是在整个集群的机器中均匀分配进程，以及在所有的进程中均匀分配线程。Storm 通过 nimbus 主控节点，对编程人员提交的每个 Topology 进行任务分配调度，其策略主要包括以下几个方面。

① 在集群机器 slot 足够的情况下，保证所有 Topology 的 task 被均匀分配到整个集群的所有工作节点上。

② 在集群机器 slot 不足的情况下，把 Topology 的所有 task 分配到现有的 slot，由有限进程处理这些任务；当发现又有多余 slot 时，nimbus 会重新分配 Topology 的 task 到空余的 slot。

③ 在集群机器没有 slot 的时候，什么也不做。

多数情况下，Storm 默认的 task 分配调度机制就已经足够；但是，这种默认的 task 分配调度机制存在应对不了的应用场景，比如以下两种场景。

① 将某个 Spout 分配到固定的机器上去，因为数据就在那里，可以就近读取以减少带宽开销。

② 将 CPU 敏感的 Topology，调度在不同的机器，实现集群的负载均衡。

Storm 默认的分配调度机制只考虑任务在集群的均分，无法实现上述场景下的个性化调度。自 0.8.0 版本之后，Storm 提供了可插拔的调度器（Pluggable Scheduler），可用于自

[5] JMS 主题（topic）中的消息数据对所有订阅者有效，一条消息只有在所有订阅者都确认收到后才会被移除（trim）。若相关的 Spout 以多任务并发的方式接收指定 topic 的消息，会使 JMS 认为存在多个订阅者，故 Topology 最终会重复接收数据。

定义任务的分配调度算法，以实现特定的需求。自定义任务调度器，需要实现 IScheduler 接口，其方法见表 9-1。

表 9-1　IScheduler 的方法

返回类型	方法声明
void	**prepare**(java.util.Map conf) 进行相关配置项的设置
void	**schedule**(Topologies topologies, Cluster cluster) 调度算法的实现

这个接口的 schedule（）方法会提供两个参数，其中：

① Topologies 包含当前集群运行的所有 Topology，包括需要调度的那些 Topology。注意，Topologies 参数包含的都是关于作业的静态信息，如 Topology 配置等；其他关于任务分布的信息，如从 task 到组件（Bolt, Spout）的映射等，在参数 Cluster 对象中。

② Cluster 包含了当前集群的所有状态和任务分配信息。编程人员用于实现调度器的元信息都在这个对象中，例如所有 Topology 的 task 分布、所有的 supervisor 信息、可用的 slot 等。Cluster 提供的主要方法见表 9-2。

表 9-2　Cluster 的主要方法

返回类型	方法声明
java.util.Map<java.lang.String,SupervisorDetails>	**getSupervisors**( ) 获取所有的工作节点
SupervisorDetails	**getSupervisorById**(java.lang.String nodeId) 通过 id 获取指定的工作节点
java.util.List<SupervisorDetails>	**getSupervisorsByHost**(java.lang.String host) 通过主机名获取指定的工作节点
java.lang.String	**getHost**(java.lang.String supervisorId) 获取指定 id 的工作节点的主机名
java.util.Set<java.lang.Integer>	**getAvailablePorts**(SupervisorDetails supervisor) 获取指定工作节点可用的端口
java.util.Set<java.lang.Integer>	**getAssignablePorts**(SupervisorDetails supervisor) 获取指定工作节点可分配的端口
java.util.Set<java.lang.Integer>	**getUsedPorts**(SupervisorDetails supervisor) 获取指定工作节点已经使用的端口
java.util.List<WorkerSlot>	**getAvailableSlots**( ) 获取所有工作节点可用的 slot 进程插槽
java.util.List<WorkerSlot>	**getAvailableSlots**(SupervisorDetails supervisor) 获取指定工作节点可用的 slot 进程插槽
java.util.List<WorkerSlot>	**getAssignableSlots**( ) 获取所有工作节点可分配的 slot 进程插槽

续表

返回类型	方法声明
java.util.List<WorkerSlot>	**getAssignableSlots**(SupervisorDetails supervisor) 获取指定工作节点可分配的 slot 进程插槽
java.util.Collection<WorkerSlot>	**getUsedSlots**( ) 获取所有已经使用的 slot
boolean	**isSlotOccupied**(WorkerSlot slot) 判断指定的 slot 是否已经被占用
void	**freeSlot**(WorkerSlot slot) 释放指定的 slot
void	**freeSlots**(java.util.Collection<WorkerSlot> slots) 释放指定的一组 slot
java.util.Map<java.lang.String,SchedulerAssignment>	**getAssignments**( ) 获取集群中所有作业的分配
int	**getAssignedNumWorkers**(TopologyDetails topology) 获取指定 Topology 的进程数
SchedulerAssignment	**getAssignmentById**(java.lang.String topologyId) 获取集群中指定作业的分配
boolean	**needsScheduling**(TopologyDetails topology) 判断指定的 Topology 是否需要分配
java.util.List<TopologyDetails>	**needsSchedulingTopologies**(Topologies topologies) 获取一组 Topology 中那些需要分配的 Topology
java.util.Collection<ExecutorDetails>	**getUnassignedExecutors**(TopologyDetails topology) 获取指定 Topology 中没有分配的线程
java.util.Map<java.lang.String,java.util.List<ExecutorDetails>>	**getNeedsSchedulingComponentToExecutors**(TopologyDetails topology) 获取指定 Topology 中需要分配的组件至线程的映射
java.util.Map<ExecutorDetails,java.lang.String>	**getNeedsSchedulingExecutorToComponents**(TopologyDetails topology) 获取指定 Topology 中需要分配的线程至组件的映射
void	**assign**(WorkerSlot slot, java.lang.String topologyId, java.util.Collection<ExecutorDetails> executors) 将指定 Topology 的线程分配至指定的 slot

这里解释一下 needsScheduling( )方法的如下两条准则，满足其一即判断该 Topology 需要被分配。

① 指定的 Topology 虽然已经被分配，但需要的 slot 数（即运行时的进程数）小于在构造时定义的数量。

② 这个 Topology 存在未分配的线程。

接下来，针对上述第一个场景，实现一个自定义的调度器[6]。为了便于叙述和说明，

[6] http://xumingming.sinaapp.com/854/twitter-storm-pluggable-scheduler/

这里对上述场景进行抽象，形成泛化的需求：将名为 special-spout 的组件分配到名为 special-supervisor 的工作节点。为满足这个需求，编程人员可以通过以下步骤实现自定义调度器。

1．定位需要调度的目标 Topology

这里需要确定指定的 Topology 是否已经提交到集群。通过如下的代码示例，可以从 IScheduler 的参数 Topologies 对象查找以定位。

```
TopologyDetails topology = topologies.getByName("special-topology");
```

若此处返回值 topology 不为 null，即在集群中定位了目标 Topology。

2．确认目标 Topology 是否需要分配调度

定位到的目标 Topology 之前若被分配调度过，则不需要对其进行 task 分配。这里需要使用讲解 IScheduler 时提及的参数 Cluster 对象。

```
boolean needsScheduling = cluster.needsScheduling(topology);
```

若此处返回值 needsScheduling 为 true，则说明目标 Topology 需要分配调度，否则不需要。对需要调度的目标 Topology，还需要定位哪些线程需要分配，那些已经分配过的则不需要调度。下述代码示例说明了这一点。

```
Map componentToExecutors = cluster. getNeedsSchedulingComponentToExecutors (topology);
```

这里的返回值，是一个 component-id 到 executor 的映射 Map 结构，包含了目标 Topology 所有需要调度的该组件的线程。

3．确认目标 Spout 是否需要分配

这里的需求是让名为 special-spout 的组件运行在名为 special-supervisor 的工作节点，所以需要扫描需要调度的 executor 有哪些含有 special-spout 的任务。可以通过如下的代码示例，在上面返回的 componentToExecutors 定位。

```
List<ExecutorDetails> executors = componentToExecutors.get("special-spout");
```

若 executors 不为 null，则说明目标 Spout 需要分配，其中包含的正是需要调度的那些任务。

4．定位目标 supervisor 工作节点

找到需要分配的 executor 之后，还要定位名为 special-supervisor 的目标工作节点。以下代码实现了这个过程。

```
// 从 Supervisor 的元数据中定位名为“Special-Supervisor”的工作节点
Collection<SupervisorDetails> supervisors = cluster.getSupervisors( ).values( );
SupervisorDetails specialSupervisor = null;
for (SupervisorDetails supervisor : supervisors)
{
    Map meta = (Map) supervisor.getSchedulerMeta( );
    if (meta.get("name").equals("special-supervisor"))
```

```
        {
            specialSupervisor = supervisor;
            break;
        }
    }
```

注意：Map meta = (Map) supervisor.getSchedulerMeta( )获得的是所有工作节点的元数据。而名为 special-supervisor 的 supevisor，其所谓的名字是从 supervisor.getSchedulerMeta 里面定位的，在 Storm 里面 supervisor 实际上是没有名字的。在这个例子中，需要事先在某个工作节点的配置文件 storm.yaml 中做如下的配置。

```
supervisor.scheduler.meta:
  name: "special-supervisor"
```

这样才能用 meta.get("name").equals("special-supervisor")找到这个 special-supervisor。此时，定位的这个目标 supervisor 的 slot，很可能已经被其他的 Topology 占用，所以要检查该节点还有没有 slot。

```
List<WorkerSlot> availableSlots = cluster.getAvailableSlots(specialSupervisor);
```

若返回值 availableSlots 为空，说明没有空余的 slot，此时要将这个工作节点所有被占用的 slot 释放，以供 special-spout 调度使用。

```
// 若不存在可用的 slot，需要释放部分 slot，简单起见这里的实现是释放了所有的 slot
if (availableSlots.isEmpty( ) && !executors.isEmpty( ))
{
    for (Integer port : cluster.getUsedPorts(specialSupervisor))
    {
        cluster.freeSlot(new WorkerSlot(specialSupervisor.getId( ), port));
    }
}
```

5．分配调度

已经得到了要分配的 executor，也定位了要分配到目标工作节点的 slot，下述代码实现了目标组件的分配调度。

```
//重新获取可用的 slot
availableSlots = cluster.getAvailableSlots(specialSupervisor);
// 简单起见，这里所有的线程都调度至该工作节点的一个 slot 上；
cluster.assign(availableSlots.get(0), topology.getId( ), executors);
```

当调用 cluster.assign( )方法后，Storm 会把 special-spout 分配到 special-supervisor 这个工作节点。

当然，这里还存在问题，即除目标 Topology 外其他 Topology 的分配调度。在这个例子中，将这些工作交给 Storm 默认的分配器，使用 backtype.storm.scheduler.EvenScheduler 调用就可以了。如下代码完成了这个过程。

```
new backtype.storm.scheduler.EvenScheduler( ).schedule(topologies, cluster);
```

6. Storm 加载自定义的调度器

上述步骤完成了自定义调度器的代码实现，Storm 还需要加载这个调度器后才能使用。首先，把包含这个调度器的 jar 包放到$STORM_HOME/lib 目录下，然后在配置文件 storm.yaml 中做如下配置。

```
storm.scheduler: "storm.DemoScheduler"
```

这样 Storm 在分配调度时，便会用上述实现的 DemoScheduler 类。

9.2 Storm 的非功能性保障：多级别的可靠性

9.2.1 不同级别的容错机制

前文已经不止一次提及 Storm 提供的可靠性保障，这也是 Storm 能够在短时间内广受业界关注最重要的原因之一。Storm 官方为可靠性做出的承诺是“guarantee no data loss”。事实上，除了前文已经提及的部分内容外，Storm 提供了不同的可靠性级别来满足个性化的业务需求。下面按照粒度从大到小，简单梳理一下 Storm 提供的多级别的可靠性。

1. 节点级容错

节点级容错，实际上就是针对集群中机器的故障进行的保障。

节点级容错在这里首先针对 Storm 集群中的 supervisor 工作节点。当 Storm 集群中存在工作节点故障时，nimbus 主控节点会将此机器上所有正在运行的任务，以进程调度的方式转移至其他可用的工作节点重新运行。之所以能够完成这样的故障恢复，是因为 Storm 的 nimbus 主控节点，借助 Zookeeper 协调节点实现配置管理和状态监控。通过其中轻量级的持久化状态数据，nimbus 可以获知故障的和可用的 supervisor，将故障的 supervisor 工作节点上运行的进程，在可用的其他 supervisor 工作节点恢复。由于 supervisor 服务本身是无状态的，因此 supervisor 的失败不会影响当前正在运行的任务；同时 supervisor 不是自举的，需要外部监控来及时重启恢复。而恢复一个故障的工作节点，只要能够在机器上重新启动 supervisor 守护进程即可。关于工作节点的相关内容，可参见 4.2.3 节的讨论。

节点级容错在这里也针对 Storm 集群中的 Zookeeper 协调节点。前文已经提及，Zookeeper 往往通过集群方式提供高可用的分布式状态协同服务。由于借鉴严格的 Paxos 算法实现了 ZAB 消息传递协议，可以保证指令的执行顺序和指令的产生顺序严格一致，适用于协调节点之间的主从复制（Master-Backup-Replication）。最终使得 Zookeeper 在少于半数的机器宕机时，能够保证集群中维护数据的正确一致。而恢复一个故障的协调节点，只要能够在这台机器上重新启动 Zookeeper 服务即可。关于协调节点的相关内容，可参见 4.2.1 节的讨论。

值得一提的是，Storm 的 nimbus 主控节点比较特殊。官方版本目前仍然是单点配置，故存在单点故障的可能，运维人员往往需要将一台可用性较高的机器运行。由于 nimbus

服务本身是无状态的，nimbus 的失败不会影响当前正在运行的任务，只会因为 nimbus 失败无法向 Storm 集群提交新的作业；同时 nimbus 不是自举的，需要外部监控来及时重启恢复。而恢复一个故障的主控节点，只要能够在机器上重新启动 nimbus 守护进程即可。目前，nimbus 在 Storm 中的集群化已经成为社区贡献者最活跃的话题之一，已经有不少的企业或个人的分支版本为此提供了相关的支持。例如，俄罗斯开发者 Sergey Lukjanov[7]在 0.8.2 版本基础上的分支是其中个人版本的代表，为 nimbus 提供了多节点选举机制；阿里巴巴的分支 JStorm[8]便是其中企业版本的代表，将 nimbus 实现了主从备份，并支持热切换。鉴于此，Storm 的作者 Nathan Marz 也开始着手开发一个新的分支 nimbus-ha[9]，广泛采纳社区贡献，专门用来解决 nimbus 单点问题。社区这种良性的活跃互动，也是 Storm 能够快速迭代和提供高质量代码的保障，成为吸引众多开发者的重要原因。关于主控节点的相关内容，可参见 4.2.2 前文章的讨论。

2. 进程槽（slot）级容错

进程槽级容错，实际上就是针对 Storm 集群运行作业的进程级容错。这是因为，slot 限定了集群中机器可用的进程（包括数量及其端口），而 Topology 在构建时定义的进程，最终作为相应的 worker 在 slot（进程槽）中运行。所以这里只需要讨论 Topology 的 worker 的故障及恢复。

Topology 运行时的 worker，包含组件（Spout/Bolt）的数个任务，它的状态由工作节点的 supervisor 守护进程负责监控。当发现 worker 失败后，supervisor 会尝试在本台机器重启该 worker。若 worker 的失败是工作节点机器故障引发的，则与工作节点的容错有关，参见已论述过的节点级容错的针对 Supervisor 工作节点相关机制。注意，supervisor 本身是无状态的，因此 supervisor 守护进程的失败不会影响当前正在运行的任务；同时 supervisor 不是自举的，需要外部监控来重启该守护进程。

3. 线程及任务级容错

Topology 中各个组件的实例体现为任务，而任务又是通过线程在集群中调度的，即，对于纯粹的线程故障，Storm 可以通过类似线程在集群中的调度来实现故障恢复，相关内容可以参见 9.1.3 节；同时，无论出现何种组件（Spout/Bolt）的故障，Storm 都可以通过重新实例化任务实现容错。这里主要讨论任务级容错，主要针对故障后未成功送达数据的处理。

任务级容错主要针对 Bolt 这类组件任务的故障。可靠 Bolt 的任务发生故障时，会导致无法 ACK 所接收的文件，此时 acker 中所有与此 Bolt 任务相关的数据都会因为超时而失败，对应 Spout 的 fail 方法将被调用，编程人员可以在 fai 方法中自行实现如失败数据重发的机制进行容错。

---

7 https://github.com/Frostman

8 https://github.com/alibaba/jstorm

9 https://github.com/nathanmarz/storm/tree/nimbus-ha

任务级容错也针对 acker 这类组件任务的故障。如果 acker 任务本身失败了，它在失败之前持有的所有消息都会因为超时而失败；类似地，Spout 的 fail 方法将被调用，编程人员可以在 fai 方法中自行实现如失败数据重发的机制进行容错。

任务级容错还针对 Spout 这类组件任务的故障。对于任务本身的故障处理机制，与 Bolt 是相同的。但是，Spout 作为作业中数据流的起始，其容错还是有特殊之处的。在这种情况下，由 Spout 任务所连接的外部设备（如 JMS 实现的消息队列）负责消息的完整性。即，由接入的数据源而非 Storm 来管理未成功发送的数据。例如，在作为客户端的 Spout 异常的情况下，消息中间件 Kestrel 会将处于 pending 状态的所有数据项重新放回队列中，由 Spout 任务重新接收。

4．记录级容错

记录级容错，是 Storm 提供的容错机制最有特色的实现。这里的记录级容错是指，Storm 会告知每个数据项是否在指定时间内被完整处理（fully processed）。所谓完整处理，就是某 message id 绑定的源 tuple 及由该源 tuple 后续生成的 tuple 经过了 Topology 中每个应该到达的 Bolt 的处理。

在 7.3 节已经提及，Storm 允许在 Spout 中发送一个新的源 tuple 时为其指定一个 message id，这个 message id 可以是任意的 object 对象。多个源 tuple 可以共用一个 message id，表示这多个源 tuple 在追踪处理时被视为同一个数据项。例如，如图 9-5 所示，在 Spout 中由 message1 绑定的 tuple1 和 tuple2，分别经过 Bolt1 和 Bolt2 的处理后，生成两个新的 tuple，并最终发送至 Bolt3。当这个过程完成时，称与 message1 锚定的数据项 tuple1 和 tuple2 被完全处理了。

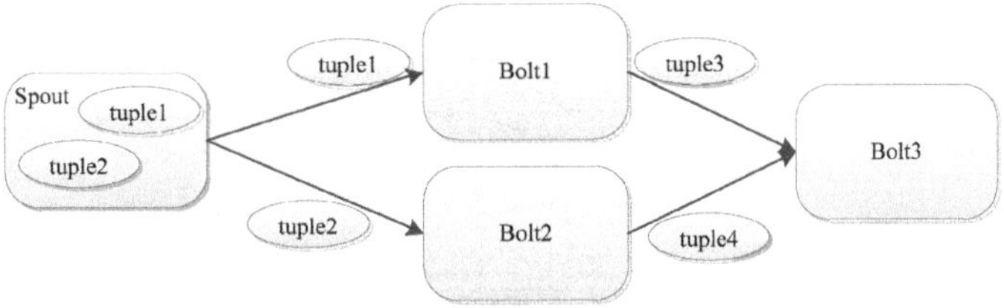

图 9-5　示例 Topology 中数据项的处理过程

通过上述方式，Storm 可以追溯每个 tuple 的处理状态，对那些失败的 tuple 追溯至源 Spout，由该 Spout 重新处理根 tuple（root tuple），使得失败的 tuple 可以被重新处理，以保证数据不丢。数据不丢是许多场景下的基本要求。

Storm 通过上述方法，提供了多个级别的可靠性保障。可以看到，节点级、进程槽级和部分线程/任务级（不包括保障数据项可靠）的容错机制，是 Storm 为所处理的业务提供的必选项；而记录级和线程/任务级中涉及保障数据项不丢失的部分，是 Storm 提供的可选项，供编程人员自行斟酌使用。在 7.3 节已经提及，保障可靠性存在资源的开销，一定会影响处理性能，需要根据业务需求权衡可靠性和资源开销。例如，若实际业务并不要求每个数据必须被处理，也即允许在处理过程存在有限数据的丢失，那么可以关闭记录级容错机制，从而提高处理性能；同时，关闭记录级容错机制使得消息无须应答，可使系统中的消息数减半，也可以减少传输消息的大小（不需要每个 tuple 记录它的消息 id），从而大大节省带宽。

9.2.2 记录级容错：保障数据项不丢失

上文已经提及 Storm 多级别的可靠性保障，接下来详细讲解其中最有特色的记录级容错的使用与原理。本小节主要介绍 Storm 是怎么做到数据不丢的记录级容错保证的，以及编程人员如何利用 Storm 的可靠性保障。

Storm 可以保证从 Spout 发出的每个 tuple 都会被完整处理。从 Spout 发出的一个 tuple 可以随着 Topology 的处理过程，引起其他成千上万个 tuple 的产生。下面以官方示例代码中那个计算一篇文章中每个单词出现次数的 Topology 为例进行说明。

```
TopologyBuilder builder = new TopologyBuilder( );
builder.setSpout(1, new KestrelSpout("kestrel.backtype.com", 22133, "sentence_queue",
                new StringScheme( )));
builder.setBolt(2, new SplitSentence( ), 10)
                .shuffleGrouping(1);
builder.setBolt(3, new WordCount( ), 20)
                .fieldsGrouping(2, new Fields("word"));
```

这个 Topology 的 Spout 从 Kestrel 队列读取句子，在名称为 1 的 Bolt 中把每个句子分割成一个个单词，然后名称为 2 的 Bolt 发送这些单词：一个源 tuple（在这里是一个句子）引起后面很多 tuple （这里是一个个单词）的产生。图 9-6 显示了一个 tuple 树。

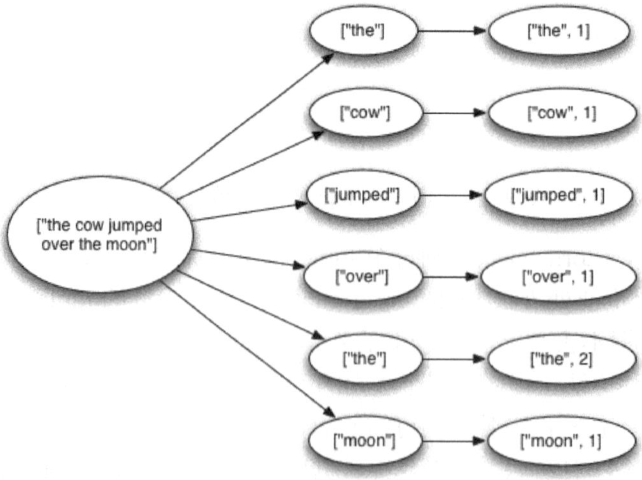

图 9-6　统计单词出现次数作业的一个 tuple 树

在 Storm 里面一个 tuple 被完整处理的意思是，这个 tuple 以及由这个 tuple 所产生的所有 tuple 都被成功处理；相对而言，一个 tuple 被认为处理失败是指，这个消息在指定的时间内没有被完整处理。而这个时间阈值，可以通过 Config.TOPOLOGY_MESSAGE_TIMEOUT_SECS[10]这个配置项来设置。

那么一个消息处理成功了或者失败了将会发生什么？为了理解这个问题，我们可以回顾章节 7.1.2 所述的 ISpout 接口，它包括了 open( )/close( )、ack( )/fail( )和 nextTuple( )方法。

首先，Storm 通过调用 Spout 的 nextTuple( )方法从数据源获取下一个 tuple。Spout 通过 open( )方法中作为参数传过来的 SpoutOutputCollector 对象，发送新产生的 tuple 至一个输出流。注意：发送 tuple 的时候 Spout 会提供一个 message id, 而这个 message id 正是被用来追踪这个 tuple 的。例如，KestrelSpout 从 Kestlre 队列里面读取一个消息，并且把 Kestrel 提供的消息 id 作为 message id。这个过程如下述代码所示。

```
_collector.emit(new Values("field1","field2", 3),msgId);
```

其次，这个发送的 tuple 被传送到下游 Bolt 那里，Storm 会维护由此所产生的 tuple 树。如果 storm 检测到一个 tuple 被完整处理了，那么 Storm 会以最开始的那个 message id 作为参数去调用源 Spout 任务的 ack( )方法；反之，Storm 会调用源 Spout 的 fail( )方法。值得注意的一点是，Storm 中调用 ack( )或者 fail( )方法的任务，始终是产生这个 tuple 的那个任务。所以，如果一个 Spout 存在多份实例任务，消息执行成功与否，始终会通知至最开始发出 tuple 的那个任务。

再以 KestrelSpout 为例，分析 Spout 需要做些什么才能保证“消息始终被完整处理”。KestrelSpout 从 Kestrel 里面读出一条消息，然后“打开(open)”这条消息。这意味着这条消息还在 Kestrel 队列里面，并会被标示成“处理中（pending)”，直到被确认处理完成。处于“处理中”状态的消息，不会被 Kestrel 发给其他消费者客户端。另外，若这个 Spout“断线“(disconnect)”了，那么所有处于“处理中”状态的消息会被重新放回队列等待处理。当一个消息被打开时，Kestrel 会为客户端提供这个消息的数据以及这个消息的唯一 id。KestrelSpout 正是使用这个 id 作为 SpoutOutputCollector 发送 tuple 所锚定的 message id。随后，当 ack( )或者 fail( )方法被调用时，KestrelSpout 会通过消息 id 向 Kestrel 发送确认成功或失败的消息，使得这个消息在队列中被移除或重新等待处理。

作为编程人员，只需要做两件事情，便可以利用 Storm 的可靠性保障能力。首先，在生成一个新的 tuple 时要通知 Storm；再者，在完成一个 tuple 的处理时也要通知 Storm。这样 Storm 就可以检测整个 tuple 树有没有完成处理，并且通知源 Spout 做相应的 ack( ) 或 fail( )处理。Storm 提供了一些简洁的 API 来做这些事情。

关联由一个 tuple 与所产生新的 tuple 在 Storm 中称为锚定（anchoring)，这个术语在 7.3 节和 8.2 节已经提及。锚定是在使用 emit 发送新 tuple 的同时完成的。看下面这个例子，这个 Bolt 把一个包含一个句子的 tuple 分割成每个单词一个 tuple。

```
public class SplitSentence implements IRichBolt
{
    OutputCollector _collector;
```

[10] http://nathanmarz.github.com/storm/doc/backtype/storm/Config.html#TOPOLOGY_MESSAGE_TIMEOUT_SECS

```
        public void prepare(Map conf, TopologyContext context,   OutputCollector collector)
        {
          _collector = collector;
        }

        public void execute(Tuple tuple)
        {
          String sentence = tuple.getString(0);
          for(String word: sentence.split(" "))
          {
            _collector.emit(tuple, new Values(word));
          }
          _collector.ack(tuple);
        }

        public void cleanup( )
        {
        }

        public void declareOutputFields(OutputFieldsDeclarer declarer)
        {
          declarer.declare(new Fields("word"));
        }
    }
```

注意：这个 execute 方法，emit( )的第一个参数是输入的 tuple，第二个参数则是输出的 tuple。这其实就是通过输入 tuple 锚定了一个新的输出 tuple。正因为输出的 tuple 被锚定在输入的 tuple，当某个输出 tuple 在下游处理出错时，在 tuple 树结构中 Spout 中的那个根 tuple（root tuple）会收到通知，可以进一步处理如重发跟 tuple。作为对比，我们看看通过下面这行代码发送一个新的 tuple 会有什么结果。

```
_collector.emit(new Values(word));
```

用这种方法发送的这个 tuple 脱离了原来的 tuple 树（unanchoring）。如果这个 tuple 处理失败了，根 tuple 不会被重新处理。到底要不要锚定则完全取决于处理应用的业务需求。

一个输出 tuple 可以被锚定到多个输入 tuple。这种方式在流连接（stream join）或者流聚集（stream aggregation）操作中是常见的。如果一个多锚定的数据项（multi-anchored tuple）处理失败，那么它对应的所有 Spout 中的根 tuple 都可以被重新处理。当然，多锚定只需要在 emit 发送数据项时，指定所要锚定的其他数据项的列表即可。例如：

```
List<Tuple> anchors = new ArrayList<Tuple>( );
anchors.add(tuple1);
anchors.add(tuple2);
_collector.emit(anchors, new Values(1, 2, 3));
```

多锚定会把这个新的 tuple 加到多个 tuple 树中。注意：多锚定可能会使得“tuple 树”

不再是树结构，而形成了一种有向无环图（DAG）。例如，上述代码可能形成如图 9-7 所示的 tuple 树结构。但是，这并不影响 Storm 追溯 tuple 的处理状态，为了术语的一致性在 Storm 中仍然称这种结构为 tuple 树。

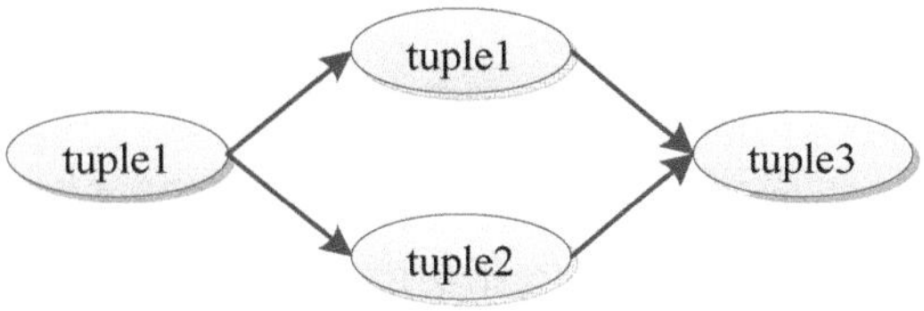

图 9-7　多锚定的 tuple 形成的 tuple 树结构示例

通过锚定构造了这个 tuple 树后，最后一件要做的事情是在处理完一个 tuple 的时候通知 Storm，这是通过 OutputCollector 类的 ack( )和 fail( )方法完成的。如果回顾上述 SplitSentence 的例子，可以发现输入 tuple 在所有输出 tuple 被发出之后都被调用了 ack( )。类似地，出现处理失败后通过 OutputCollector 的 fail( )方法，可以立即通知将源 Spout 将根 tuple 标记为 fail。例如，一个查询数据库的应用，发现一个错误可以马上 fail 那个输入 tuple，使得这个根 tuple 被 Spout 标记失败后重新处理，不需要等到超时后自动 fail。特别需要注意的是，因为 Storm 追踪每个 tuple 要占用内存，每个处理的 tuple 必须被调用 ack( )或者 fail( )，否则会出现内存溢出（Out Of Memory）的错误。

很多 Bolt 遵循这样的规律：读取一个 tuple，发送一些新的 tuple，在 execute 结束的时候 ack 这个输入 tuple。这些 Bolt 往往实现一些过滤器或者简单函数计算。Storm 为这类常用过程封装了一个 BasicBolt 接口，这在 8.2.3 节已经提及。于是上面那个 SplitSentence 的例子可以改写成下面这样的代码。

```
public class SplitSentence implements IBasicBolt
{
    public void prepare(Map conf, TopologyContext context)
    {
    }

    public void execute(Tuple tuple, BasicOutputCollector collector)
    {
      String sentence = tuple.getString(0);
      for(String word: sentence.split(" "))
    {
        collector.emit(new Values(word));
      }
    }

    public void cleanup( )
    {
    }
```

```
        public void declareOutputFields(OutputFieldsDeclarer declarer)
        {
            declarer.declare(new Fields("word"));
        }
    }
```

上述代码比之前的实现简洁许多，但在功能上是一样的。通过 BasicOutputCollector 发送的 tuple 会自动锚定输入 tuple，而在 execute 方法结束的时候那个输入 tuple 会自动被调用 ack( )。特别注意，处理聚集（aggregation）和连接（join）操作的 Bolt，往往要处理一组 tuple 之后才能调用 ack( )，而这类需要多锚定的 tuple 的过程，往往不能通过 IBasicBolt 自动完成，需要通过实现 IRichBolt 的 Bolt 类（如 BaseRichBolt）来自行处理。

如果并不要求每个消息必须被处理（允许在处理过程中丢失一些信息），那么可以关闭记录级可靠处理机制，从而获取较好的性能。关闭记录级可靠处理机制意味着系统中的消息数会减半（每个消息不需要应答了）。另外，关闭消息的可靠处理可以减少传输消息的大小（不需要每个 tuple 记录它的根 id 了），从而节省带宽。

有三种方法可以关闭记录级容错机制。

① 将参数 Config.TOPOLOGY_ACKERS 设置为 0，也即不设置 acker 任务。通过此方法，当 Spout 发送一个消息的时候，它的 ack( )方法将立刻被调用，而不再追溯其处理过程。

② Spout 发送一个数据项时，不锚定此数据项的 message id。这尤其适用于需要关闭特定数据项的可靠性保障的场景。

③ 如果不关心某个数据项派生出的数据项的追踪，则此数据项派生出来的新数据项在发送时不要做锚定，即在 emit 方法中不指定输入数据项。因为这些新数据项没有被锚定在任何 tuple 树中，因此它们的失败不会引起任何 Spout 重新处理数据。

关于记录级容错还要强调以下几点。

① 在讨论一个 tuple 处理成功或失败时，产生根 tuple 的源 Spout 总能收到通知，而之后的相应行为都由这个 Spout 的业务逻辑来具体实现。

对处理成功的 tuple，Spout 可以在 ack( )方法中实现在缓存中删除相应 tuple。当然，这首先需要编程人员实现 Spout 根 tuple 的缓存。

对处理失败的 tuple，Spout 可以在 fail( )方法中实现相应 tuple 的重新处理。注意，这里及前文都是说“重新处理（官方文档称之为 replay）”而非“重新发送”。这是因为，具体的失败处理逻辑也需要编程人员实现。例如，若在 Spout 中维护根 tuple 的缓存，编程人员可以针对失败的 tuple 实现重新发送。另外注意，Storm 提供的特殊的事务型 API——Trident，做了特殊的高层封装，利用它们可以完成自动重发，这里不再做详细讨论。

② 7.1.2 节中提及，Spout 的 ack( )、fail( )和 nextTuple( )是在同一个线程中完成的。所以，nextTuple( )方法应注意设计为非阻塞的。否则，当 acker 任务发现一个 tuple 已经完整处理完成或失败时，无法立即回调 Spout 任务的 ack( )或 fail( )方法。

同理，在设计中应尽量避免在 Spout、Bolt 中去 Sleep。如果确实需要控制，最好使用异步线程，因为异步线程可以随意控制。例如，用异步线程读取数据到队列，再由 Spout 去队列中取数据。

9.2.3　记录级容错的原理：acker 任务与追踪算法

这一小节讨论 Storm 是如何实现记录级容错的。

1．acker：负责追溯 tuple 的特殊任务

Storm 里面有一类特殊的任务称为 acker，负责追踪 Spout 发出的每一个 tuple 的 tuple 树。当发现一个 tuple 树已经处理完成时，acker 会发送一个消息给指定的 Spout 的任务，而正是这个 Spout 的任务产生了这个 tuple 的根 tuple。可以通过 Config.TOPOLOGY_ACKERS 来设置一个 Topology 里面 acker 任务的数量，默认值是 1。如果 Topology 里面的 tuple 比较多，可以增加 acker 的数量以提高效率。与记录级容错相关的 acker 任务是轻量级的，通常在 Topology 中并不需要过多的 acker 存在，其吞吐量可通过 Storm UI 控制台节点来观察。若吞吐量不够，可以再添加额外的 acker。

理解 Storm 的记录级容错的最好方法是弄清 tuple 和 tuple 树的生命周期。当一个 tuple 被创建（不管是 Spout 还是 Bolt 创建的）时，它会被赋予一个 64 位的 id，而 acker 就是利用这个 id 去跟踪所有的 tuple 的。每个 tuple 知道它的根 tuple 的 id（从 Spout 发出来的那个 tuple 的 id），每当新发送一个 tuple，它的根 id 都会传给这个新的 tuple。所以当一个 tuple 被 ack 的时候，它会发一个消息给合适的 acker 任务，告诉它这个 tuple 树发生了怎么样的变化。具体来说，就是告诉 acker，在这棵树上已经完成了的 tuple，另外告知新产生的需要追踪的 tuple。

图 9-8 所示的例子演示了 tuple C 被 ack 了之后，这个 tuple 树所发生的变化[11]。其中，tuple B 和 tuple C 是由 tuple A 产生的，tuple D 和 tuple E 是由 tuple C 产生的。之后，tuple D 和 tuple E 被增加至 tuple 树中（再次注意，若出现多锚定的情形，此结构不是“树”结构，而是有向无环图结构，为了叙述一致性我们仍沿用 tuple 树的术语）。

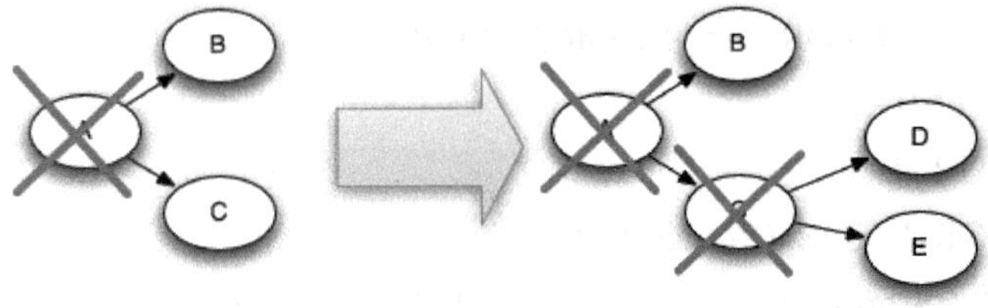

图 9-8　tuple 树的变化示例

关于 Storm 追踪 tuple 还有些细节，涉及一个 tuple 需要 ack 的时候，它如何选择 acker 任务来发送消息，因为前文已经提及 Topology 可设置多个 acker 任务。针对这个问题，Storm 使用取模 Hash 的方法，将根 tuple 的 id 映射至一个 acker 任务。由于每个 tuple 知道它所有的根 tuple 的 id（一个 tuple 可能存在于多个 tuple 树中），以同样的 Hash 方法可以获知

[11] http://storm.apache.org/documentation/Guaranteeing-message-processing.html

要与哪个 acker 任务进行通信。

关于 Storm 追踪 tuple 还有个细节，acker 任务如何追踪负责的那个 Spout 的任务。当 Spout 的任务发送一个新的 tuple 时，它只是简单地将一个消息发给合适的 acker 任务，告知它自身的任务 id（说明该任务负责这个根 tuple），即维护了 task id-tuple id 的对应关系。那么当一个 acker 任务发现一个 tuple 树已经完成时，它也就知道应该向这个 id 对应的 Spout 任务发送完成的信息。acker 任务并不显式地跟踪 tuple 树，对于那些有成千上万个 tuple 的 tuple 树，显式追踪 tuple 会耗费大量内存。相反，acker 用了一种特别的方式，使得对于每个根 tuple 只需恒定的空间开销（大约 20B）。这个跟踪算法是 Storm 如何工作的关键，也是它的主要突破。

2．追踪算法：轻量级的维护数据项的处理状态

一个 acker 任务维护了根 tuple 的 id 到一个对子（a pair of values）的映射。这个对子的第一个值是创建这个 tuple 的 Spout 任务的 id，用于在 tuple 完成处理的时候向其发送消息；第二个值是一个 64 位的数字，称为确认值（ack val），表达了整个 tuple 树的状态。无论 tuple 树多大，确认值都是把这棵树上所有 tuple（包括产生的 tuple 和已经被 ack 的 tuple）的 id 做异或（XOR）操作。

当一个 acker 任务发现一个确认值（ack val）变为 0 时，便知道这棵树已经处理完成了。因为 tuple id 是随机的 64 位数字，ack val 碰巧变成 0（而不是因为所有的 tuple 都处理完成）的概率极小。从概率的角度计算，每秒有 1 万个 ack，那么需要 5000 万年才可能碰到一次错误；而且即使碰到了这样一个错误， 也只有在这个 tuple 失败的时候才会造成数据丢失。

下面详细讨论一下 Storm 关于追踪算法的巧妙实现。在说明这个算法之前，先来看关于 XOR 操作如下的数学性质，Storm 中使用的追踪算法正是基于它们实现的。

交换律：A XOR B = B XOR A

结合律：A XOR (B XOR C)=(A XOR B) XOR C

恒等律：A XOR 0=A

归零律：A XOR A=0

自反律：A XOR B XOR B=A XOR 0=A

上文已经提及，Storm 在 Spout 发送根 tuple 时，会为用户锚定的 message id 生成一个对应的 64 位整数，作为一个 root id，这个 root id 会传递给 acker 及下游的 Bolt 作为该 tuple 的唯一标识。同时，无论是 Spout 还是 Bolt，每次新生成一个 tuple 的时候，都会赋予该 tuple 一个 64 位整数的 id。Spout 发送完某个 message id 对应的源 tuple 之后，会告知 acker 任务发送的 root id 及生成的那些根 tuple 的 id。而 Bolt 每次接收一个输入 tuple 并处理完后，也会告知 acker 自己处理的输入 tuple 的 id 及新生成的那些 tuple 的 id。acker 任务只需要对这些 id 做一个简单的异或运算，根据该值（就是确认值，即 ack val）是否为 0，就能判断出该 root id 对应的根 tuple 是否处理完成。

下面通过一个例子来说明这个过程。在这个例子的图示中，除了 Topology 各个组件任务外，一个 acker 任务也显示在其中，并详细列出了所发送的根 tuple 确认值（ack val）的计算过程。为了方便描述，每个 tuple 直接使用其 id 作为标识和方法的参数。

如图 9-9 所示，Spout 任务执行 SpoutOutputCollector.emit(List(A, B), messageId)，发送了两个根 tuple——*A* 和 *B*。由于是在一次 emit 方法中调用，*A* 和 *B* 在 acker 中维护的确认值（ack val）是相同的，在此处步骤执行完成后为 *A* XOR *B*。

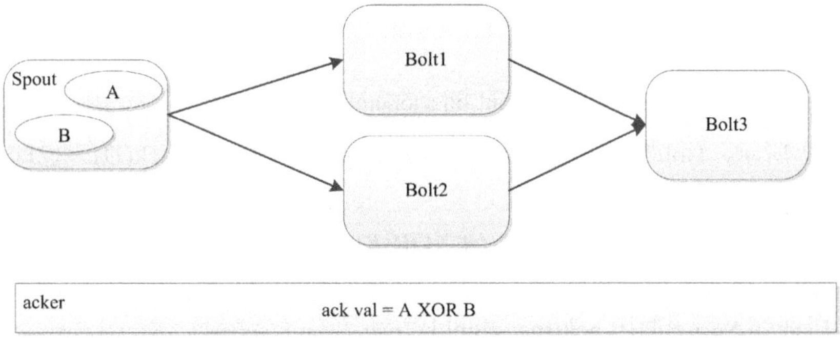

图 9-9　SpoutOutputCollector.emit(List(A,B), messageId)

如图 9-10 所示，Bolt1 任务接收 *A* 后执行 OutputCollector.emit(A,C)和 ack(A)。也即，向下游发送了一个新 tuple *C* 并将 *C* 锚定至输入的 *A*，然后确认 *A* 的处理完成。根据追踪算法，此时 *A* 和 *B* 在 acker 中维护的 ack val 在此处步骤执行完成后为(*A* XOR *B*) XOR *A* XOR *C* = *B* XOR *C*。这里应用了 XOR 操作的恒等律、归零律和自反律。注意，表达式中的括号表示此步的运算顺序，但由于 XOR 满足交换律和结合律，实际上计算结果是与顺序无关的，是可以忽略括号的（下同）。

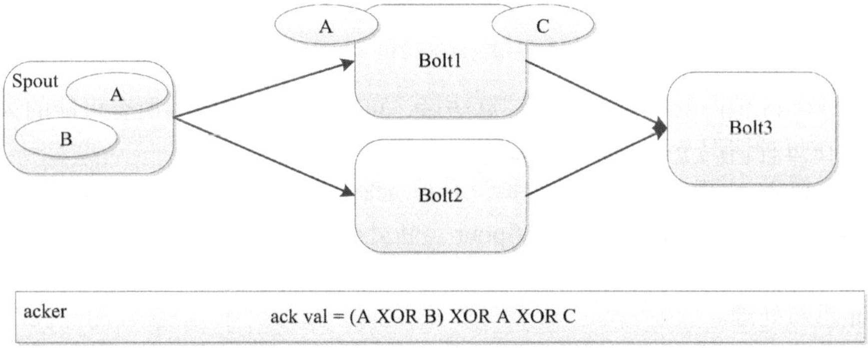

图 9-10　OutputCollector.emit(A,C)和 ack(A)

如图 9-11 所示，Bolt2 任务接收 *B* 后执行 OutputCollector.emit(B,D)和 ack(B)。也即，向下游发送了一个新 tuple *D* 并将 *D* 锚定至输入的 *B*，然后确认 *B* 的处理完成。根据追踪算法，此时 *A* 和 *B* 在 acker 中维护的 ack val 在此处步骤执行完成后为((*A* XOR *B*) XOR *A* XOR *C*) XOR *B* XOR *D* = *C* XOR *D*。

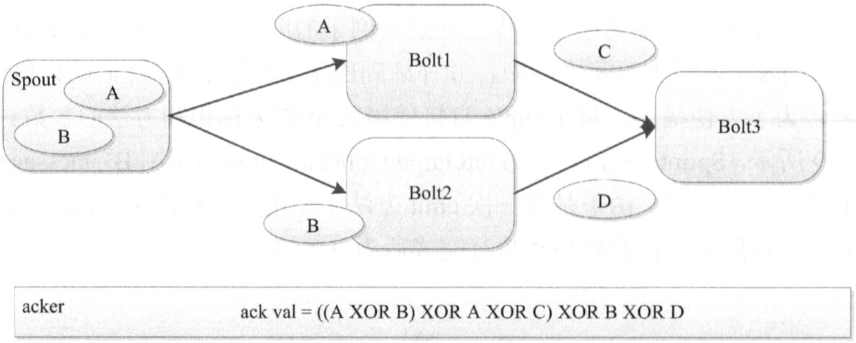

图 9-11 OutputCollector.emit(B,D)和 ack(B)

如图 9-12 所示，Bolt3 任务接收 *C* 和 *D* 后，执行 ack(C)和 ack(D)。也即，不再向下游发送新 tuple，直接确认 *C* 和 *D* 的处理完成。根据追踪算法，此时 A 和 B 在 acker 中维护的 ack val 在此处步骤执行完成后为(((*A* XOR *B*) XOR *A* XOR *C*) XOR *B* XOR *D*) XOR *C* XOR *D*= 0。acker 任务发现该确认值为 0 后，认定对应该 messageId 的根 tuple *A* 和 *B* 的处理完成，然后通知 Spout 调用 ack(messageId)方法。

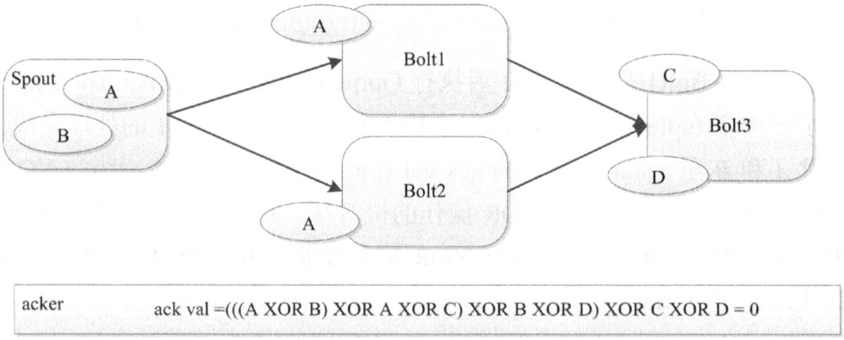

图 9-12 ack(C)和 ack(D)

理解了 Storm 保障数据不丢的追踪算法后，可以重新审视一遍所有可能的失败场景，看看 Storm 在每种情况下是怎么避免数据丢失的。

① 一个 tuple 由于对应的任务宕掉没有被 ack：在这种情况下，在 tuple 树中对应这个 tuple 的根 tuple 将会超时，然后被 Spout 重新处理。

② acker 任务宕掉：在这种情况下，由这个 acker 所追踪的所有根 tuple 都会超时，然后被 Spout 重新处理。

③ Spout 任务宕掉：在这种情况下，连接 Spout 的数据源设备负责重新处理这些消息。比如，Kestrel 和 RabbitMQ 在客户端断开之后会把所有标记为“处理中”（pending）的消息放回队列。

综上所述，Storm 的可靠性机制是完全分布式的、可伸缩的，并且是高度容错的。

3. acker 任务的工作流程

Storm 能够保证发出的每条消息都会被完整处理，也就是说对于任何一个根 tuple 以及它产生的 tuple 处理成功与否都会得到通知。前面已经讨论了追踪算法，对于任意大小的 tuple 树，acker 对于每个根 tuple 保存一个初始值是 0 的确认值（ack val），然后每发送一个 tuple 或 ack 一个 tuple，tuple 的 id 都要跟这个值异或一下，并且把得到的值作为 ack val 的新值。假设每个发送出去的 tuple 都被 ack 了，那么最后 ack val 一定是 0。这里进一步讨论 acker 任务的详细工作流程。

首先从源代码层面，分析哪些组件在什么时候会给 acker 发送什么样的消息来共同完成这个算法[12]。acker 对消息进行处理的主要是下面这段 Clojure 代码。

```
(let [id (.getValue tuple 0)
  ^TimeCacheMap pending @pending
  curr (.get pending id)
  curr (condp = (.getSourceStreamId tuple)
     ACKER-INIT-STREAM-ID (-> curr
         (update-ack id)
         (assoc :spout-task (.getValue tuple 1)))
     ACKER-ACK-STREAM-ID (update-ack
              curr (.getValue tuple 1))
     ACKER-FAIL-STREAM-ID (assoc curr :failed true))]
       ...)
```

（1）Spout 创建一个新的 tuple 时，向 acker 发送消息。

消息格式如下。

```
(spout-tuple-id, task-id)
```

消息的 streamId 是_ack_init(ACKER-INIT-STREAM-ID)。这是告诉 acker 任务,发送了一个新的根 tuple，是由 id 为 task-id 的任务创建的（task-id 在之后被用来通知任务，这个根 tuple 处理成功或失败了）。处理完这个消息之后，acker 会在它挂起的（pendingMap 结构）（类型为 TimeCacheMap）里添加这样一条记录：

```
{spout-tuple-id {:spout-task task-id :val ack-val)}
```

这就是 acker 对根 tuple 进行追踪的核心数据结构，对于每个根 tuple（这里的 spout-tuple）所产生的 tuple 树的跟踪只需要保存上面这条记录。acker 之后会检查:val 在什么时候变成 0，通知这个根 tuple 产生的 tuple 都处理完成了。

（2）Bolt 发送一个新 tuple。

一个 Bolt 在发送一个新 tuple 时，要产生两个消息：第一，Bolt 创建这个 tuple 并把它发送给下一个 Bolt 的消息；第二，ack(tuple)的时候发送的 ack 消息。注意：此时 Bolt 不针对新 tuple 向 acker 直接发送消息。这是因为 Bolt 在发送一个新 tuple 的时候，会把这个新 tuple 跟它的父 tuple 的关系通过锚定保存起来；在 ack 每个 tuple 的时候，Storm 会把要 ack 的 tuple 的 id 以及这个 tuple 新创建的所有 tuple 的 id 的异或值发送给 acker。这种方式无须针对每个 tuple 向 acker 通知，减少了向 ack 任务传输的数据量。

---

[12] http://xumingming.sinaapp.com/410/twitter-storm-code-analysis-acker-merchanism/

（3）tuple 被 ack 时，向 acker 发送消息。

每个 tuple 在被 ack 的时候，会给 acker 任务发送一个消息，消息格式如下。

```
(spout-tuple-id, tmp-ack-val)
```

消息的 streamId 是_ack_ack(ACKER-ACK-STREAM-ID)。注意：这里的 tmp-ack-val 是要 ack 的 tuple 的 id 与由它新创建的所有 tuple 的 id 异或得到的值。

```
tuple-id ^ (child-tuple-id1 ^ child-tuple-id2 ... )
```

从 task.clj 源码的 send-ack 方法可看出这一点：

```
(defn- send-ack [^TopologyContext topology-context
                 ^Tuple input-tuple
                 ^List generated-ids send-fn]
 (let [ack-val (bit-xor-vals generated-ids)]
  (doseq [
   [anchor id] (.. input-tuple
             getMessageId
             getAnchorsToIds)]
   (send-fn (Tuple. topology-context
         [anchor (bit-xor ack-val id)]
         (.getThisTaskId topology-context)
         ACKER-ACK-STREAM-ID))
   )))
```

其中，generated-ids 参数就是这个 input-tuple 的所有子 tuple 的 id，可以看出 Storm 会给这个 tuple 的每一个根 tuple 发送一个 ack 消息。这里的 generated-ids 之所以是 input-tuple 的子 tuple，因为这个 send-ack 是被 OutputCollectorImpl 里面的 ack( )方法调用的，这可以从如下源码中看出它们的关系。

```
public void ack(Tuple input)
{
  List generated = getExistingOutput(input);
  // don't just do this directly in case there was no output
  _pendingAcks.remove(input);
  _collector.ack(input, generated);
}
```

generated 是由如下的 getExistingOutput(input)方法计算出来的。

```
private List getExistingOutput(Tuple anchor)
{
  if(_pendingAcks.containsKey(anchor))
    {
    return _pendingAcks.get(anchor);
  } else {
    List ret = new ArrayList( );
    _pendingAcks.put(anchor, ret);
    return ret;
  }
```

```
}
```

其中_pendingAcks 中的内容可以从如下代码中分析，维护的是 tuple 到自己儿子的对应关系。

```
private Tuple anchorTuple(Collection< Tuple > anchors, String streamId, List< Object > tuple)
{
  // 这个 map 维护了 spout-tuple-id 到 ack-val 的映射
  Map< Long, Long > anchorsToIds = new HashMap<Long, Long>( );
  if(anchors!=null)                                    // anchors 其实就是它的所有父亲
  {
    for(Tuple anchor: anchors)
    {
      long newId = MessageId.generateId( );
      getExistingOutput(anchor).add(newId);          // 告诉每一个父亲新增的父子关系
      for(long root: anchor.getMessageId( ).getAnchorsToIds( ).keySet( ))
      {
        Long curr = anchorsToIds.get(root);
        if(curr == null)
                    curr = 0L;
        anchorsToIds.put(root, curr ^ newId);            // 更新 spout-tuple-id 的 ack-val
      }
    }
  }
  return new Tuple(_context, tuple, _context.getThisTaskId( ),streamId, MessageId.makeId(anchorsToIds));
}
```

（4）tuple 处理失败时，向 acker 发送失败消息。

这类消息的 streamId 为 ACKER-FAIL-STREAM-ID，acker 会忽略消息内容，直接将对应的根 tuple 标记为失败。

（5）acker 发消息通知根 tuple 对应的进程 worker。

最后，acker 任务会根据上面这些消息的处理结果通知这个根 tuple 对应的进程。

```
(when (and curr
      (:spout-task curr))
 (cond (= 0 (:val curr))
    ;; ack-val == 0 说明这个 tuple 的所有子孙都处理成功了（都发送 ack 消息了）
    ;;发送成功消息给创建这个 spout-tuple 的 task
    (do
     (.remove pending id)
     (acker-emit-direct @output-collector
               (:spout-task curr)
               ACKER-ACK-STREAM-ID
               [id]
               ))
    ;; 如果这个 spout-tuple 处理失败了，发送失败消息给创建这个 spout-tuple 的 task
```

```
(:failed curr)
(do
 (.remove pending id)
 (acker-emit-direct @output-collector
          (:spout-task curr)
          ACKER-FAIL-STREAM-ID
          [id]
          ))
))
```

综上所述，梳理出 acker 的工作流程。

① Spout 在初始化时产生一个 taskId。

② Spout 中创建新的根 tuple，其 id 是一个 64 位的随机数。

③ Spout 发送 tuple（需要指明，存在作为参数的 messageId 才能开启对该 tuple 的追踪），同时发送一个消息到某个 acker 任务，要求该 acker 任务进行追踪。该消息包含两部分：其一是 Spout 的 taskId，用于 acker 在整个 tuple 树被完全处理后，找到对应的 Spout 任务调用 ack( )或 fail( )；其二是一个初始值为 0 的 64 位确认值（ack val），指示该 tuple 是否被完全处理。

④ 一个 Bolt 在处理完 tuple 后，如果锚定了 tuple，Storm 会维护 anchor tuple 的关系列表。

⑤ 该 Bolt 调用 OutputCollector.ack( )时，Storm 会做如下操作：将 anchor tuple 列表中每个已经 ack 过的和新创建的 tuple 的 id 做异或（XOR）；Storm 根据该根 tuple 的 id 进行取模 Hash 运算，找到最开始与源 Spout 通信的那个 acker 任务，将前面异或后得出的值发送给 acker。

⑥ acker 收到上述值后，与保存的原始 ack val 进行异或，如果结果为 0，表示该 tuple 已被完全处理，同时根据 taskId 找到源 Spout 任务，回调其 ack( )方法。

⑦ fail 的机制类似上一步，在发现 fail 后直接回调 Spout 的 fail( )方法。

9.3 本章小结

本章主要讲解了 Storm 的保障机制，分为功能性保障和非功能性保障。在功能性保障方面，主要从 Storm 提供的多粒度的并行化角度，详细分析了 Storm 的并发模型、并行度配置和可插拔的自定义调度器。在非功能性保障方面，主要从多级别的可靠性保障的角度，详细讲解了 Storm 不同级别的容错，特别是最具特色的记录级容错的概念、使用和原理。

作为 Storm 进阶的原理与应用，本章对之前的基础内容进行了综合使用，而且相关原理的理解需要一定的基础知识，包括分布式系统、离散数学和概率论。不过，这不影响相关机制的应用，读者可以在 Storm 的应用实践中体会这些进阶内容的效果与调优。相信读者能从相关机制的原理和设计中，体会到 Storm 设计的巧妙，这也正是 Storm 开发社区的集体智慧贡献。

第 10 章

Storm的高层使用模式

前几章详细介绍了 Storm 的基础概念，包括系统架构、通信模型、作业、数据源编程单元、数据处理编程单元等；也详细分析了 Storm 颇具特色的保障机制，包括并行化的功能性保障和可靠性的非功能性保障。本章将从另一个视角，讨论 Storm 的几个高层应用，包括分布式远程过程调用、事务型作业和非 Java 语言的开发。

Storm 作为一种分布式系统，可以提供远程过程调用的服务，体现了跨平台松耦合的面向服务架构（Service-oriented Architecture，SOA）的风格，增强了实时处理业务的适用性。同时，上一章已经提及 Storm 作为一种流式数据处理系统，提供了多级别的可靠性保障，其中保证数据不丢的记录级容错是最有特色的能力；而本章将要介绍的事务型作业，在这种保障效果上增加了保证数据处理不重复的更高阶的能力，适用于可用性要求更高的场景。此外，Storm 作为一种运行在 JVM（Java Virtual Machine）上的系统实现，还提供了非 Java 语言的多语言支持，这种兼容性增加了其对编程人员的吸引力。

10.1 分布式远程过程调用

10.1.1 概述

在 Storm 中引入分布式远程过程调用（Distributed Remote Procedure Call，DRPC）概念，主要是为了提升并行化的计算能力。在 DRPC 方式下，Storm Topology 将函数的参数作为输入流，而把这些函数调用的返回值作为输出流。DRPC 其实不能算是 Storm 本身的一个特性，而更像是一种使用模式（pattern）。它组合使用 Storm 的基本编程单元，如 Stream、Spout、Bolt、Topology，被封装成为 Storm 的一种单独的程序库，供客户端调用服务，极大扩展了 Storm 的使用方式。

DRPC 服务器（DPRC Server）用于实现 DRPC 的协调，Storm 中也自带了它的实现。DRPC 服务器协调如下的过程：接收一个 RPC 请求，发送请求至 Storm Topology，从 Storm Topology 接收结果，最后把结果回送调用等待的客户端。从客户端的角度，DRPC 的调用与传统的 RPC 调用没有任何区别，其过程如图 10-1 所示。如下代码是官方文档给出的一个例子[1]。

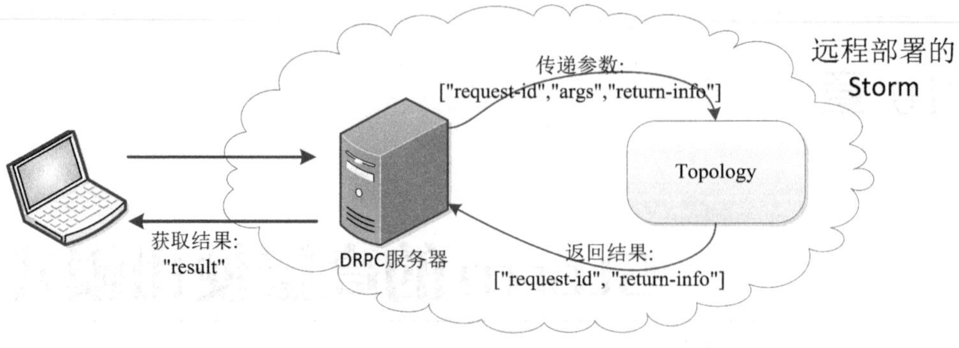

图 10-1 DRPC 的调用示例

```
DRPCClient client = new DRPCClient("drpc-host", 3772);
String result = client.execute("reach", "http://twitter.com");
```

① 客户端建立连接，给 DRPC 服务器发送要执行的方法的名字，以及这个方法的参数。例子中客户端为名为“drpc”的服务器在端口 3772 建立连接，并把函数名“reach”和其参数“http://twitter.com”发送至该服务器。

② 实现了这个函数的 Topology 使用 DRPCSpout 从 DRPC 服务器接收函数调用流，每个函数调用被 DRPC 服务器标记了唯一的 id。例子中的“request-id”即为这个唯一标识。这个 Topology 将接收的函数名和函数参数，都作为参数参与计算，然后通过名为 ReturnResults 的 Bolt 连接到 DRPC 服务器，并且把这个调用（通过上一步产生的 id 定位）的结果发送给 DRPC 服务器。

③ DRPC 服务器用那个唯一 id 匹配对应的等待调用结果的客户端，唤醒（unblock）这个客户端，并且把结果发送给它。

10.1.2 DRPC 的构建与使用

Storm 自带了一个名为 LinearDRPCTopologyBuilder[2]的 DRPC 专用的 Topology 构建器，自动实现 DRPC 中的主要步骤，这些步骤包括：

1．设置 Spout；

2．把 Topology 的结果返回给 DRPC 服务器；

3．给 Bolt 提供有限聚合几组 tuple 的能力。

接下来以官方文档中的一个简单例子[3]进行讲解。这个 DRPC Topology 的功能是在输入参数后面添加一个“!”，如下代码显示了 Bolt 的实现和 LinearDRPCTopologyBuilder 的使用。

[1] http://storm.apache.org/documentation/Distributed-RPC.html

[2] http://nathanmarz.github.com/storm/doc/backtype/storm/drpc/LinearDRPCTopologyBuilder.html

[3] http://storm.apache.org/documentation/Distributed-RPC.html

```
public static class ExclaimBolt implements IBasicBolt
{
    public void prepare(Map conf, TopologyContext context)
    {
    }

    public void execute(Tuple tuple, BasicOutputCollector collector)
    {
        String input = tuple.getString(1);
        collector.emit(new Values(tuple.getValue(0), input + "!"));
    }

    public void cleanup( )
    {
    }

    public void declareOutputFields(OutputFieldsDeclarer declarer)
    {
        declarer.declare(new Fields("id", "result"));
    }
}

public static void main(String[] args) throws Exception
{
    LinearDRPCTopologyBuilder builder = new LinearDRPCTopologyBuilder("exclamation");
    builder.addBolt(new ExclaimBolt( ), 3);
}
```

从中可见，编程人员的工作量并不多，很多工作都由 LinearDRPCTopologyBuilder 代劳了。创建 LinearDRPCTopologyBuilder 的时候，编程人员需要指定 Topology 中作为 DRPC 函数的名字。一个 DRPC 服务器可以协调很多函数，函数与函数之间靠函数名来区分。通过 declareOutputFields( )方法可知，声明的 Bolt 接收的数据项是两维的域组，第一个域是调用请求的 id，第二个域是调用请求的参数。与之类似，LinearDRPCTopologyBuilder 要求的最后一个 Bolt 发送一个二维 tuple，第一个域是调用请求的 id，第二个域是这个函数的结果。而且，所有中间 tuple 的第一个域都必须是请求的 id。例子中的 ExclaimBolt，输出数据项的第一个域就是从输入 tuple 中拿到的请求 id，第二个域是简单地在输入 tuple 的第二个域后面再添加一个“!”，其余的事情诸如连接到 DRPC 服务器和把结果发回，都是由 LinearDRPCTopologyBuilder 完成的。

上述例子中的 DRPC，可以在本地模式（Local Mode）下调试运行，例如下述代码。

```
LocalDRPC drpc = new LocalDRPC( );
LocalCluster cluster = new LocalCluster( );

cluster.submitTopology("drpc-demo", conf, builder.createLocalTopology(drpc));
```

```
System.out.println("Results for 'hello':" + drpc.execute("exclamation", "hello"));

cluster.shutdown( );
drpc.shutdown( );
```

上述代码中创建的LocalDRPC对象，将在进程内模拟一个DRPC服务器，类似于4.1.3节中讲述的LocalCluster对象模拟Storm集群。LinearTopologyBuilder有单独的方法来创建本地的Topology和远程的Topology。在本地模式下，LocalDRPC对象不和任何端口绑定，所以Topology需要知道和哪个对象交互，这也是createLocalTopology方法接受一个LocalDRPC对象作为输入的原因。启动该Topology后，DRPC的调用便是在LocalDRPC中执行的execute( )方法。

关于本地模式的详细内容，可参见4.1.3节。当然，DPRC更常见的使用模式是在真实的生产集群下。此时，有如下几个步骤。

① 启动DRPC服务器。

可以通过下面的Storm客户端命令来启动DRPC服务器（类似启动Storm工作节点或UI控制台节点）。

```
bin/storm drpc
```

② 配置DRPC服务器的地址。

这里需要让Storm集群知道DRPC服务器的位置。DRPCSpout需要配置地址的DRPC服务器来接收函数调用的输入。这个可以配置在storm.yaml中，或者通过代码配置在Topology里面。在storm.yaml中的配置如下。

```
drpc.servers:
  - "drpc1.foo.com"
  - "drpc2.foo.com"
```

③ 提交DRPC Topology至Storm集群。

需要通过StormSubmitter对象来提交DRPC Topology，与其他传统的Topology没有区别，代码如下。

```
StormSubmitter.submitTopology("exclamation-drpc", conf, builder.createRemoteTopology( ));
```

这里的createRemoteTopology( )方法创建运行在真实集群上的DRPC Topology。

④ 客户端的调用。

需要修改客户端的Strom配置文件 ~/conf /storm.yaml，配置DRPC Server的地址，修改方法与 DRPC 服务器端一样。另外，客户端的访问代码可以如下。其中，DRPCClient构造需要两个参数，一个是DRPC服务器的地址，另一个是DRPC的端口。它的execute()方法也需要两个参数，一个是所调用函数的名称，另一个是该函数需要的参数。

```
DRPCClient client = new DRPCClient("drpc-host", 3772);
String result = client.execute("reach", "http://twitter.com");
```

接下来扩展本小节开始时给出的那个例子。这个例子[4]是计算 Twitter 上面一个 URL的reach值，其中复杂的分析需要利用Storm的并行计算能力。这里首先解释下要计算一

---

[4] http://storm.apache.org/documentation/Distributed-RPC.html

个 URL 的 reach 值的步骤和 reach 值的含义。相关步骤如下。

① 获取这样的用户，他们发送的推文里面包含作为输入参数的 URL。

② 获取这些用户的粉丝（follower）。

③ 把这些粉丝去重。

④ 获取这些去重之后的粉丝个数，而这个值就是该 URLreach 值。即，reach 是给定 URL 在 Twitter 传播的一种度量值。

由此可见，这确实是计算密集型的业务（intense computation），即使计算一个 reach 值也可能会调用成千上万个数据库，并且可能涉及千万数量级的用户账户。在 Storm 系统实现这个业务很简单，在单台机器上计算一个 reach 值可能需要花费几分钟；而在一个 Storm 集群里面，即使是最难计算的 URL，也只需要几秒。一个 reach topolgoy 的实现可以在官方的示例包 storm-starter 中实现，其中的 reach topology 是这样定义的。

```
LinearDRPCTopologyBuilder builder = new LinearDRPCTopologyBuilder("reach");
builder.addBolt(new GetTweeters( ), 3);
builder.addBolt(new GetFollowers( ), 12)
    .shuffleGrouping( );
builder.addBolt(new PartialUniquer( ), 6)
    .fieldsGrouping(new Fields("id", "follower"));
builder.addBolt(new CountAggregator( ), 2)
    .fieldsGrouping(new Fields("id"));
```

这个 Topology 分四步执行。

① GetTweeters 这个 Bolt 用于获取所发推文里面包含指定 URL 的所有用户。输入流的数据项形式为[id, url]，输出流的数据项形式为[id, tweeter]。每个 URL 的数据项会对应相当多的 tweeter 数据项。其中，id 即为 DRPC 请求 id，下同。

② GetFollowers 这个 Bolt 用于获取这些 tweeter 的粉丝。输入流的数据项形式为[id, tweeter]，输出流的数据项形式为[id, follower]。

③ PartialUniquer 这个 Bolt 通过粉丝标识（例子中的“follower”）来分组粉丝，使得相同的粉丝会被发送到这个 Bolt 的同一个任务，因此任务间所接收的粉丝是独立正交的（从而可以方便地实现粉丝去重）。它的输入流的数据项形式为[id, follower]，输出流的数据项形式为[id, count]，即体现了这个任务上统计的计数。

④ 最后，CountAggregator 这个 Blot 接收所有的局部计数，把它们相加之后得到计算的 reach 值。

其中，PartialUniquer 这个 Bolt 的实现如下。

```
public static class PartialUniquer extends BaseBatchBolt
{
  BatchOutputCollector _collector;
  Object _id;
  Set<String> _followers = new HashSet<String>( );
  @Override
  public void prepare(Map conf, TopologyContext context, BatchOutputCollector collector, Object id)
  {
```

```
        _collector = collector;
        _id = id;
    }
    @Override
    public void execute(Tuple tuple)
    {
        _followers.add(tuple.getString(1));
    }
    @Override
    public void finishBatch( )
    {
        _collector.emit(new Values(_id, _followers.size( )));
    }
    @Override
    public void declareOutputFields(OutputFieldsDeclarer declarer)
    {
        declarer.declare(new Fields("id", "partial-count"));
    }
}
```

PartialUniquer 通过扩展 BaseBatchBolt 实现了 IBatchBolt 接口。一个 Batch Bolt 提供了一系列的方法一次处理一批 tuple。针对每一个请求 id 将会创建一个 Batch Bolt 的实例，Storm 将负责在合适的时候清理这些实例。PartialUniquer 在 execute( )方法中接收一个 follower数据项的时候，把这个数据项添加到当前请求id对应的HashSet里。重复的follower会被哈希至同一个值，所以此步实现了粉丝的去重。

注意：PartialUniquer 作为 Batch Bolt 提供了 finishBatch( )方法，是在这个任务的所有数据项被 execute（）处理完成后被调用的。以这种回调的方式，PartialUniquer 发送一个新的数据项，包含它所处理的独立粉丝的计数，这也是整体结果的一个正交子集。这个简单接口的背后，使用了 CoordinatedBolt 来检测什么时候一个指定的 Bolt 接收到某个请求 id 的所有 tuple，而 CoordinatedBolt 是利用 direct stream 来实现这种协调的。

这个 Topology 的其余部分就非常容易解释了。从中可以看到，reach 值计算的每个步骤都可以并行计算，而且实现这个 DRPC 的 Topology 是十分简单的。

Storm 提供的 LinearDRPCTopologyBuilder 类，在 0.8.2 版本中显示为已过期（deprecated）。针对这个问题有三个解决方案。

① 使用官方建议的更高阶的接口 Trident 替换 LinearDRPCTopologyBuilder。关于 Trident，可以参考官方文档，这里不再展开。

② 使用 Storm 提供的通用 TopologyBuilder，只需要手动加上开始的 DRPCSpout 和结束的 ReturnResults[5]。其实，Storm 提供的 LinearDRPCTopologyBuilder 也是通过这种方式封装而来的，可参见 Storm 实现的源码。

[5] 这两个类均在包 backtype.storm.drpc 下。

③ 这个类在当前的版本中仍然可用，作为 DPRC 一种最简单和直观的实现，依然可以作为理解和学习的来源。本小节也主要使用这个类，其他相关方法都是可以触类旁通的。

10.1.3 Storm 的 DRPC 原理

Storm 中使用 Thrift 作为其 RPC 框架，DRPC 的实现亦是如此，相关的源码文件有以下几个。

- storm-core/src/storm.thrift，该文件的完整部分可参考附录中的 storm.thrift。其中有两个 service 是与 DRPC 相关的：DistributedRPC.Iface，其中定义了 execute( )方法，用于客户端发起 RPC 请求；DistributedRPCInvocations.Iface，定义了 fetchRequest、failRequest、result 方法，分别用于获取 RPC 请求、将 RPC 请求标记为失败、返回 RPC 请求的处理结果。
- storm-core/src/clj/backtype/storm/daemon/drpc.clj，实现了 DRPC 的 Thrift 服务端，即 DRPC 服务器，使用 Clojure 语言实现。
- 作为 Thrift RPC 客户端的 storm-core/src/jvm/backtype/storm/generated/DistributedRPC.java 和 storm-core/src/jvm/backtype/storm/utils/DRPCClient.java，实现了 DistributedRPC.Iface 接口，用于客户端向 DRPC Server 发起 RPC 请求。
- 作为 Thrift RPC 客户端的 storm-core/src/jvm/backtype/storm/generated/ DistributedRPC Invocations.java 和 storm-core/src/jvm/backtype/storm/drpc/ DRPCInvocationsClient.java，实现了 DistributedRPCInvocations.Iface 接口，用于 DRPC Topology 触发执行 DRPC Request 并返回结果给 DRPC Server。

其中，LinearDRPCTopologyBuilder 顾名思义，处理的是“线性”的 DRPC 作业。这里所谓的线性，是指计算过程类似串联的形式一步接着一步（sequence steps），如上一小节中 reach 值计算的例子。当然，不难想象作业执行还有其他的可能形式，如 Bolt 之间存在分支（branching）、合并（merging）关系等，这些“非线性”作业组织需要编程人员使用 CoordinatedBolt 自定义处理。关于 CoordinatedBolt 将在 10.2.4 节继续讨论。

接下来，我们讨论处理线性作业时 LinearDRPCTopologyBuilder 的工作过程。对于 LinearDRPCTopologyBuilder 构建的 DRPC 作业，典型的 DRPC Topology 包含以下功能的各个元素。

① DRPCSpout：DRPCSpout 以 [args, return-info]的形式发送 tuple，其中 args 是函数调用请求的参数，return-info 包含 DRPC 服务器的主机名称、端口和当前请求的 request-id。

② PrepareRequest：生成 request-id，产生 return-info 的流和产生参数 args 的流。

③ CoordinatedBolt 包装器和直接分组（direct grouping，参见 6.2.2 节）：控制 Topology 的执行顺序。

④ JoinResult：连接结果至 return-info 保存。以上面的例子说明，CountAggregator 这个 Bolt 在运行时有两个任务，各自计算的部分结果将在这里进行合并。

⑤ ReturnResult：连接到 DRPC 服务器并且返回结果。

此外，KeyedFairBolt 这个 Bolt 也常用于 DRPC Topology 同时处理多个请求。

可见，DRPC 是建立在 Storm 基本编程单元（Topology、Spout、Bolt、Stream 等）之上的高层抽象，提供分布式的 RPC 框架，以便能够利用 Storm 快速实现 RPC 请求的分布式计算。客户端发起一次 RPC 请求，多个计算节点参与计算，最后汇总后将计算结果返回给客户端。

如图 10-2 所示，DRPC 的调用过程存在于三个角色之间。

- 客户端（Client）是指那些调用 DRPC 服务获得结果的程序或系统，向 DRPC 服务器发送请求。
- DRPC 服务器是在客户端与 Storm Topology 之间的一层代理服务，接收客户端请求，并向对应的 Topology 转发，最后将结果返回客户端。
- Storm Topology 是实现功能的 Storm 作业，需要 DPRCSpout 和多个 Bolt 共同完成。

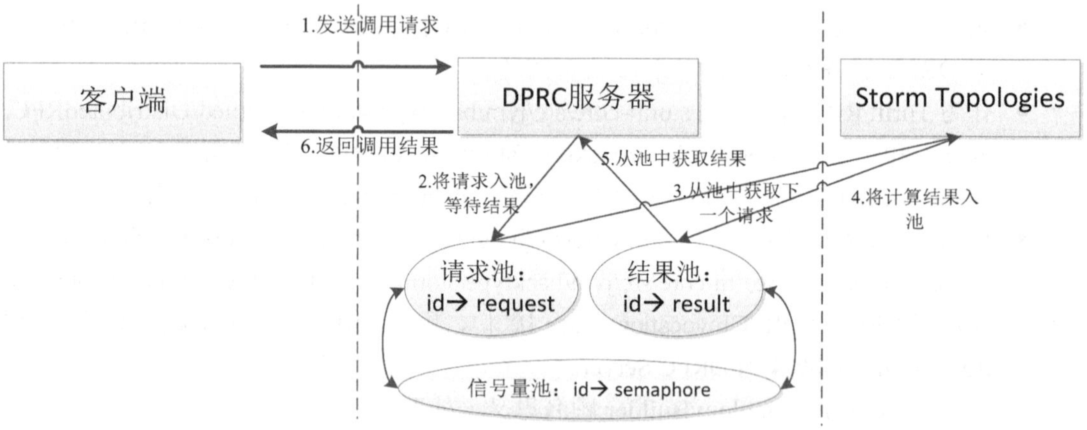

图 10-2　DRPC 的调用过程

在图 10-2 中，从 DRPC 请求提交至返回结果，存在如下步骤。

①客户端提交请求给 DRPC 服务器。

② DRPC 服务器给这个请求产生一个 request-id，将其放入维护 request-id → request 映射的缓冲池（在源码中称为 handler-server pool）。

其中，DRPC 服务器在把 request 放入缓冲池时，会同时生成一个 semaphore 信号量，并且把这个 semaphore 放入维护 request-id → semaphore 映射的另一个缓冲池；同时调用 semaphore.acquire( )等待结果的到来。

③ Storm 作业的组件从 request-id → request 缓冲池中获取需要处理的请求。这里 Storm 作业通过 DRPCSpout、PreapreRequest、JoinResult、ReturnResults 组件处理这个请求。

④ Storm 把处理完的请求结果放入 DRPC 服务器中维护 request-id → result 映射的缓冲池。同时，Storm 会通过 request-id 去维护 request-id → semaphore 映射的缓冲池中取出这个请求所对应的 semaphore，并且调用 semaphore.release( )来释放这个 semaphore。

⑤ 当 semaphore 被释放之后，DRPC 服务器对应的阻塞的等待线程得以继续执行，

去维护 request-id → result 映射的缓冲池中取出结果。

⑥ DRPC 服务器将结果返回给等待的客户端。

下面具体看一下作业的 Storm Topology。DRPC Topology 由 1 个 DRPCSpout、1 个 Prepare-Request Bolt、若干个 User Bolt（即编程人员通过 LinearDRPCTopologyBuilder 添加的 Bolt）、1 个 JoinResult Bolt 和 1 个 ReturnResults Bolt 组成。除了 User Bolt 以外，其他的都是由 LinearDRPCTopologyBuilder 内置添加到 Topology 中的。

接下来，从数据流流动的角度，分析这些 Spout 和 Bolt 是如何工作的[6]。

① DRPCSpout 中维护了若干个 DRPCInvocationsClient，通过 fetchRequest 方法从 DRPC 服务器读取需要提交到 Topology 中计算的 RPC 请求，然后发送数据项为<"args", "return-info">的数据流给 Prepare-Request Bolt。其中，args 表示 RPC 请求的参数，而 return-info 中则包含了发起这次 RPC 请求的 RPC 服务器信息（host、port、request-id），在 ReturnResults Bolt 中返回计算结果时使用。

② Prepare-Request Bolt 接收到上述数据流后，会新生成三条数据流。

- <"request", "args">：发给 User Bolt，用于提取 args 参数后进行实际计算。
- <"request", "return-info">：发给 JoinResult Bolt，用于聚集 User Bolt 的计算结果后返回给客户端。
- <"request">：在 User Bolt 实现了回调接口的情况下，作为 id 流发给用户定义的最后一级 User Bolt，用于判断 batch 是否处理完成。

③ User Bolt 按照用户定义的计算逻辑，以及 RPC 调用的参数 args，进行业务计算，输出数据项为<"request", "result">的数据流给 JoinResult Bolt。

④ JoinResult Bolt 将上游发来的<"request", "return-info">和<"request", "result">两条数据流连接（join），然后输出数据项为<"result", "return-info">的新数据流给 ReturnResults Bolt。

⑤ ReturnResults Bolt 接收到数据流后，从 return-info 中提取出 host、port、request-id，根据 host 和 port 生成 DRPCInvocationsClient 对象，并调用 result 方法将 request-id 及 result 返回给 DRPC 服务器，如果 result 方法调用成功，则对 tuple 进行 ack；否则对 tuple 进行 fail，并最终在 DRPCSpout 中检测到 tuple 失败后，调用 failRequest 方法通知 DRPC Server 该 RPC 请求执行失败。

有兴趣的读者可以参考源码进一步理解 DRPC 的原理。

10.2 事务型作业

10.2.1 概述

在 9.2.2 节和 9.2.3 节中，我们已经讨论了 Storm 可以保证数据项不丢，使得每个 tuple

[6] http://www.cnblogs.com/panfeng412/p/storm-drpc-implementation-mechanism-analysis.html

至少被处理一次来提供可靠的数据处理，而且也提及失败的 tuple 可以被重新处理（replay）。保证这种数据不丢，存在未处理完成的数据被重复处理的可能，那么如何让 Storm 做计数统计呢？Storm 在 0.7.0 版本中引入了事务型作业（Transactional Topology）的概念，它可以保证每个 tuple 被且仅被处理一次，可以实现准确、可扩展且高度容错的统计计算。与 10.1 节提及的 Distributed RPC 类似，Transactional Topology 其实不能算是 Storm 的特性，而更像是一种使用模式（pattern）。它组合使用 Storm 的基本编程单元，如 Stream、Spout、Bolt、Topology，被封装成为 Storm 的一种单独的程序库。

事务型作业的核心语义在于处理数据的强顺序性。这种强顺序性最简单的方案是，每次只处理一个 tuple，除非这个 tuple 处理成功，否则不去处理下一个 tuple。但是，这个设计存在严重的性能问题，因为后续 tuple 的处理需要等待前一个 tuple 处理成功。其无法利用 Storm 的并行模型和计算能力，可扩展性是非常差的。于是，可以想到的更好的方案是，在每个事务中处理一批（batch）tuple，如果这个 batch 失败了，那么需要重新处理整个批。相应地，不再是强调给每个 tuple 安排顺序，而是给 batch 一个 id，批之间的处理是强顺序性的，而 batch 内部是可以并行的。但是，这个设计仍然存在问题，使得一个 Bolt 完成处理之后，需要等待剩下的 Bolt 处理完当前批，才能接收和处理下一批，进程须耗时等待计算的其他部分完成，因而影响性能。上述两种方案的问题在于，在处理一批 tuple 的时候，不是所有的工作都需要强顺序性。例如，当做一个全局计数应用时，整个计算可以分为两个部分：计算一个 batch 的局部计数；根据众多 batch 的局部计数更新全局计数。可以看到，其中只有第二步才需要在多个 batch 之前保证强顺序性，而第一步是可以并行化处理的。这种两阶段的批处理模式，正是 Storm 的事务型实现方式。

在 Storm 中，事务型作业将计算划分成多个批计算过程，每个批计算包含如下两个阶段，而这两个阶段合起来称为一个事务（transaction）。

- 处理（processing）阶段，这个阶段很多 batch 可以并行计算。
- 提交（commit）阶段：这个阶段各个 batch 之间需要有强顺序性的保证，使得后续 batch 必须在前面的 batch 成功提交之后才能提交。

批之间可以在 processing 阶段的任何时刻并行计算，但是在给定时间只有一个 batch 可以处在 commit 阶段。如果一个 batch 在任何一个阶段有错误，那么整个事务需要被重新处理（replay）。使用事务型作业（Transactional Topology）的时候，Storm 可以做下面这些事情。

① 管理状态：Storm 把所有实现 Transactional Topology 所必需的状态保存在 Zookeeper 协调节点，包括当前事务 id（transaction id）以及定义每个 batch 的一些元数据。

② 协调事务：在任何一个时间点，Storm 管理和决定批的处理是在 proccessing 阶段还是 commit 阶段。

③ 错误检测：Storm 利用反馈机制来高效地检测 batch 的处理状态，要么被成功处理，要么被成功提交，要么失败了。Storm 会重新处理失败的 batch，而不需要编程人员对 tuple 做任何反馈或者锚定操作。

④ 批处理 API：Storm 在传统 Bolt 上包装 API 来提供对 tuple 的批处理支持；进行管

理协调工作，包括决定什么时候 Bolt 接收到一个特定事务的所有 tuple；同时 Storm 也会自动清理每个事务所积累产生的中间数据。

⑤ 最后，Transactional Topology 需要这样的消息队列（Message Queue）系统，它可以重发一个指定的 batch。Kestrel 做不到这一点，而 Apache 的 Kafka 是正合适的（storm-contrib 项目的 storm-kafka[7]为此实现了一个事务型 Spout）。

10.2.2 Transactional Topology 的构建与使用

编程人员可以通过使用 TransactionalTopologyBuilder 来创建事务型作业。这里给出了如下代码的例子，实现了这样一个 Topology，用于计算输入流里面 tuple 的个数[8]。

```
MemoryTransactionalSpout spout =
        new MemoryTransactionalSpout(DATA, new Fields("word"),
        PARTITION_TAKE_PER_BATCH);
TransactionalTopologyBuilder builder =
        new TransactionalTopologyBuilder("global-count", "spout", spout, 3);
builder.setBolt("partial-count", new BatchCount( ), 5)
    .shuffleGrouping("spout");
builder.setBolt("sum", new UpdateGlobalCount( ))
    .globalGrouping("partial-count");
```

其中，TransactionalTopologyBuilder 在这里接收如下参数。

- 这个 Transaction Topology 的名称 id。

Zookeeper 协调节点使用这里的 Topology 的 id 识别事务型作业，并保存该作业的当前进度。当重启这个 Topology 时，它可以按照前面的进度继续执行。

- Spout 在作业中的名称 id。
- 一个 Transactional Spout 对象。

一个 Transaction Topology 中有唯一的 Transactional Spout，这个 Spout 是通过 TransactionalTopologyBuilder 的构造函数来指定的。在这个例子里面，MemoryTransactionalSpout 被用来从一个内存变量里面读取分片的数据（DATA）。其中，第二个参数指定数据项的域，第三个参数指定每个 batch 的最大 tuple 数量。关于 Transactional　Spout 会在后面介绍。

- 这个 Transactional Spout 的并行度（可选参数）。

这个 Topology 并行地对 tuple 计数，使用了两个 Bolt。第一个是 BatchBolt，通过随机分组（shuffle grouping）把输入 tuple 流随机分给它的 5 个任务，然后每个任务各自进行局部计数。第二个是 UpdateGlobalCount，通过全局分组（global grouping）汇总各个批的计数并相加作为结果。

下面是 BatchCount 的定义。

---

[7] https://github.com/nathanmarz/storm-contrib/tree/master/storm-kafka

[8] 参见 storm-starter 里面的 TransactionalGlobalCount。

```
public static class BatchCount extends BaseBatchBolt
{
  Object _id;
  BatchOutputCollector _collector;

  int _count = 0;

  @Override
  public void prepare(Map conf, TopologyContext context, BatchOutputCollector collector, Object id)
  {
    _collector = collector;
    _id = id;
  }

  @Override
  public void execute(Tuple tuple)
  {
    _count++;
  }

  @Override
  public void finishBatch( )
  {
    _collector.emit(new Values(_id, _count));
  }

  @Override
  public void declareOutputFields(OutputFieldsDeclarer declarer)
  {
    declarer.declare(new Fields("id", "count"));
  }
}
```

这些 BatchCount 的实例化对象作为任务，会处理每一个批。事实上，这些 BatchCount 运行在 BatchBoltExecutor 中，并由 BatchBoltExecutor 负责创建以及清理这些对象。其中，对象的 prepare( )方法接收如下参数。

- 维护配置信息的 Map 的对象。
- TopologyContext 作业的上下文对象。
- OutputCollector 输出对象。
- 这个批的 id。注意：这个 id 是一个 TransactionAttempt[9]对象。

当然，如果只是想在 Transactioinal Topology 里面使用这样的处理批的 Bolt，也可以直接继承扩展 BaseTransactionalBolt[10]抽象类来实现。

---

9 http://storm.apache.org/apidocs/backtype/storm/transactional/TransactionAttempt.html

10 http://storm.apache.org/apidocs/backtype/storm/topology/base/BaseTransactionalBolt.html

在 Transaction Topology 中发送的所有 tuple，都必须以 TransactionAttempt 对象作为数据项的第一个域，它用于判断这些 tuple 属于哪个 batch。TransactionAttempt 包含两个值，一个是 transaction id，另一个是 attempt id。其中，transaction id 对于每个 batch 是唯一的，而且不管这个批被重新处理多少次都是不变的；而 attempt id 对于每个 batch 的一组 tuple 是唯一的，但是同一 batch 被重新处理后 attempt id 是变化的。从这个角度，attempt id 可以理解成被重新处理的次数，Storm 正是利用这个 id 来区别 batch 中的 tuple 的不同版本。随着数据以批发送，每个 batch 的 transaction id 加 1。

execute( )方法会为 batch 里的每个 tuple 执行一次，需要把这个 batch 的状态保持在一个局部变量中。在这个例子中，一个局部变量_collector 为 tuple 计数。

最后，当这个 Bolt 接收到某个批的所有 tuple 之后，finishBatch( )方法会被调用。例子中的 BatchCount 类会在这个时候发送它的局部计数。

接下来是 UpdateGlobalCount 的定义。

```
public static class UpdateGlobalCount extends BaseTransactionalBolt implements ICommitter
{
  TransactionAttempt _attempt;
  BatchOutputCollector _collector;

  int _sum = 0;

  @Override
  public void prepare(Map conf, TopologyContext context, BatchOutputCollector collector,
TransactionAttempt attempt)
  {
    _collector = collector;
    _attempt = attempt;
  }

  @Override
  public void execute(Tuple tuple)
  {
    _sum+=tuple.getInteger(1);
  }

  @Override
  public void finishBatch( )
  {
    Value val = DATABASE.get(GLOBAL_COUNT_KEY);
    Value newval;
    if(val == null || !val.txid.equals(_attempt.getTransactionId( )))
     {
      newval = new Value( );
```

```
            newval.txid = _attempt.getTransactionId( );
            if(val==null)
            {
              newval.count = _sum;
            } else
            {
              newval.count = _sum + val.count;
            }
            DATABASE.put(GLOBAL_COUNT_KEY, newval);
          } else
          {
            newval = val;
          }
          _collector.emit(new Values(_attempt, newval.count));
        }

        @Override
        public void declareOutputFields(OutputFieldsDeclarer declarer)
      {
          declarer.declare(new Fields("id", "sum"));
        }
      }
```

这里 UpdateGlobalCount 继承自 BaseTransactionalBolt 进行实现，在其 execute( )方法中实现了累积计数。这里主要关注 finishBatch( )方法。

首先，这个 Bolt 实现了 ICommitter 接口，意味着 Storm 在这个事务的 commit 阶段会调用 finishBatch( )方法。对于 finishBatch( )的调用会按照 transaction id 的升序保证强顺序性，而相对来说 execute( )方法在任何时候都可以执行，无论在 processing 阶段或者 commit 阶段。注意：还有另外一种把 Bolt 标识为 committer 的方法是调用 TransactionalTopologyBuilder 的 setCommiterBolt 来添加 Bolt，而不是通过传统的 setBolt 方法，此处不再详述。

其次，UpdateGlobalCount 里面 finishBatch( )方法的逻辑是，将从数据库中获取的 transaction id，与当前这个 batch 的 transaction id 进行比较。如果它们一样，那么忽略这个 batch；否则把这个 batch 的计数值累加，并且更新数据库。

这里也有个问题需要说明。Storm 提供的 TransactionalTopologyBuilder 类，在 0.8.2 版本中显示为已过期（deprecated）。针对这个问题有两个解决方案。

① 使用官方建议的更高阶的接口 Trident 替换 TransactionalTopologyBuilder。关于 Trident，可以参考官方文档，这里不再展开。

② 这个类在当前的版本中仍然可用，作为事务型作业一种最简单和直观的工具，依然可以作为理解和学习的来源。本小节也主要使用这个类，其他相关方法都是可以触类旁通的。

10.2.3 Transactional Topology 的编程接口与事务型作业的实现

1. Transactional Topology 的 Bolt

在一个 Transactional Topology 中可以有如下三种类型的 Bolt。

① BasicBolt: 这个 Bolt 不处理 batch 的 tuple，只基于单个输入的 tuple 来发送新的 tuple。

② BatchBolt: 这个 Bolt 处理 batch 的 tuple。对于每一个 tuple 调用 execute( )方法，而在整个 batch 处理完成时调用 finishBatch( )方法，如上面那个例子中的 BatchCount。

③ 被标记成 committer 的 BatchBolt: 与上述 BatchBolt 的唯一区别是 finishBatch( )方法被调用的时机，如上面那个例子中的 UpdateGlobalCount。作为 committer 的 BatchBolt 的 finishBatch( )方法在事务的 commit 阶段被调用，而一个 batch 的 commit 阶段由 Storm 保证只在前一个 batch 成功提交之后才会执行，它会重试直到 Topology 里面的所有 Bolt 对这个 batch 都完成提交。有两个方法可以让普通 BatchBolt 作为 committer，一是实现 ICommitter 接口，二是通过 TransactionalTopologyBuilder 的 setCommitterBolt 方法添加 BatchBolt。

2. ack 与 fail

上文已经提及，编程人员不需要显式地去做任何的反馈（ack）或者锚定（anchoring）操作，Storm 以优化的方式都实现了。

针对传统的 Bolt，通过调用 OutputCollector 的 fail( )方法来使这个 tuple 所在的 tuple 树失败。由于 Transactional Topology 隐藏了 acking，它提供另一个机制——抛出 FailedException 异常来 fail 一个批，并使得这个批被重新处理。而且，这个异常只会导致当前的批被重新处理，而不会使整个进程宕掉。

3. Transactional Spout

Transactional Spout 接口跟普通的 Spout 接口完全不一样。Transactional Spout 实现了发送一批 tuple，而且必须保证同一个 batch 有一样的 transaction id。在 Transactional Topology 运行时，Transactional Spout 的结构如图 10-3 所示：左侧的 Coordinator 任务是一个传统的 Storm 的 Spout，用于发送组成批的一个 tuple；Emitter 任务则像一个普通的 Bolt，负责发送 batch 的一组 tuple；Emitter 以复制分组（all grouping）的方式订阅 Coordinator 的名为“batch emit”的流。

此外，由于发射的 tuple 可能会被重新处理，Transactional Spout 需要具有幂等性（重新处理后的结果与之前相同）。为此，Transactional Spout 需要保存少量的状态，这个状态是保存在 Zookeeper 里面的。

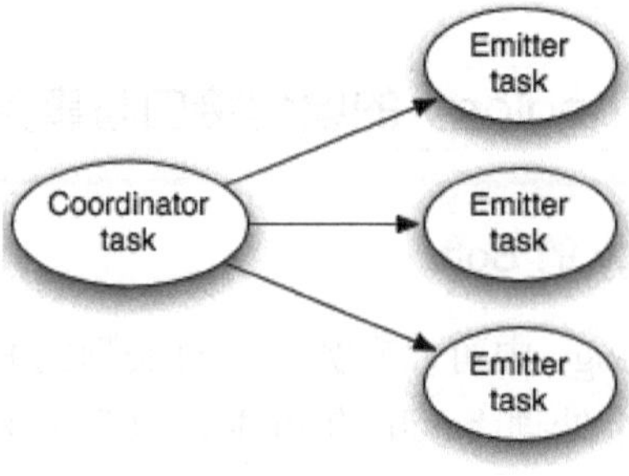

图 10-3　Transactional Spout 的结构

一种常见的 Transactional Spout 模式是，从多个队列系统中读取批的部分。IpartitionedTransactionalSpout 接口自动化管理每一分片的状态来保证重做的幂等性，是通过将分片的元数据在 Zookeeper 协同节点中维护来实现的。通过实现这个接口，编程人员可以简便地实现分片获取数据的 Transactional Spout。例如，TransactionalKafkaSpout[11]就是这样的。

4．Transactional Topology 的配置

这里有以下两个配置需要注意。

① Zookeeper 的配置。默认情况下，Transactional Topology 会把状态信息保存在用于管理 Storm 集群的 Zookeeper 协调节点。下面两个配置可以指定其他的 Zookeeper："transactional.zookeeper.servers" 和 "transactional.zookeeper.port"。

② 同时活跃的批的数量。这个值必须设置，用于限定同时可以处理的 batch 数量。编程人员可以通过"topology.max.spout.pending" 设置这个值，默认是 1。

5．事务型作业的实现

Transactional Topology 的实现是非常优雅的。管理提交协议、检测失败、流水化地处理批看起来很复杂，但是使用 Storm 实现是非常简单的。

其中，Transactional Spout 是这样工作的。

① Transactional Spout 可以看做一个小型的 Topology，它由一个 Coordinator Spout 和多个 Emitter Bolt 组成。如图 10-3 所示。

② Coordinator Spout 是一个传统的 Spout，并行度为 1。当 Coordinator Spout 确定了一个事务的 processing 阶段时，它会向流中发送一个 tuple，包含 TransactionAttempt 对象（作为 id）和事务的元数据。元数据的串行化（serialization of metadata）是使用 Kryo 实现的，Kryo 的初始化需要在组件中定义。

③ Emitter 以复制分组（all grouping）的方式连接 Coordinator 接收数据流。正是由于这样的流组模式，每一个 Emitter 的任务都会收到通知，去发送自己那部分、指定事务 attempt 的数据项。

---

[11]https://github.com/nathanmarz/storm-contrib/blob/master/storm-kafka/src/jvm/storm/kafka/TransactionalKafkaSpout.java

④ Storm 在 Topology 的整个生命周期自动管理锚定和反馈，以确定何时完成 processing 阶段。这里的关键在于，根 tuple 是由 Coordinator 创建的，所以 Coordinator 会收到 ack 消息（当 processing 阶段成功时），或者收到 fail 消息（当处理超时或失败时）。当 processing 阶段成功时，所有相关事务可以被成功提交，Coordinator 将发送一个包含 TransactionAttempt 的 tuple 至名为 commit 的流中。所有 Committing Bolt 都以复制分组（all grouping）的流组模式订阅了这个 commit 流，所以它们都会收到 commit 的通知。

⑤ 类似地，Coordinator 使用 ack 机制来确认 commit 阶段是否完成。如果收到 ack 消息，Coordinator 将在 Zookeeper 中将该事务标记为完成。在 Zookeeper 中的状态，是以 RotatingTransactionalState[12]对象保存的。

⑥ CoordinatedBolt 被用来检测 Bolt 是否收到了指定批的所有 tuple。在这方面是与 DRPC 的作用是一样的。对 Committing Bolt，它等待来自 commit 流的消息，之后才调用 finishBatch( )方法。也就是说，在没有从订阅的组件收到全部的 tuple 或者从 commit 流接收到消息前，finishBolt( )方法不会被调用。

10.2.4 CoordinatedBolt 的原理

CoordinatedBolt 在 DRPC 和事务型作业中都起着重要的作用。Storm 通过这样一个 Bolt，可以获知指定的 Bolt 处理完成了它所有的 tuple。事实上，CoordinatedBolt 也是在 Storm 基础编程单元 Spout/Bolt 之上实现的。

分析一下 CoordinatedBolt 中“处理完成”的内涵。要使用 CoordinatedBolt 提供的功能，编程人员必须保证每个 Bolt 发送的每个 tuple 的第一个域是 request-id，那么所谓的“处理完成”的意思是当前这个 Bolt 对于当前这个“request-id”所需要做的工作做完了。而这个 request-id 在 DRPC 里面代表一个 DRPC 请求（见 10.1.3 节），在 Transactional Topology 里面代表一个 batch。所以，它可以被用于 DPRC 和事务型作业这两种典型场景。

有了上述说明，下面可以继续分析 CoordinatedBolt 的原理[13]，如图 10-4 所示。

① DRPC 或 Transactional Topology 中的 Bolt，实际上都被 CoordinatedBolt 封装了一层。也就是说，这些 Topology 中运行的已经不是原始的 Bolt，而是代理了原始 Bolt 的 CoordinatedBolt。CoordinatedBolt 会维护以下几个信息：

- 哪些上游任务要给我发 tuple（由构造 Topology 时指定的 grouping 得知）；
- 我给哪些下游任务发 tuple（同样由构造 Topology 时指定的 grouping 得知）。

② CoordinatedBolt 在用户 Bolt（即被 CoordinatedBolt 封装的用户编程构建的 Bolt，下同）每次发出一个 tuple 后，都会记录下这个 tuple 发给哪个任务了。所有的 tuple 都发送完后，CoordinatedBolt 会通过另外一个特殊的 stream 以 emitDirect 的方式告诉所有发送 tuple 的目标任务，发送了多少 tuple 给它。

[12] http://storm.apache.org/apidocs/backtype/storm/transactional/state/RotatingTransactionalState.html

[13] http://xumingming.sinaapp.com/811/twitter-storm-code-analysis-coordinated-bolt/

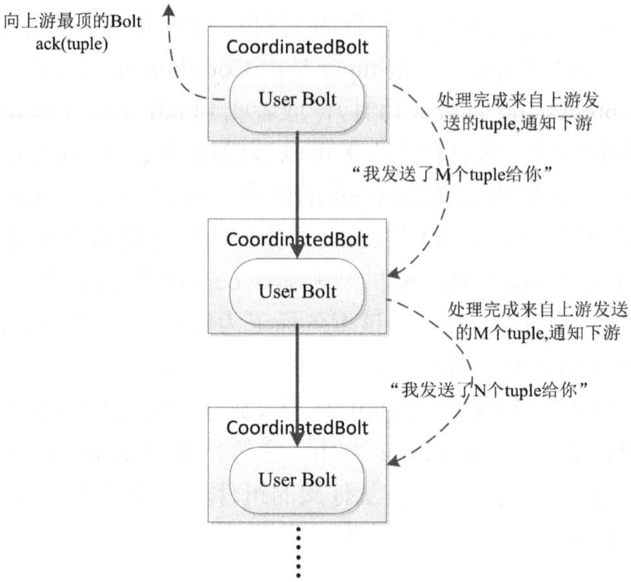

图 10-4　CoordinatedBolt 的原理

③ 一个 Bolt 在接到所有的上游任务发送的 tuple 个数信息后，对比自身接收到的 tuple 数量。如果数量相等，说明它接收到了所有的 tuple，自己处理完成了。这样它可以重复上面的步骤通知它的下游，它的下游再通知它的下游的下游等，即链式通知。综上所述，每个 Bolt 知道自己处理完成，都是靠它的上游通知的；只要一个 Bolt 存在上游，就能够知道自己什么时候完成。

④ 当然，总有一个 Bolt 是没有上游的，就是最上面的那个 Bolt，它是怎么知道自己处理完成的呢？这依赖于 Storm 的 ack 机制，只要它 ack 了它的上游（某个非 CoordinatedBolt，在 DRPC 里面就是 PrepareRequest）发送过来的 tuple，它就完成处理了。也就是说，对于最上面那个 Bolt，它只要处理完一个 tuple（相对于它的下游要处理很多 tuple 才算完成）。

可见，CoordinatedBolt 以优雅的方式实现了用户 Bolt 的代理，可以用于实现强顺序性的事务处理过程。而且，这里代理的实现对于本身业务是低侵入的，只需要保证发送的每个 tuple 的第一个域是 request-id 即可，以用于 tuple 的追踪。

10.3 非 Java 语言的开发

10.3.1 支持多语言的协议

Storm 的接口由 Java 语言实现，但通过多语言协议（multilang protocol），能够使用 PHP、Python、Ruby 或者 Javascript 来构造 Spout 和 Bolt。多语言协议是 Storm 中实现的

一种特殊协议，它使用标准输入和标准输出作为与执行 Spout 和 Bolt 任务的进程之间通信的信道，而消息以 JSON 格式或者普通的文本行通过信道传输。

这里给出用非 JVM 语言开发 Spout 和 Bolt 的简单例子[14]。在这个例子中有一个 Spout 产生从 1 到 10000 的数字，一个 Bolt 过滤素数，二者都用 PHP 语言实现。官方专门为 Storm 实现了 PHP DSL（Domain Specific Language，领域特定语言），将会在例子中展示。注意：这个例子中使用了一个原始的方法验证素数，当然有更好也更复杂的方法，这里不再讨论。

Topology 的定义如下。

```
...
TopologyBuilder builder = new TopologyBuilder( );
builder.setSpout("numbers-generator", new NumberGeneratorSpout(1, 10000));
builder.setBolt("prime-numbers-filter", new PrimeNumbersFilterBolt( ))
            .shuffleGrouping("numbers-generator");
StormTopology topology = builder.createTopology( );
...
```

这里构建作业的方式与前文没有区别，其实还有一种使用非 JVM 语言定义拓扑的方式：既然 Storm 基于 Thrift 实现通信（参见 5.1.2 节），且 nimbus 是一个 Thrift 守护进程，那么编程人员可以使用任何语言编程，并基于 Thrift 定义的服务接口提交作业。限于篇幅，这里不再详细讨论。

Topology 中 NumberGeneratorSpout 的实现如下。

```
public class NumberGeneratorSpout extends ShellSpout implements IRichSpout
{
  public NumberGeneratorSpout(Integer from, Integer to)
  {
    super("php", "-f", "NumberGeneratorSpout.php", from.toString( ), to.toString( ));
  }
  public void declareOutputFields(OutputFieldsDeclarer declarer)
  {
    declarer.declare(new Fields("number"));
  }
  public Map<String, Object> getComponentConfiguration( )
  {
    return null;
  {
}
```

这个 Spout 继承了 ShellSpout，它是一个由 Storm 提供的特殊的类，用来帮助运行并控制用其他语言编写的 Spout。ShellSpout 将在 10.3.2 节中讨论。在这个例子中，NumberGeneratorSpout 使得 Storm 可以执行 PHP 脚本，这个脚本向标准输出分发数据项，并从标准输入读取消息来确认成功（ack）或失败（fail）。这个 Spout 按照传递给构造函数

[14] 参见 Leibiusky 的《Getting Started with Storm》第七章。

的参数顺序生成数字。

接下来分析 PrimeNumbersFilterBolt。这个类实现了之前提到的 ShellBolt，它告知 Storm 如何执行 PHP 脚本。这里编程人员要做的事就是指出如何运行脚本，以及声明要输出数据项的域。

```
public class PrimeNumbersFilterBolt extends ShellBolt implements IRichBolt
{
  public PrimeNumbersFilterBolt( )
  {
    super("php", "-f", "PrimeNumbersFilterBolt.php");
  }
  public void declareOutputFields(OutputFieldsDeclarer declarer)
  {
    declarer.declare(new Fields("number"));
  }
}
```

在这个类的构造函数中告知 Storm 如何运行 PHP 脚本，它与下列 bash 命令等价。

```
php -f PrimeNumbersFilterBolt.php
```

PrimeNumbersFilterBolt.php 脚本从标准输入读取 tuple，处理它们，然后向标准输出发送，确认成功或失败。

在分析这些 PHP 脚本之前，需要了解多语言协议（multilang protocol）的工作方式。实现这个协议的非 Java 语言组件，需要采取如下步骤：

- 初始化握手；
- 开始循环；
- 读/写 tuple。

注意：这里并没有提及实现日志（logging）的功能，因为可以使用 Storm 的内置日志机制来实现脚本日志记录。接下来分析上述每一步的细节，以及如何用 PHP 语言实现它。

1. 发起握手

为了控制脚本的进程（开始和结束），Storm 需要知道它的进程 id（PID）。根据多语言协议，脚本进程开始时要做的第一件事就是 Storm 向标准输入发送一段 JSON 对象，包含 Storm 配置、Topology 上下文（context）和一个 PID 目录，如下面的代码示例。

```
{
    "conf": {
        "topology.message.timeout.secs": 3,
        // etc
    },
    "context": {
        "task->component": {
            "1": "example-spout",
            "2": "__acker",
```

```
            "3": "example-bolt"
        },
        "taskid": 3
    },
    "pidDir": "..."
}
```

脚本进程必须在 pidDir 指定的目录下，以自己的进程号为名字创建一个空文件，并以 JSON 格式把进程号写到标准输出。

```
{"pid": 1234}
```

例如，如果收到/tmp/example\n 且脚本进程号是 123，则创建一个名为/tmp/example/123 的空文件并向标准输出打印文本行{"pid": 123}\n 和 end\n。这样 Storm 就能持续追踪进程号并在它关闭时杀死脚本进程。下面是 PHP 实现。

```
$config = json_decode(read_msg( ), true);
$heartbeatdir = $config['pidDir'];
$pid = getmypid( );
fclose(fopen("$heartbeatdir/$pid", "w"));
storm_send(["pid"=>$pid]);
flush( );
```

这里的 flush( )方法非常重要，因为有可能字符缓冲只有在积累到一定数量时才会清空。这意味着脚本可能会为了等待一个来自 Storm 的输入而永远挂起，而 Storm 却在等待来自脚本的输出。因此当脚本有内容输出时，立即清空缓冲是很重要的。

这里实现的 read_msg( )函数，用来处理从标准输入读取的消息。按照多语言协议的声明，消息可以是单行或多行 JSON 文本。一条消息以 end\n 结束。

```
function read_msg( ) {
  $msg = "";
  while(true) {
    $l = fgets(STDIN);
    $line = substr($l,0,-1);
     if($line=="end") {
       break;
  }
  $msg = "$msg$line\n";
  }
  return substr($msg, 0, -1);
}
function storm_send($json) {
  write_line(json_encode($json));
  write_line("end");
}
function write_line($line) {
  echo("$line\n");
```

```
    }
```

2．开始循环以及读/写数据项

这是整个工作中最重要的一步，实现取决于编程人员开发的 Spout 和 Bolt。如果是 Spout，应当开始发送元组；如果是 Bolt，就循环读取数据项，处理它们，发送结果，确认成功或失败。

下面的代码是用来分发数字的 Spout。

```
$from = intval($argv[1]);
$to = intval($argv[2]);
while(true) {
  $msg = read_msg( );
  $cmd = json_decode($msg, true);
  if ($cmd['command']=='next') {
    if ($from<$to) {
      storm_emit(array("$from"));
      $task_ids = read_msg( );
      $from++;
      } else {
      sleep(1);
    }
  }
  storm_sync( );
}
```

从命令行获取参数 from 和 to，并开始迭代。每次从 Storm 得到一条 next 消息，就意味着已准备好分发下一个 tuple。一旦发送了所有的数字，就休眠（sleep）一段时间。为了确保脚本已准备好发送下一个 tuple，Storm 会在发送下一个之前等待 sync\n 文本行。调用 read_msg( )，读取一条命令，解析 JSON。

对于 Bolt 来说，有少许不同。

```
while(true) {
  $msg = read_msg( );
  $tuple = json_decode($msg, true, 512, JSON_BIGINT_AS_STRING);
  if (!empty($tuple["id"])) {
    if (isPrime($tuple["tuple"][0])) {
      storm_emit(array($tuple["tuple"][0]));
    }
    storm_ack($tuple["id"]);
  }
}
```

从标准输入循环读取数据项。解析读取的每一条 JSON 消息，判断它是不是一个 tuple，如果是则再检查它是不是一个素数。如果是素数则再次分发一个数据项，否则就忽略掉。

最后无论如何都要确认成功。其中，在 json_decode( ) 函数中使用 JSON_BIGINT_AS_STRING 是为了解决 Java 和 PHP 之间的数据转换问题。Java 发送的一些很大的数字，在 PHP 中会丢失精度。为了避开这个问题，告诉 PHP 把大数字当做字符串处理，并在 JSON 消息中输出数字时不使用双引号。PHP 5.4.0 或更高版本要求使用这个参数。

另外，其中的 emit、ack、fail 及 log 消息都采用如下结构示例。

（1）emit。

```
{
    "command": "emit",
    "tuple": ["foo", "bar"]
}
```

其中的数组包含了发送的数据项。

（2）ack。

```
{
    "command": "ack",
    "id": 123456789
}
```

其中的 id 就是处理的 tuple 的 ID。

（3）fail。

```
{
    "command": "fail",
    "id": 123456789
}
```

其中的 id 就是处理的 tuple 的 ID。

（4）log。

```
{
    "command": "log",
    "msg": "some message to be logged by storm."
}
```

这个例子中 Spout 和 Bolt 的完整实现可以参见附录中 PHP 实现的 Storm 组件。

另外需要重点指出的是，应当把所有的非 JVM 的脚本文件保存在工程目录下一个名为 multilang/resources 的子目录中。这个子目录被包含在发送给进程（worker）的 jar 文件中。否则，Storm 就无法定位这些脚本进而运行它们，导致报告一个无法定位脚本文件的错误。

10.3.2　Shell 组件

Storm 中对多语言的支持是通过支持 Shell 类实现的，它包括 ShellBolt、ShellSpout 和 ShellProcess。这些类分别实现了 IBolt 或 ISpout 接口，以及通过 Shell 在 Java 进程中执行脚本或程序的协议。与普通的组件类似，Shell 组件（ShellBolt 和 ShellSpout）也需要在类的定义中通过 declareOutputFields 声明域（fields）。

Storm 中以 Topology 作为运行的作业单元，由 Spout 和 Bolt 组成，由 Spout 对接数据源，Bolt 处理数据。在多语言支持协议中，ShellSpout 和 ShellBolt 封装了实际执行的非 JVM 语言实现的脚本程序，而且是异步执行的，需要从标准输入中接收输入，并向标准输出中发送数据。这里主要分析一下 Storm 的 ShellBolt。

ShellBolt 本质上是一个 Bolt，允许编程人员将自己的程序（任意的程序）封装，从而加入 Topology 中作为处理单元运行，它的结构如图 10-5 所示。

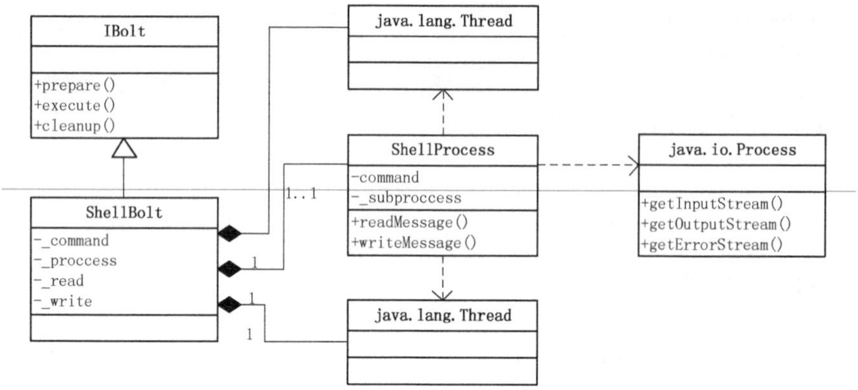

图 10-5　ShellBolt 的结构

① ShellBolt 是继承 IBolt 接口的实现类，本质上是一种 Bolt，需要实现接口中声明的 prepare( )、execute( )和 cleanup( )方法。关于 IBolt 接口的内容，可参见 8.1.2 节。

② ShellBolt 中接收的 Shell 命令保存在属性_command 中，根据 Shell 命令调用创建一个 ShellProcess 对象，同时启动两个线程_read 和_write（即图 10-5 中的两个 Thread），分别向该 ShellProcess 读取数据和发送数据。

③ ShellProcess 实际上调用 ProcessBuilder 创建了一个 JVM 的进程（即图 10-5 中的 Process），通过对应的 Process 对象的输入流、输出流和错误流与该进程进行交互。

可见，ShellBolt 通过 Shell 命令启动新的 JVM 进程，并通过该进程的标准输入、标准输出和标准错误与其进行交互。上一小节已经提及，在 Storm 集群中运行 ShellBolt，需要将脚本程序放置在资源子目录（multilang/resources）中作为 jar 文件提交至 Storm 主控节点。另外，在本地模式（local mode）下，资源子目录只需要被包含进 CLASSPATH 环境变量即可。

Storm 提供的 API 封装了上述工作过程，编程人员只需要采用少量的代码便可以调用非 JVM 语言的程序。如下的代码示例了一个调用 Python 脚本的 ShellBolt，通过命令 Python 执行脚本 mybolt.py。

```
public class MyBolt extends ShellBolt implements IRichBolt
{
    public MyBolt( )
```

```
    {
super("python", "mybolt.py");
    }
    public void declareOutputFields(OutputFieldsDeclarer declarer)
    {
        declarer.declare(new Fields("field1", "field2"));
    }
}
```

10.4　本章小结

本章主要讲解了分布式远程过程调用、事务型作业和非 Java 语言的 Storm 开发。这些内容，本身不能算是 Storm 的基础功能，而是高层使用模式，因为它们组合使用 Storm 的基本编程单元，如 Stream、Spout、Bolt、Topology，以独立的程序库的形式被提供。

针对分布式远程过程调用，本章分析了 DRPC 的概念、构建使用方式和原理。针对事务型作业，本章解释了相关概念，进行了 Transactional Topology 构建和接口分析，还详细介绍了对 DRPC 和事务型作业都起着重要作用的一类特殊的 Bolt——CoordinatedBolt。针对非 Java 语言的开发，本章详细说明了 Storm 多语言支持的协议及应用，并分析了作为核心的 Shell 组件。

第三篇　应用篇

基于流式数据处理系统 Storm 的开发

第 11 章

Storm 的系统部署

本书的前两篇，分别讲解了流式计算的基础，以及流式计算在 Storm 系统中的实现。基于 Storm 可以实现分布式高可靠的流式计算，在第三篇中，我们着眼于 Storm 的应用实践，从 Storm 系统部署、开发与调试和实际项目的实现分析三个角度，详细讲述 Storm 的现实应用。其中，第 11 章讲解 Storm 的系统部署，分析 Storm 及其依赖软件的安装与配置系统；第 12 章介绍 Java 集成开发环境下的开发与调试，详细给出具体的实践指导；第 13 章详细说明一个具体的项目实践，并分析其中各个部分的实现。

安装和配置系统，是编程人员基于 Storm 实现业务逻辑进行流式计算的基础。本章主要讲解 Storm 的系统部署，包括 Storm 系统及依赖软件包的安装及配置。

11.1 系统环境

本章将讲述如何在三台机器组成的集群上安装 Storm 系统，本节给出作为实验环境的机器的配置。这里通过主机名（hostname）来区分各台机器，它们的主机名分别是 hd-m、hd-s1 和 hd-s2。

三台机器的物理配置均为 2 核 CPU、2GB 内存、40GB 硬盘。机器安装了 CentOS 6.3 的 64 位操作系统，并已经随操作系统安装了 Java 和 Python，通过以下命令可以观察到它们各自的版本。

```
[root@hd-m opt]# java -version
java version "1.6.0_24"
OpenJDK Runtime Environment (IcedTea6 1.11.1) (rhel-1.45.1.11.1.el6-x86_64)
OpenJDK 64-Bit Server VM (build 20.0-b12, mixed mode)

[root@hd-m opt]# python -V
Python 2.6.6
```

其中，Java 环境是必要的，因为 Storm 系统的接口及其大部分依赖的程序，都是用 Java 语言开发的。CentOS 作为一种 Linux 发布版，已经安装了 OpenJDK。编程人员还可以按照自己的需求，安装 Oracle 的 JDK，如 jdk-6u25-linux-i586-rpm.bin，并通过如下的命令设置其为默认 Java 环境[1]。此处不再详述。

```
update-alternatives --config java
```

在部署 Storm 前，首先需要安装 Storm 依赖的程序，主要包含如下几组程序：

- libuuid, libuuid-devel, gcc-c++, libtoo。
- ZeroMQ 与 JZMQ。

11.2 依赖程序的安装

本节主要介绍以下几组程序的安装，它们之间没有明显的依赖关系，因此对安装的顺序没有要求。

11.2.1 libuuid，libuuid-devel，gcc-c++，libtool

在 Linux 的各类发布版中，这一组的四个程序包，均可以通过各自系统的程序库（Repository）来实现在线安装。对于 CentOS 系统，使用 yum 命令；对于 Debian/Ubuntu 系统，使用 apt-get 命令；对于 openSUSE 系统，使用 zypper 命令。使用 yum 这类命令的优点在于，它可以下载所安装程序的所有依赖程序，并在确认后一并安装。

在 11.1 节给出的 hd-m 机器的 CentOS 环境下，我们使用 yum 命令安装这几个程序。

```
[root@hd-m opt]# yum install gcc-c++
Loaded plugins: fastestmirror, refresh-packagekit, security
Loading mirror speeds from cached hostfile
Setting up Install Process
Resolving Dependencies
--> Running transaction check
---> Package gcc-c++.x86_64 0:4.4.7-4.el6 will be installed
……
Installed:
  gcc-c++.x86_64 0:4.4.7-4.el6

Dependency Installed:
  cloog-ppl.x86_64 0:0.15.7-1.2.el6
  cpp.x86_64 0:4.4.7-4.el6
```

[1] 此步不是必要的，有些系统如 Hadoop 会指明需要 Dracle 官方的 JDK。

```
  gcc.x86_64 0:4.4.7-4.el6
  glibc-devel.x86_64 0:2.12-1.132.el6_5.3
  glibc-headers.x86_64 0:2.12-1.132.el6_5.3
  kernel-headers.x86_64 0:2.6.32-431.23.3.el6
  libstdc++-devel.x86_64 0:4.4.7-4.el6
  mpfr.x86_64 0:2.4.1-6.el6
  ppl.x86_64 0:0.10.2-11.el6

Dependency Updated:
  glibc.x86_64 0:2.12-1.132.el6_5.3      glibc-common.x86_64 0:2.12-1.132.el6_5.3
  libgcc.x86_64 0:4.4.7-4.el6            libgomp.x86_64 0:4.4.7-4.el6
  libstdc++.x86_64 0:4.4.7-4.el6

Complete!
```

命令执行后会下载安装 gcc-c++的 15 个依赖程序，并安装成功。

用同样的方式可以安装其他几个程序。

安装 libtool：

```
[root@hd-m opt]# yum install libtool
Loaded plugins: fastestmirror, refresh-packagekit, security
Loading mirror speeds from cached hostfile
Setting up Install Process
Resolving Dependencies
--> Running transaction check
---> Package libtool.x86_64 0:2.2.6-15.5.el6 will be installed
……
Installed:
  libtool.x86_64 0:2.2.6-15.5.el6

Dependency Installed:
  autoconf.noarch 0:2.63-5.1.el6                         automake.noarch 0:1.11.1-4.el6


Complete!
```

安装 libuuid：

```
[root@hd-m opt]# yum install libuuid
Loaded plugins: fastestmirror, refresh-packagekit, security
Loading mirror speeds from cached hostfile
Setting up Install Process
Resolving Dependencies
--> Running transaction check
---> Package libuuid.x86_64 0:2.17.2-12.7.el6 will be updated
……
```

```
Updated:
  libuuid.x86_64 0:2.17.2-12.14.el6_5

Depend ency Updated:
  libblkid.x86_64 0:2.17.2-12.14.el6_5                    util-linux-ng.x86_64 0:2.17.2-12.14.el6_5

Complete!
```

安装 libuuid-devel：

```
[root@hd-m opt]# yum install libuuid-devel
Loaded plugins: fastestmirror, refresh-packagekit, security
Loading mirror speeds from cached hostfile
Setting up Install Process
Resolving Dependencies
--> Running transaction check
---> Package libuuid-devel.x86_64 0:2.17.2-12.14.el6_5 will be installed
--> Finished Dependency Resolution
……
Installed:
  libuuid-devel.x86_64 0:2.17.2-12.14.el6_5

Complete!
```

在其他两台机器 hd-s1 和 hd-s2 上，按照上述同样的步骤安装这几个依赖程序，在此不再详述。

11.2.2 ZeroMQ 和 JZMQ

这一组的两个程序包，用于实现 Storm 的通信，相关内容可以参见 5.3.1 节。不同于上一小节程序包的安装方式，它们需要手动编译源码进行安装。对于 ZeroMQ，官方指出了版本兼容的问题，建议勿使用 2.1.7 版本或 2.1.10 版本，因为其中存在的一些 Bug 会导致问题。这里使用推荐的 ZeroMQ　2.1.4 版本，在机器 hd-m 上进行安装。

首先，从官方站点下载 tar.gz 格式的 ZeroMQ 的源码压缩包，之后使用 tar 命令解压下载的源码包，并进入对应的目录。

```
[root@hd-m opt]# wget http://download.zeromq.org/zeromq-2.1.7.tar.gz
[root@hd-m opt]#tar -xzf zeromq-2.1.7.tar.gz
[root@hd-m opt]#cd zeromq-2.1.7
```

接下来，配置编译。使用./configure 命令进行编译的配置，生成一系列用于编译的文件。若无错误提示并能进行到最后，说明配置完成。

```
[root@hd-m zeromq-2.1.7]#./configure
checking for a BSD-compatible install... /usr/bin/install -c
checking whether build environment is sane... yes
```

```
checking for a thread-safe mkdir -p... /bin/mkdir -p
checking for gawk... gawk
......
configure: creating ./config.status
config.status: creating Makefile
config.status: creating src/Makefile
config.status: creating doc/Makefile
config.status: creating perf/Makefile
config.status: creating src/libzmq.pc
config.status: creating builds/msvc/Makefile
config.status: creating tests/Makefile
config.status: creating foreign/openpgm/Makefile
config.status: creating builds/redhat/zeromq.spec
config.status: creating src/platform.hpp
config.status: executing depfiles commands
config.status: executing libtool commands
```

接着可以编译源码。这里用 make 命令启动源码的编译，生成用于安装所需的一系列文件。编译过程使用了 gcc-c++，由于代码较多，相对较为耗时，若无错误提示并能进行到最后，说明编译成功。

```
[root@hd-m zeromq-2.1.7]#make
Making all in src
make[1]: Entering directory `/opt/zeromq-2.1.7/src'
make  all-am
make[2]: Entering directory `/opt/zeromq-2.1.7/src'
  CXX     libzmq_la-clock.lo
  CXX     libzmq_la-command.lo
......
  CXXLD   test_pair_ipc
  CXX     test_reqrep_ipc.o
  CXXLD   test_reqrep_ipc
make[1]: Leaving directory `/opt/zeromq-2.1.7/tests'
make[1]: Entering directory `/opt/zeromq-2.1.7'
make[1]: Nothing to be done for `all-am'.
make[1]: Leaving directory `/opt/zeromq-2.1.7'
```

最后，进行 ZeroMQ 的安装。若无错误提示并进行到最后，说明安装成功。

```
[root@hd-m zeromq-2.1.7]# make install
Making install in src
make[1]: Entering directory `/opt/zeromq-2.1.7/src'
make[2]: Entering directory `/opt/zeromq-2.1.7/src'
test -z "/usr/local/lib" || /bin/mkdir -p "/usr/local/lib"
 /bin/sh ../libtool   --mode=install /usr/bin/install -c   libzmq.la '/usr/local/lib'
libtool: install: /usr/bin/install -c .libs/libzmq.so.1.0.0 /usr/local/lib/libzmq.so.1.0.0
```

```
……
Making install in tests
make[1]: Entering directory `/opt/zeromq-2.1.7/tests'
make[2]: Entering directory `/opt/zeromq-2.1.7/tests'
make[2]: Nothing to be done for `install-exec-am'.
make[2]: Nothing to be done for `install-data-am'.
make[2]: Leaving directory `/opt/zeromq-2.1.7/tests'
make[1]: Leaving directory `/opt/zeromq-2.1.7/tests'
make[1]: Entering directory `/opt/zeromq-2.1.7'
make[2]: Entering directory `/opt/zeromq-2.1.7'
make[2]: Nothing to be done for `install-exec-am'.
make[2]: Nothing to be done for `install-data-am'.
make[2]: Leaving directory `/opt/zeromq-2.1.7'
```

JZMQ 是 ZeroMQ 的 Java 接口，也是使用 Java 语言实现的。JZMQ 也需要通过源码编译的方式实现安装，与 ZeroMQ 相似。所以，下面只列出需要执行的命令步骤，不再详细展开每一个步骤的执行结果。其中，git clone 命令用于从源码库中下载源码。

```
git clone https://github.com/nathanmarz/jzmq.git
cd jzmq
./autogen.sh
./configure
make
make install
```

安装成功后，系统的/usr/local/share/java 目录下会有 zmq.jar 文件，/usr/local/lib 下会有 libzmq.*等文件生成。可以通过查看这些文件是否存在，验证 JZMQ 是否安装成功。

对于编译源码安装的这些程序，在安装完成后还需要修改和配置动态链接库，使得 Linux 系统能够定位和使用。修改/etc/ld.so.conf 文件，在其中增加一行文本：/usr/local/lib，然后执行如下的命令更新系统查找动态链接库的路径。

```
[root@hd-m opt]#/sbin/ldconfig -v
```

类似地，在其他两台机器 hd-s1 和 hd-s2 上，按照上述同样的步骤和方式编译、安装和配置这两个依赖程序，在此不再详述。

11.3 Storm 的安装与配置

11.3.1 Zookeeper 的安装与配置

在 4.2.1 节已经提及，Zookeeper 是作为 Storm 的协调节点工作的，而且 Zookeeper（集群）是可以独立于 Storm 部署的。在这里我们就用 hd-m、hd-s1 和 hd-s2 这三台机器搭建一个 Zookeeper 集群。这里以 zookeeper-3.4.5 为例，配置 3 个节点的 Zookeeper 集群。

① 在机器 hd-m 上，从下述 URL 下载 Zookeeper 至/opt，并解压。

http://hadoop.apache.org/zookeeper/releases.html

② 配置 Zookeeper 集群。在安装目录下的 conf 目录中创建 Zookeeper 配置文件 zoo.cfg，配置如下。

```
tickTime=2000
initLimit=5
syncLimit=2
# the directory where the snapshot is stored.
# do not use /tmp for storage
dataDir=/opt/zookeeper-3.4.5/dataDir
# the port at which the clients will connect
clientPort=7181

server.1=hd-m:2888:3888
server.2=hd-s1:2888:3888
server.3=hd-s2:2888:3888
```

其中，

- dataDir 指定 Zookeeper 数据文件的存放目录；
- server.id=host:port:port 表达式指出了这个 Zookeeper 集群的所有机器和相关端口，id 是每个 Zookeeper 节点的编号，hd-*表示各个 Zookeeper 节点的主机名（hostname），第一个 port 是用于连接 leader 的端口，第二个 port 是用于 leader 选举的端口。

③ 在 dataDir 目录下创建 myid 文件，文件中只包含一行，且内容为上述配置中该节点对应 server.id 中的 id 编号。可以用如下的命令将编号写入该文件。

```
[root@hd-m zookeeper-3.4.5]#echo "1" > /opt/zookeeper-3.4.5/dataDir /myid
```

④ 将该配置好的 Zookeeper 使用 scp 命令远程复制到集群其他机器（hd-s1 和 hd-s2）中各个节点对应的目录下，并注意修改各自的 myid 文件。

```
[root@hd-m zookeeper-3.4.5]#scp –r /opt/zookeeper-3.4.5/   hd-s1:/opt/
[root@hd-m zookeeper-3.4.5]#scp –r /opt/zookeeper-3.4.5/   hd-s2:/opt/
```

在 hd-s1 上：

```
[root@hd-s1 zookeeper-3.4.5]#echo "2" > /opt/zookeeper-3.4.5/dataDir /myid
```

在 hd-s2 上：

```
[root@hd-s2 zookeeper-3.4.5]#echo "3" > /opt/zookeeper-3.4.5/dataDir /myid
```

⑤ 在各个机器上启动 Zookeeper 服务，这里以机器 hd-m 为例说明，其他两台机器的操作相同。

```
[root@hd-m zookeeper-3.4.5]#/opt/zookeeper-3.4.5/bin/zkServer.sh start
```

注意：启动日志在/opt/zookeeper-3.4.5/zookeeper.out，可以通过日志内容观察异常和每台机器 Zookeeper 的角色。例如在三台机器上，分别可以观察到如下信息。

```
[root@hd-m zookeeper-3.4.5]# /opt/zookeeper-3.4.5/bin/zkServer.sh status
JMX enabled by default
Using config: /opt/zookeeper-3.4.5/bin/../conf/zoo.cfg
```

```
Mode: follower
```

```
[root@hd-s1 zookeeper-3.4.5]# /opt/zookeeper-3.4.5/bin/zkServer.sh status
JMX enabled by default
Using config: /opt/zookeeper-3.4.5/bin/../conf/zoo.cfg
Mode: leader
```

```
[root@hd-s2 zookeeper-3.4.5]# /opt/zookeeper-3.4.5/bin/zkServer.sh status
JMX enabled by default
Using config: /opt/zookeeper-3.4.5/bin/../conf/zoo.cfg
Mode: follower
```

上述信息说明hd-s1的Zookeeper作为集群中的leader角色，其他两台机器的Zookeeper作为 follower 角色。

另外，可以通过客户端按如下方式连接 Zookeeper 服务。此后客户端可以进行 Zookeeper 的一系列操作，比如查看数据、添加/删除数据等。由于在 Storm 应用中是通过 Storm 系统而非编程人员连接和使用 Zookeeper，这里不再详细讲解 Zookeeper 的操作命令。

```
[root@hd-m zookeeper-3.4.5]# sh bin/zkCli.sh -server localhost:7181
```

其他需要注意的是，根据 Zookeeper 集群的负载情况，编程人员需要合理设置 Java 堆大小，尽可能避免发生内存置换（swap），导致 Zookeeper 性能下降。通常情况下，4GB 内存的机器可以为 Zookeeper 分配 3GB 最大堆空间。

11.3.2 单机模式和集群模式下 Storm 的安装、配置和启动

无论是单机模式还是集群模式，都需要在所在的机器上下载和解压 Storm 的程序包进行安装。这里以机器 hd-m 为例，说明针对 Storm 0.8.2 版本的下载和解压方法，其他机器的操作与之相同。

如下的步骤实现了程序包的下载，并在/opt 目录解压。

```
[root@hd-m opt]#wget https://dl.dropbox.com/u/133901206/storm-0.8.2.zip
[root@hd-m opt]#unzip storm-0.8.2.zip
```

注意：其他版本和 Storm 的发布说明都可以从如下 URL 获取。

http://storm.apache.org/downloads.html

接下来分别介绍在单机模式和集群模式下 Storm 的配置。

1. 单机模式的配置

在单机模式下，Storm 所有（逻辑）节点的服务均在一台机器上启动，包括主控节点、工作节点、协调节点和控制台节点。这里以机器 hd-m 为例，说明在这一台机器上如何配置 Storm 的多个（逻辑）节点和启动服务。如下操作步骤，将修改 Storm 的配置文件。

```
[root@hd-m opt]#cd /opt/storm-0.8.2/conf
```

```
[root@hd-m conf]# vi storm.yaml
```

这里使用了 vi 命令修改 conf/storm.yaml 的内容。将这个配置文件修改如下。其中，storm.local.dir 要指向一个已经存在的目录。

```
storm.local.dir: "/opt/storm-0.8.2/dataDir"
storm.zookeeper.servers:
     - "hd-m"
storm.zookeeper.port: 7181
nimbus.host: "hd-m"
ui.port: 7080
```

① storm.zookeeper.servers 是 Storm 使用的 Zookeeper（集群）地址，这个例子配置使用的是本机已安装的 Zookeeper 服务。关于 Zookeeper 的安装，参见 11.3.1 节。

② 因为使用的不是 Zookeeper 默认端口（2181），这里需要配置 storm.zookeeper.port，与在 11.3.1 节配置的端口匹配。

③ storm.local.dir 需要提前创建相应目录并给予足够的访问权限，它用于放置 Storm 持久化的一些数据，因为 nimbus 和 supervisor 进程需要存储少量状态，如 jars、confs 等的本地磁盘目录等。特别注意，这个配置项不要指向/tmp 及其子目录，因为/tmp 是 Linux 系统的临时目录，在机器重启后会清空，导致 Storm 所需数据丢失。

④ ui.port 是 Storm UI 控制台的端口，默认为 8080，这里我们指定了另外的端口 7080。

关于 conf/storm.yaml 配置文件的其他默认值，可以参见附录中的 defaults.yaml。

2．集群模式的配置

这里我们使用 hd-m、hd-s1 和 hd-s2 三台机器，它们均已经下载和在/opt 目录解压了 Storm 0.8.2。按照如下的步骤开始配置 Storm 的集群。

① 在机器 hd-m 上，修改/opt/storm-0.8.2/conf/storm.yaml 的配置文件如下。

```
storm.local.dir: "/opt/storm-0.8.2/dataDir"
storm.zookeeper.servers:
     - "hd-m"
     - "hd-s1"
     - "hd-s2"
storm.zookeeper.port: 7181
nimbus.host: "hd-m"
ui.port: 7080
```

其中，

- storm.zookeeper.servers 使用了 11.3.1 节配置的 Zookeeper 集群，使用各台机器的主机名（hostname）进行引用。
- 因为使用的不是 Zookeeper 默认端口，所以这里需要配置 storm.zookeeper.port，与 11.3.1 节配置的端口匹配。
- storm.local.dir 需要提前创建相应目录并给予足够的访问权限，它用于放置 Storm

持久化的一些数据，因为 nimbus 和 supervisor 进程需要存储少量状态，如 jars、confs 等的本地磁盘目录等。特别注意，这个配置项不要指向/tmp 及其子目录，因为/tmp 是 Linux 系统的临时目录，在机器重启后会清空，导致 Storm 所需数据丢失。

- ui.port 是 Storm UI 控制台的端口，默认为 8080，这里我们指定了另外的端口 7080。
- nimbus.host 需要指向主控节点，这里配置的是 hd-m 这台机器。
- 配置文件中还有个 supervisor.slots.ports 项，是对 supervisor 工作节点有效的，指名该工作节点可以运行的 worker（进程）数量。每个 worker 占用一个单独的端口用于接收消息，该配置项用于定义 Slot 其中哪些端口是可被 worker 使用的。默认情况下，每个节点上可运行 4 个 worker，分别在 6700、6701、6702 和 6703 端口可供使用，如下所示。例子中我们就使用这个默认值，故没有在配置文件中再写出这个配置项。

```
supervisor.slots.ports:
    - 6700
    - 6701
    - 6702
    - 6703
```

② 将按上述过程在 hd-m 机器上配置好的 Storm，使用如下命令远程复制至集群的各个节点对应的目录，覆盖原有的文件即可。

```
[root@hd-m opt]#scp –r /opt/storm-0.8.2/   hd-s1:/opt/
[root@hd-m opt]#scp –r /opt//storm-0.8.2/   hd-s2:/opt/
```

完成上述步骤后，实际上集群中三台机器拥有配置完全相同的 Storm。

下面讨论如何让集群中的机器能够互相识别。通过设置配置文件 storm.yaml 可知，Storm 集群中的机器可以通过主机名（hostname）彼此获知[2]，那么如何配置这些机器的主机名呢？通常机器可以通过 IP 地址在网络上定位其他的机器，那么这个问题实际上就是配置 IP 地址和主机名映射的工作，也即配置 DNS。这里我们给出以下三种方案。

（1）方案一：在全局 DNS 服务器配置主机名。

步骤：Storm 集群中所有的机器，都需要在全局 DNS 服务器注册 IP 地址和 hostname 的映射。

优点：修改配置集中在全局 DNS 服务器，配置修改的工作量小。

缺点：需要有 DNS 服务器的相关权限，修改全局配置影响范围大。如果不能或不宜修改全局的 DNS，可以在每台机器的/etc/hosts 中配置集群中机器的 hostname 与 IP 地址的映射，通过本地的 DNS 实现，其他两种方案正是如此。

（2）方案二：配置机器主机名。

注意：集群中机器的 hostname 很可能是相同的。例如，CentOS 安装后默认配置的 hostname 都是 localhost。那么需要通过如下命令，更改一台机器的主机名。

[2] 事实上通过实践发现，Storm 的许多配置项，如 storm.zookeeper.servers 和 nimbus.host 等，都可以使用 IP 地址来标识机器。但是，我们仍然推荐使用主机名的方式，因为相对于 IP 地址，主机名通常是稳定的。

```
hostname storm-node
```

该命令执行后，该机器的 hostname 被修改为 storm-node，但是这种修改在重启机器后失效，恢复为原先的值。一个更加稳妥的办法是，（还需要）修改本机的配置文件/etc/sysconfig/network。例如：

```
HOSTNAME=storm-node
```

在保证集群中机器的主机名唯一后，再需要修改每台机器上的主机映射配置文件/etc/hosts。在本例中，三台机器的/etc/hosts 中均有如下内容，设置了各自 IP 地址和主机名的映射，使集群中的机器最终可以通过 IP 地址定位其他机器。

```
10.61.5.147 hd-m
10.61.5.144 hd-s1
10.61.5.142 hd-s2
```

优点：机器各自修改主机名，权限可控。

缺点：修改机器的 hostname 有可能会影响这台机器上运行的其他程序。

（3）方案三：配置局部主机名（推荐）。

针对方案二中修改主机名对已有运行程序产生影响的问题，Storm 提供了局部主机名（local-hostname）机制，也即针对 Storm 集群配置机器局部主机名，主机名作用范围为 Storm 集群，而无须修改机器的 hostname。使用这个机制，需要修改每台机器的 Storm 配置文件 storm.yaml。以机器 hd-m 为例，需要增加如下配置项。

```
storm.local.hostname: hd-m
```

这个配置项说明该机器配置了局部主机名 hd-m。配置该项后启动相关服务，在 Storm UI 中也会显示这个名字，而非机器的 hostname（在本例中两者相同）。在保证集群中机器的局部主机名唯一后，再需要修改每台机器上的主机映射配置文件/etc/hosts。在本例中，三台机器的/etc/hosts 中均有如下内容，设置了各自 IP 地址和局部主机名的映射，使机器的 Storm 服务最终可以通过局部主机名定位其他机器。

```
10.61.5.147 hd-m
10.61.5.144 hd-s1
10.61.5.142 hd-s2
```

优点：配置的主机名作用范围是 Storm 集群，影响范围相对有限。

另外注意：方案二和方案三都需要修改各机器的/etc/hosts，配置 IP 地址与主机名的映射，可以在一台机器上配置好后远程复制给其他机器；文件/etc/hosts 修改后，无须重启机器，即时生效。这两个方案的区别在于，方案二中使用的是机器的主机名，而方案三使用 Storm 中的局部主机名。

11.3.3 Storm 各节点的服务启动

本节介绍在集群模式下，各个节点的服务启动。我们规划 hd-m 作为主控节点（已经通过配置文件的 nimbus.host: "hd-m"项体现）和控制台节点，hd-s1 和 hd-s2 作为工作节点。下面只要按照既定规划启动各个机器上的 Storm 服务即可。

机器 hd-m 作为主控节点和控制台节点，需要启动 Storm 的 nimbus 守护进程和 UI 守护进程，以开启相应的服务。机器 hd-m 启动 nimbus 服务：

```
[root@hd-m opt]#opt/storm-0.8.2/bin/storm nimbus    &
或者
[root@hd-m opt]#opt/storm-0.8.2/bin/storm nimbus >/dev/null 2>&1 &
```

机器 hd-m 启动 UI 服务：

```
[root@hd-m opt]#opt/storm-0.8.2/bin/storm ui    &
或者
[root@hd-m opt]#opt/storm-0.8.2/bin/storm ui >/dev/null 2>&1 &
```

上述两个命令的第二种形式，将不会开启日志功能。之后，通过访问地址 http://10.61.5.147:7080（这个 IP 是 hd-m 机器的 IP，在配置好 DNS 映射的机器上也可以使用主机名访问，7080 是配置的 UI 端口），可以看到如图 11-1 所示的 Web 控制台界面。

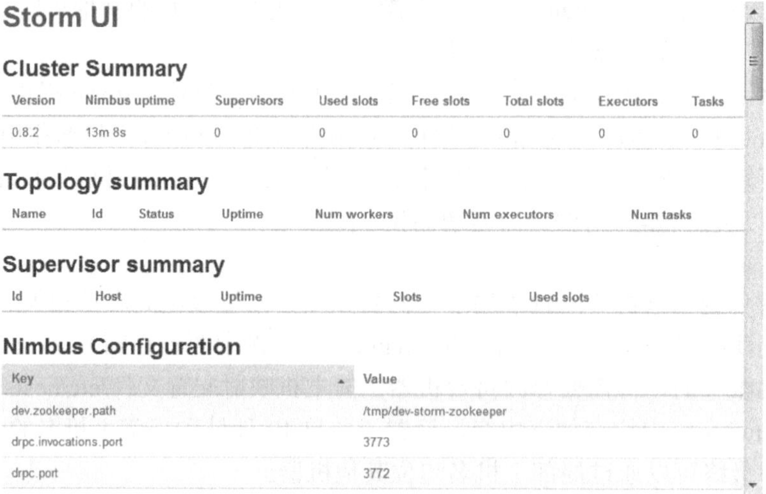

图 11-1　启动机器 hd-m 的 nimbus 和 UI 服务后的 Web 控制台界面

在这个界面中，

- "Cluster Summary" 展示了整个集群的概要信息，包括 nimbus 的启动时间，supervisor 的数量，slot 的总数、使用数和剩余数，线程总数，任务总数等。
- "Topology summary"展示了这个集群中作业的概要信息，包括每一个作业的名称、id、状态、启动时间、进程数、线程数和任务数。这个集群尚未提交作业，故此处为空。
- "Supervisor summary" 展示了这个集群中工作节点的概要信息，包括每一个工作节点的 Id、主机名、启动时间、slot 总数和使用数。这个集群尚未有工作节点加入，故此处为空。
- "Nimbus Configuration" 展示了集群的配置信息，包括各种节点的配置、端口等，这里不再详述。

机器 hd-s1 和 hd-s2 作为工作节点，需要启动 Storm 的 supervisor 守护进程以开启相应工作节点的服务。

机器 hd-s1 启动 supervisor 服务：

```
[root@hd-s1 opt]#opt/storm-0.8.2/bin/storm supervisor &
或者
[root@hd-s1 opt]#opt/storm-0.8.2/bin/storm supervisor >/dev/null 2>&1 &
```

机器 hd-s2 启动 supervisor 服务：

```
[root@hd-s2 opt]#opt/storm-0.8.2/bin/storm supervisor &
或者
[root@hd-s2 opt]#opt/storm-0.8.2/bin/storm supervisor >/dev/null 2>&1 &
```

上述两个命令的第二种形式，将不会开启日志功能。之后 Web 控制台界面如图 11-2 所示。从中可以看到，“Supervisor summary”列表中增加了两个工作节点，它们的主机名分别是 hd-s1 和 hd-s2。由于每个节点配置了默认的 4 个 slot，故在“Cluster Summary”中相应的统计项也会发生变化。

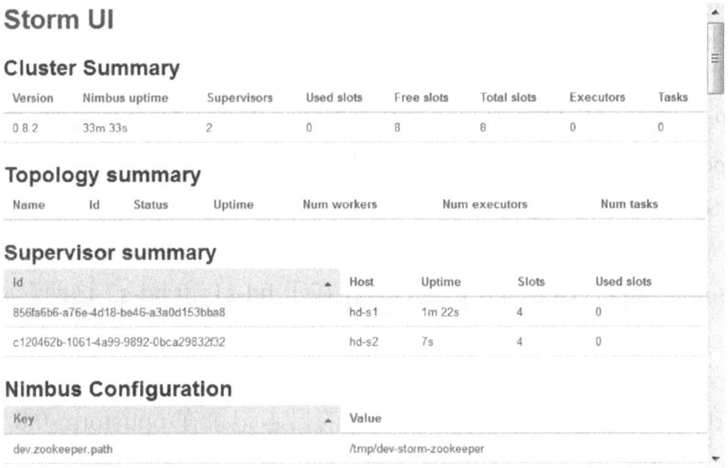

图 11-2　启动机器 hd-s1 和 hd-s2 的 supervisor 服务后的 Web 控制台界面

这里需要注意以下几点。

① 无论作为哪种节点角色，机器上配置文件 conf/storm.yaml 的 storm.local.dir 配置项所指目录，需要有写权限，因为相应的 Storm 的守护进程需要对其进行写操作。

② 无论作为哪种节点角色，相应的守护进程被启动后，在日志功能开启的情况下，Storm 将在安装部署目录的 logs 子目录下生成各个节点进程的日志文件。

③ Storm UI 控制台节点须和 Storm nimbus 主控节点部署在同一台机器上，否则 UI 无法完全正常工作，因为 UI 守护进程会检查本机是否存在 nimbus 连接。

④ 上述命令都给出了两种形式，都能够启动各自的守护进程。它们之间的区别在于，第二种形式的命令，不再向 logs 目录输出日志，效率更高；但是第一种方式下产生的日志往往能更好地帮助分析系统的运行状态，特别是定位运行时的异常。所以，通常情况下建议按照第一种方式启动守护进程。

在三台机器相应的守护进程启动后，可以通过如下方式检查对应的节点服务是否正常启动。

在每一台机器上，可以使用 jps 命令查看本机所启动的 Java 进程。例如，在机器 hd-m 上，命令执行的结果如下。

```
[root@hd-m opt]#jps
26567 core
26247 nimbus
25922 QuorumPeerMain
```

在机器 hd-s1 和 hd-s2 上，命令执行的结果分别如下。

```
[root@hd-s1 opt]#jps
28362 supervisor
30712 QuorumPeerMain
```

```
[root@hd-s2 opt]#jps
316377 supervisor
352231 QuorumPeerMain
```

其中：

- `QuorumPeerMain 是 Zookeeper 进程的名字，由于在这三台机器上都安装和启动了 Zookeeper 服务，所以该进程在三台机器上均会存在。
- core 是 Storm UI 守护进程，存在于 hd-m 这台作为控制台节点的机器上。
- nimbus 是 nimbus 的进程，存在于 hd-m 这台作为主控节点的机器上。
- supervisor 是 supervisor 的守护进程，存在于 hd-s1 和 hd-s2 这两台作为工作节点的机器上。
- 如果某些服务没有成功启动，可以通过查看相关日志来分析问题。Zookeeper 的日志记录在 zookeeper.out 文件中，Storm 的日志记录在 opt/storm-0.8.2/logs/目录下对应的 log 文件中。

11.4 Storm 集群水平扩展工作节点

前文已经讲述了如何安装和配置 Storm 系统。除了系统配置运行，更多情况下系统管理人员需要根据实际业务调整 Storm 集群。其中，在集群中增加节点以提升系统处理能力，是很常见的一类需求。本节以水平扩展一台机器，增加至已有 Storm 集群为例。

这里新增的机器主机名为 hd-s3，物理配置同为 2 核 CPU、2GB 内存、40GB 硬盘，安装了 CentOS 6.3 的 64 位操作系统，并已经随操作系统安装了 Java 和 Python。对这台机器，按照 11.2 节和 11.3 节的内容，安装和配置依赖程序和 Storm 系统。

实际上，也可以按如下方式将 hd-s1 或 hd-s2 机器上的 Storm 远程复制至 hd-s3。

```
[root@hd-s1 opt]#scp –r /opt/storm-0.8.2/   hd-s3:/opt/
或者
```

```
[root@hd-s2 opt]#scp –r /opt//storm-0.8.2/    hd-s3:/opt/
```

将这台机器的配置文件 storm.yaml 修改如下。其中，黑体加粗部分是主要改动的配置项。

```
storm.local.dir: "/opt/storm-0.8.2/dataDir"
storm.zookeeper.servers:
    - "hd-m"
    - "hd-s1"
    - "hd-s2"
storm.zookeeper.port: 7181
nimbus.host: "hd-m"
ui.port: 7080
storm.local.hostname: hd-s3
```

这里使用了配置项 storm.local.hostname，配置了局部主机名为 hd-s3。可以根据 11.3.2 节中的方案三，修改这台机器和集群中其他机器的/etc/hosts，增加这台机器的 IP 地址与这里配置的 storm.local.hostname 局部主机名的映射即可。

最后，在这台机器上启动 supervisor 守护进程，工作节点便开始服务了。

```
[root@hd-s3 opt]#opt/storm-0.8.2/bin/storm supervisor &
或者
[root@hd-s3 opt]#opt/storm-0.8.2/bin/storm supervisor >/dev/null 2>&1 &
```

上述命令的第二种形式，将不会开启日志功能。之后在 Storm UI 控制台节点的 Web 页面中，可以看到新增加的工作节点 hd-s3。

11.5　本章小结

本章主要讲解了 Storm 系统的部署。本章给出了三台机器构建 Storm 集群的实例，说明依赖程序的安装和 Storm 系统的安装与配置方法，特别指出了作为一种可扩展的分布式系统，Storm 系统如何水平增加一个新的工作节点。

针对依赖程序的安装，通过实例讲解了两类软件的安装，它们分别使用了 yum 安装和源码编译安装的方式。针对 Storm 系统的安装与配置，通过实例讲解了 Zookeeper 协调节点的安装与配置、Storm 在单机和集群模式下的安装与配置，以及集群模式下各个节点服务的启动。针对 Storm 集群水平扩展工作节点，给出了相应实例来配置和启动服务。

本章主要针对第二篇的第 4 章和第 5 章，实现了 Storm 的应用实践。相信读者根据这些内容，能够快速上手 Storm 系统的安装和配置。

第 12 章

Storm 应用的开发与调试

基于 Storm 进行应用的开发与调试，是编程人员为满足业务需求，自行实现实时数据处理功能必经的过程。本章主要讲解开发和调试 Storm 应用，作为可以运行的 Java 服务端，通过流行的 Eclipse 集成开发环境配置工程环境，可以对所开发的 Storm 应用进行编程、调试和本地调试。此外本章对上述过程和本地调试此外本意坚上述过程和远程集群部署常见的几个异常情况进行了分析。

本章仍然通过实例讲解的方式，基于 Storm 官方示例包中的例子，具体分析开发流式计算应用的过程，并详细给出具体的实践指导。本章力求以直观简单的示例，使编程人员学会在集成开发环境下进行 Storm 应用的开发，并能够举一反三地解决开发过程中的实际问题。

12.1 Eclipse 环境下的 Storm 工程

12.1.1 Eclipse 开发环境

Eclipse 是一个开放源代码的、基于 Java 的可扩展集成开发环境（Integrated Development Environment，IDE），业界占有率最高成为事实上的标准。Eclipse 之所以在短时间内就能占据庞大市场，主要在于其跨平台的特性（支持 Windows、Mac OS 和 Linux 等系统），以及在微小核心上可插拔的插件机制（Eclipse 最初主要用于 Java 语言的程序开发，通过插件也可以使其成为 C++、Python、PHP 等其他语言的开发工具）。

这里在 11.1 节提及的机器 hd-m 中，使用 Eclipse 的 Linux 64 位版本——eclipse-jee-helios-SR2-linux-gtk-x86_64.tar.gz，展示在 CentOS 6.3 x64 系统上的 Storm 开发环境。在 Eclipse 官方网站上可以下载上述压缩文件，解压并运行这个压缩文件可得到 eclipse 目录。在桌面的圆形界面环境下，运行该目录下的 eclipse 文件，效果如图 12-1 所示。

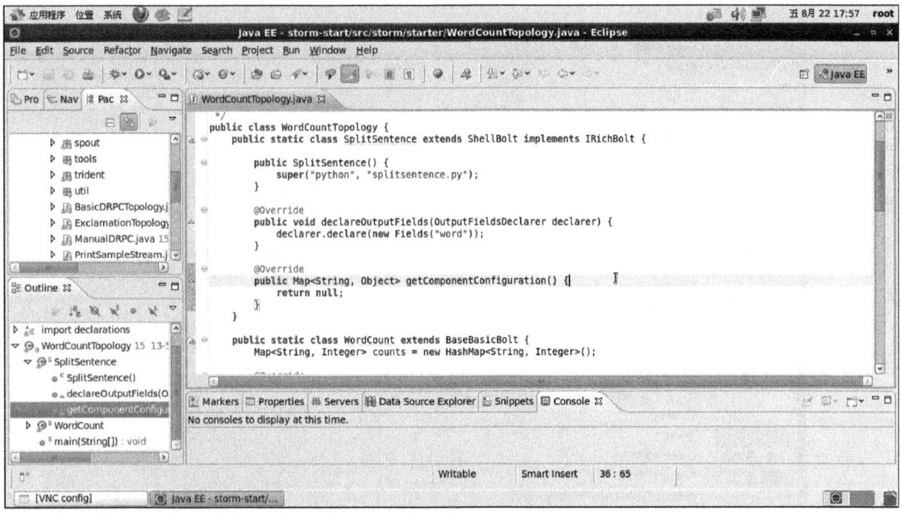

图 12-1　Linux64 位版本的 Eclipse 集成开发环境

在 Windows 环境下有过 Java 开发经验的编程人员，对 Eclipse 这个工具会很快上手；Linux 环境下的 Eclipse 从界面风格到使用模式，与前者几乎没有差别。所以 Eclipse 很适合作为跨平台的集成开发环境。

前文已经说明，使用 Storm 开发的作业需要导出为 jar 文件提交至集群。Eclipse 默认打包 jar 文件的方式，是将工程代码所依赖的 jar 文件以原始 jar 文件的形式包含在其中。但是，Storm 要求作业的 jar 文件是 class 文件的组织，而不应当存在 lib 目录和额外 jar 形式的文件，否则在作业提交时会抛出异常，提示找不到对应的 class。为了解决这个问题，我们在上述默认配置的 Eclipse 中安装 Fat Jar 插件[1]，使用这个插件进行 Storm Topology 的 jar，文件打包可以满足需求。因为 Fat Jar 插件导出的 jar，实际上是对所有依赖 jar 先解包，再和用户代码一起打包来完成的。

下面说明 Fat Jar 插件的安装步骤：

首先，下载程序包。在官方站点 http://sourceforge.net/projects/fjep/files/latest/download 下载 Fat Jar 插件最新版本的 zip 压缩包。在本书写作时，该插件的最新版本为 0.0.31。

其次，解压和安装程序包。解压这个 zip 文件至 Eclipse 的安装路径（如 D:/eclipse），将会在 plugin 子目录中增加由 net.sf.fjep.fatjar_开头的几个目录。

最后，在 Eclipse 中激活插件。关闭并重启 Eclipse 即可，之后在 Eclipse 的 Package Explorer 视图中右键单击任一工程，若在菜单中可以看到“Build Fat Jar”一项，则说明插件安装成功（图 12-2）。

按照上述方式配置好的 Eclipse，便可以作为 Storm 的开发环境了。下面我们使用官方的示例项目 Storm-starter，将其代码导入作为一个 Eclipse 工程来说明 Eclipse 环境下的开发和使用过程。

[1] http://sourceforge.net/projects/fjep/

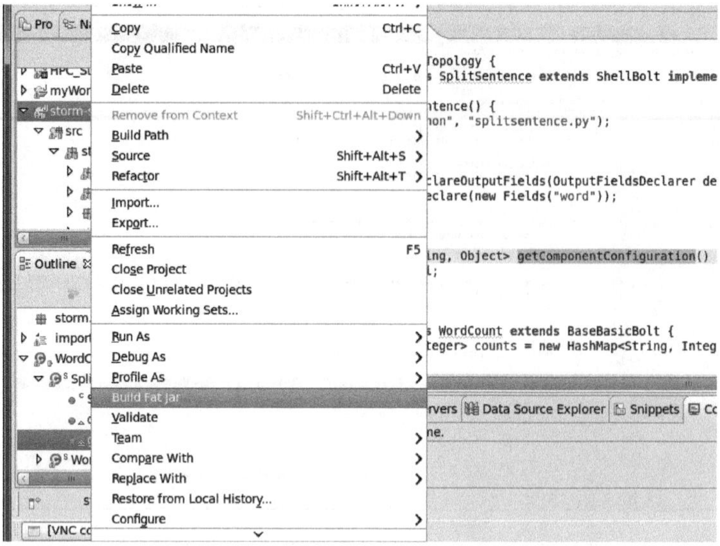

图 12-2　Fat Jar 插件

12.1.2　将 Storm-starter 组织为 Eclipse 工程

Storm-starter[2]是官方提供的 Storm 示例项目，这里我们将其代码导入作为一个 Eclipse 工程来说明 Eclipse 环境下的开发和使用过程。Storm-starter 包含众多的应用实例，读者不妨通过阅读这些实例的源码来学习 Storm 的开发。注意，Storm-starter 项目不提供直接的 Eclipse 工程或 jar 打包下载，需要借助工具 maven 或 lein 完成源码下载。为了能够使用 Eclipse，需要将这些源码组织成为这个 IDE 的工程，这些可以通过下述步骤实现。

1．依赖包 twitter4j 的准备

twitter4j 程序是 Storm-starter 项目中几个例子都需要使用的，可以从官方站点下载最新的版本[3]。然后，按如下方式解压下载版本的 zip 文件，得到 twitter4j-3.0.3 目录。其中，lib 子目录中的 jar 文件，是 Storm-starter 需要的，在稍后的工程组织中还需要用到。

```
[root@hd-m opt]# unzip twitter4j-3.0.3.zip -d
```

2．下载 Storm-starter

这里使用如下 git 命令下载最新的工程，得到 storm-starter 目录。

```
[root@hd-m opt]#   git clone https://github.com/nathanmarz/storm-starter.git
```

注意：若系统中没有 git 命令，可以通过 yum install git 来安装这个命令。

3．建立 Storm-starter 的 Eclipse 工程，导入依赖 jar 文件

在 Eclipse 中建立一个 Java 工程，可以命名为“storm-start”。这个工程的构建路径下，需要导入如下的 jar 依赖包。

---

[2] https://github.com/apache/storm/tree/master/examples/storm-starter

[3] http://twitter4j.org/en/index.html#download

（1）twitter4j 的 jar。

按上述例子这是指 twitter4j-3.0.3/lib/*.jar 文件。

（2）Storm 的 jar。

这是指在 Storm 的安装路径下的 jar 文件。在本书 11 章的例子中是/opt/storm-0.8.2/storm-0.8.2.jar。

（3）其他第三方的 jar。

这包括 commons-collections、fest-assert-core、mockito-all 和 testng。事实上，第三方的依赖包可以通过 storm-starter/m2-pom.xml 查到，包括可以获知所需要的程序及其版本。这些软件包都可以从下述 URL 查找和下载： http://mvnrepository.com/。

4．在这个 Eclipse 工程中加入 Storm-starter 源码和资源文件

在上一步建立的 Eclipse 的 Java 工程中，进行如下操作。

① 将 storm-starter/src/jvm/下的文件复制至工程的 src 源文件夹，作为主要的源码目录。

② 建立一个新的源文件夹 test，将 storm-starter/test/jvm/下的文件复制至这个新建的源文件夹，作为测试源码的目录。

③ 建立一个新的源文件夹 multilang，将 storm-starter/multilang/下的文件夹 resource 复制至该源文件夹，作为资源目录。注意：resource 这个目录用于放置非 Java 语言开发的 Storm 程序，该目录本身和名称均需要保留。

这样根据 Storm-starter 建立了相应的 Eclipse 工程，其结构如图 12-3 所示。从图中可以看到，在 src 源文件夹下，存在名为 storm.starter.spout.*Topology 的多个 Java 文件，每个这样的文件，都是一个 Storm Topology 的实现。接下来，我们就使用这个工程来说明具体的 Topology 开发和调试。

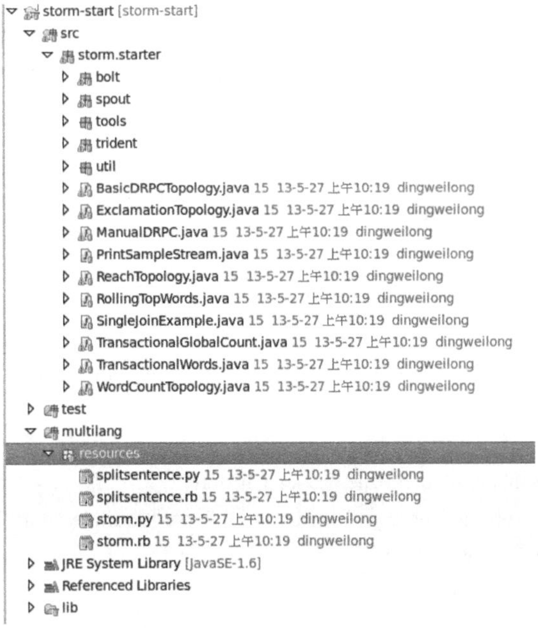

图 12-3　Storm-starter 的 Eclipse 工程结构

12.2 Storm 应用的开发、调试与部署

12.2.1 本地开发与调试

在 Eclipse IDE 下，Storm 应用的开发实际上与普通 Java 程序的开发没有太大区别。从 Storm 的角度来看，应用的开发实际上就是一个或多个 Topology 的实现，包括组成 Topology 的各个 Spout 和 Bolt 组件的实现。接下来，我们以 12.1.2 节给出的那个 Eclipse 工程为例，分析一下 Topology 的调试。

Storm 应用的标准运行模式是提交至远程集群运行。但是，开发的过程中为了及时验证 Topology 的功能，在远程部署前进行本地调试是必要的，Storm 的本地模式(local mode)正是为满足这个需求。本地模式的详细内容，可以参考 4.1.3 节。本地模式是在本地的一个进程中模拟 Storm 集群的各个角色，从编程人员的作业角度来看，提供服务的功能是一致的。这里以 12.1.2 节组织的 Eclipse 工程中的一个 Topology 来分析说明。

下面的代码给出了 storm.starter.WordCountTopology 的 main 函数。WordCountTopology 这个作业用于统计单词出现的次数，在前文也被多次引用。

```
public static void main(String[] args) throws Exception
{
    TopologyBuilder builder = new TopologyBuilder();
    builder.setSpout("spout", new RandomSentenceSpout(), 5);
    builder.setBolt("split", new SplitSentence(), 8).shuffleGrouping("spout");
    builder.setBolt("count", new WordCount(), 12).fieldsGrouping("split", new Fields("word"));

    Config conf = new Config();
    conf.setDebug(true);
    conf.setNumWorkers(3);

    if (args != null && args.length > 0)
    {
        StormSubmitter.submitTopology(args[0], conf,builder.createTopology());
    } else
    {
        LocalCluster cluster = new LocalCluster();
        cluster.submitTopology("word-count-0", conf, builder.createTopology());
        Thread.sleep(10000);
        cluster.shutdown();
    }
}
```

这个 main 函数，是启动 Topology 的入口：首先在 Topology 中构建了各个组件，包括一个 Spout 和一个 Bolt，然后设置调试模式为 true（意味着所有数据传递都被日记登记），再者设置了使用两个 worker（进程）。这里我们着重分析一下 if…else 语句实现的部分。其中，if 判断是否设置了 main 函数的 args 参数，如果没有，则进入 else 语句的本地模式（因为在集群模式下一定存在参数，如指定作业的名称等）。

在本地模式下，建立 LocalCluster 对象，通过这个对象的 submitTopology()方法提交这里定义的 Topology。这个方法需要作业名称、作业配置和作业的对象作为参数。

同时，这里程序使得 main 函数在作业运行 10 s 后，通过 LocalCluster 对象的 shutdown()方法停止服务，也就撤销了刚才提交的作业。因为这里只是本地调试，所以应当停止一个本应“持续不断”运行的流式处理作业。

本地模式常用配置项有 Config.TOPOLOGY_MAX_TASK_PARALLELISM 和 Config.TOPOLOGY _DEBUG，它们的说明可以参见 4.1.3 节。Config 类的其他配置可参见 Config 类的定义[4]，这里不再赘述。

这里需要注意一点，本地模式下的作业是在当前机器进程上的模拟，所以并没有实际提交至集群，也不会影响整个集群。同理，Storm 的 UI 控制台节点的 Web 页面，也不会显示这个本地模式下的作业。

12.2.2 远程部署

与本地模式相比，Storm Topology 的标准发布模式是提交至集群 nimbus，再由该主控节点来分配运行时的任务。这里我们接着分析上面那个 WordCountTopology 的例子。

对于 WordCountTopology 的 main 函数，前面我们分析了其中的 if 判断。通过判断是否设置了 main 函数的 args 参数，进入不同的模式。前面也分析了进入 else 语句的本地模式，下面分析 if 条件满足时（main 函数存在 args 参数）的远程模式。

在远程模式下，采用 StormSubmitter 类的静态方法 submitTopology()提交该作业至集群。其中，方法 submitTopology()的第一个参数是作业的名称，第二个参数是作业的配置集合，第三个参数是作业的实例化对象。

这里仍以 storm-start 工程为例，说明编程人员提交一个 Topology 至 Storm 集群的步骤。

1. 把 Eclipse 工程导出为 jar 文件

在 storm-start 工程无编译错误后，可以使用前面安装的 Fat Jar 插件导出工程的 jar 文件。在导出 jar 文件时，要勾选 multilang 目录和 lib 目录，而取消勾选.classpath、.project、.settings 和 test。为了保证能够正确运行这个 Topology，在这个例子中建议也取消勾选 src/storm.starter/PrintSampleStream.java 和 src/storm.starter.spout/TwitterSampleSpout.java 两个类。导出时可以忽略产生的警告（warnings）提示。

---

[4] http://nathanmarz.github.com/storm/doc/backtype/storm/Config.html

最终，我们定义这里导出的文件为 storm-starter-with-dependencies.jar。

2. 向集群提交 Topology

这个例子中的 Eclipse 与主控节点在同一台机器（hd-m）上，可以通过下述命令将上一步导出作业的 jar 文件提交至 Storm 集群。命令行实际执行的是 storm jar 命令，它的第一个参数指定了 jar 文件的位置，第二个参数指定了作业要运行的入口类，第三个参数指定了作业的名称为 wordcount（也即 main 函数的 args[0]）。

```
[root@hd-m opt]# /opt/storm-0.8.2/bin/storm jar /opt/storm-start/storm-starter-with-dependencies.jar storm.starter.WordCountTopology wordcount
```

作业提交完成后，得到相关日志，若无异常，便可以通过 http://hd-m:7080 观察 Web 控制台界面，如图 12-4 所示。

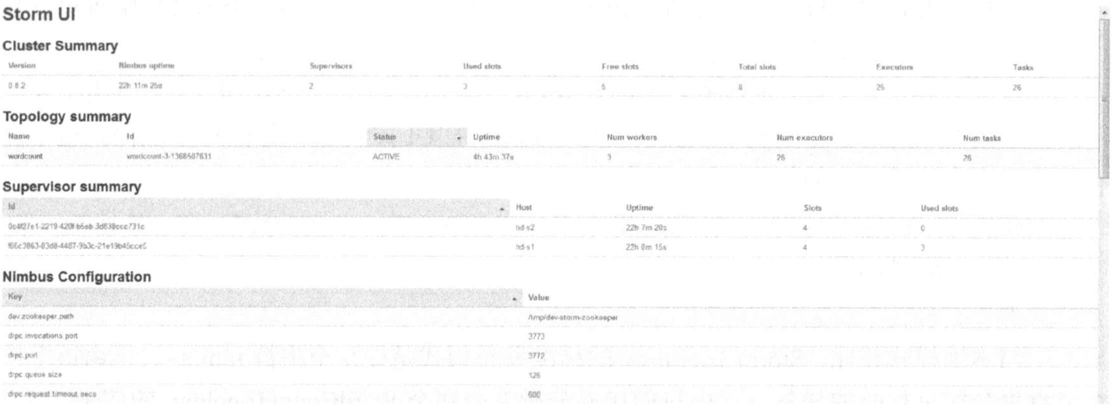

图 12-4　远程提交作业后 Web 控制台界面

从这个 Web 控制台界面可以看到，名为 wordcount 的作业已经显示在 Topology summary 列表中，这个作业使用了 3 个进程（由程序中设置的 worker 数量确定），均分布在 hd-s1 机器上。正是因为工作节点的资源被使用，相应的 Cluster Summary 和 Supervisor summary 列表也发生了变化。

在 Topology summary 列表中点击 wordcount，可以进入如图 12-5 所示的页面。

这个页面中显示了作业的具体运行细节。例如，这里展示了 wordcount 这个作业使用了 3 个 worker（进程）和 26 个 executor（线程）等。从 Topology stats 列表中，可以看到不同时间窗口下（最近 10 分钟、3 小时、1 天和全部时间）运行时作业的数据统计，分别是发送、传递、处理延迟和 ack/fail 数据项的数量。从 Spouts（All time）和 Bolts（All time）列表中，可以看到每个组件的任务统计，点击任何一个组件名，可以进入其任务细节页面，其中展示了任务在集群中的分布。图 12-5 所示的 Topology actions 这个列表给出了针对这个作业的 4 项操作，分别是激活（activate）、非激活（deacivate）、重分布（rebalance）和撤销（kill）。这些操作的具体含义，可以参见 9.1 节的内容。

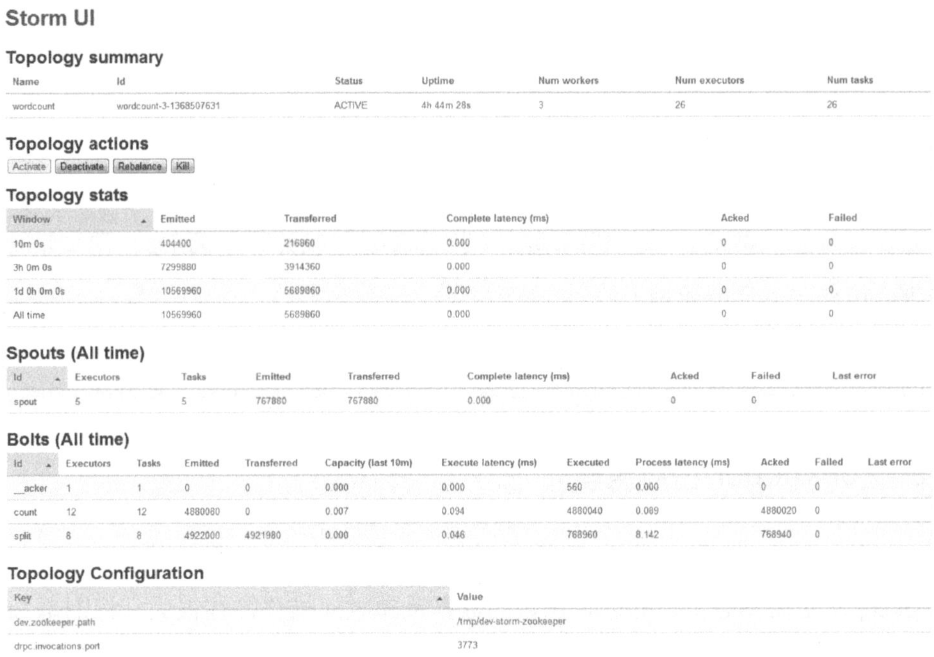

图 12-5　Web 控制台中展示的 wordcount 作业细节

12.3　常见问题与应对技巧

12.3.1　ZeroMQ 版本

Storm 使用 ZeroMQ 实现串行化 Java 对象传递，即作业任务（Spout 与 Bolt 在运行时的实例）之间的通信。ZeroMQ 的版本更新较快，而 Storm 并没有使用它的最新版本，依赖的 zmq.jar 版本较低。

若使用的 ZeroMQ 的版本与 Storm 不兼容会出现异常，这里以 ZeroMQ 3.2.1 版本为例说明。虽然从 UI 的 Web 控制台上看不到明显异常，但是数据流的统计项没有值，观察不到有数据处理。若此时打开在 logs 目录下对应的 worker 的 log 文件，会发现如下异常记录。

```
2012-12-24 20:18:15 worker [ERROR] Error on initialization of server mk-worker
org.zeromq.ZMQException: Invalid argument(0x16)
  at org.zeromq.ZMQ$Socket.setLongSockopt(Native Method)
  at org.zeromq.ZMQ$Socket.setLinger(ZMQ.java:601)
  at zilch.mq$set_linger.invoke(mq.clj:57)
  at backtype.storm.messaging.zmq.ZMQContext.connect(zmq.clj:59)
  at   backtype.storm.daemon.worker$mk_refresh_connections$this__4269$iter__4276__4280$fn__4281.invoke
(worker.clj:243)
  at clojure.lang.LazySeq.sval(LazySeq.java:42)
  at clojure.lang.LazySeq.seq(LazySeq.java:60)
```

```
    at clojure.lang.RT.seq(RT.java:473)
    at clojure.core$seq.invoke(core.clj:133)
    at clojure.core$dorun.invoke(core.clj:2725)
    at clojure.core$doall.invoke(core.clj:2741)
    at
……
```

出现这种异常的原因是，Storm 使用的方法不被 ZeroMQ 认可，根本原因在于 ZeroMQ 在新版本中更新了方法的实现。

通过实践发现，针对 Storm 比较稳妥的版本是 ZeroMQ2.2.0，建议 Storm 系统的部署和应用的开发使用这个版本。使用推荐的这个版本后，运行程序的上述异常会消失。

12.3.2 Zookeeper 日志清理

从严格意义上说，Zookeeper 这部分的内容不只限于 Storm 系统。作为分布式协同服务的 Zookeeper 是需要登记日志的，积累的数据量随时间推移往往很大。特别是 Storm 这类流式数据处理系统，因为作业是持续不间断的，所以相关状态数据更新频繁。在实践中，负载较大的情况下协调节点 Zookeeper 的日志很快就能达到 GB 级。若不及时清理 Zookeeper 的日志，协调节点对应的机器硬盘空间会告罄。

针对这个问题，解决办法就是定期清理 Zookeeper 的日志。这个工作可以通过运行下述 zkCleanup.sh 命令完成。

```
sh /opt/zookeeper-3.4.5/bin/zkCleanup.sh /opt/zookeeper-3.4.5/dataDir/ 3
```

zkCleanup.sh 是 Zookeeper 自带的一个清理日志的命令。其中，第一个参数是在配置文件中设置的 Zookeeper 数据目录，日志文件及快照文件存放在其中；第二个参数是要保留的最近的数据份数，此处可以按照实际需求设置。

这个命令由系统管理人员执行，但纯手工的方式必然容易遗忘定期执行。所以比较稳妥的方式是，在 Linux 的定时任务中加入执行上述命令的相关项。例如，下面的定时任务，会将 Zookeeper 日志在每个周二、周五的 23:00 进行清理。

```
0 23 * * 2,5 /opt/zookeeper-3.4.5/bin/zkCleanup.sh /opt/zookeeper-3.4.5/dataDir 3
```

12.3.3 Topology 作业的打包与远程部署

集群模式下部署 Topology，有时会出现以下两类异常。

1. 提示依赖的 jar 文件找不到

这种异常通常来自使用 Eclipse 默认方式打包 jar 文件的作业。12.1.1 节已经提及，Storm 要求作业打包的 jar 文件是 class 文件的组织，不能存在 lib 目录和其他独立 jar 文件。而 Eclipse 默认方式组织的 jar 文件，是将依赖 jar 连同目录一起打包。这会导致 Storm 提示找不到对应 class 的异常。

针对这个问题，需要 Eclipse 使用 12.1.1 节提及的 Fat Jar 插件，导出 Storm Topology 的 jar 文件。通过这个插件打包的 jar 文件，使得所有的代码（用户代码和依赖程序包）集中在一个目录下定义命名空间，故可以使 Storm 定位需要的 class 文件。

2. 提示依赖程序的类重复加载

这种异常通常来自打包 jar 文件中 Storm 提供的类（如 storm-0.8.2.jar 中的类）与 Storm 集群环境中的类重复。这是因为，Eclipse 环境下的工程需要在构建路径中引入 Storm 的 jar，实现方法调用和程序编译；然而这些类在 Storm 集群环境中，必然是已经加载过的。如果这些类被包含在打包作业的 jar 文件中，作业提交时一定会抛出对应类重复加载的异常。

针对这个问题，仍然需要使用 12.1.1 节提及的 Eclipse 的 Fat Jar 插件。在导出 Storm 作业的 jar 文件时，取消勾选这些 Storm 提供的 jar 再打包。这样在集群中，相关类只会在集群启动时加载，不会在作业提交时重复加载，异常也不再出现。这些类除了来自 storm-0.8.2.jar 外，还可能来自 asm-*.jar、carbonite-*.jar、cli-time-*.jar 等，具体还要视用户程序导入构建路径的 jar 文件的情况而定。

12.4 本章小结

本章主要讲解了 Storm 应用的开发与调试。本章在第 11 章给出的集群环境下，通过一个具体的工程实例，说明了基于 Eclipse IDE 的 Storm 程序开发与调试，同时给出了开发与调试过程中常见的问题和相应的应对技巧。

针对开发环境，通过实例讲解了 Linux64 位版本的 Eclipse IDE 的安装与配置，特别是安装了一个用于导出作业 jar 文件的插件。针对应用的开发与调试，通过实例讲解了应用的本地开发与调试，以及作业打包后的集群部署。针对常见的问题，分析了这些问题的产生原因，并给出了实践中总结的相应的解决方法。

本章内容涉及第 4、5、9 章，搭建了 Storm 的开发环境并通过实例说明了开发与调试的步骤。相信读者根据这些内容，能够顺利开始 Storm 应用的开发之旅。

第 13 章

项目案例分析

本章主要通过实践中的一个案例，分析 Storm 实际项目的开发过程，包括业务计算的设计与实现。这里使用前两章配置的系统环境和开发环境，以实例的方式展示应用实践过程。本章力求较为真实地还原实际需求，但同时为了能使读者理解和对重点有深刻印象，我们略去了或简化了部分实现细节，相信编程人员能通过这些内容体会具体需求下 Storm 应用开发的实现过程。

13.1 业务计算的设计

13.1.1 需求分析

这个案例来自第 3 章给出的项目——城市道路车辆数据的实时监控分析系统。这是作者所在团队参与的一个实际工程项目，来源于电子政务下的智能交通管理，其中诸多业务存在典型的实时计算业务需求。相关的数据处理需求在 3.1.2 节已经详细讨论。

这个项目实现的系统，主要处理道路车辆识别数据这类流式数据，处理的业务也是多样化的。目前系统已经实现了 11 种不同的业务计算，包括假牌车辆甄别、黑名单车辆甄别、套牌车辆甄别、超速车辆甄别、黄标车监控、公交车监控、车辆实时布控、交通流量统计、旅行时间统计等。本章将以其中的 1 个业务计算——**黑名单车辆甄别**为例进行说明。

这里所谓黑名单车辆甄别，是根据管理部门事先维护的黑名单车牌列表，从路网摄像头捕捉的车牌数据中，实时监测是否有列表中的车辆出现；若发现黑名单车辆，则登记该车的所有识别记录，以便做后续其他处理。

13.1.2 概要设计

黑名单车辆甄别业务计算，是一类典型的流式数据上的检索，将实时到达的车牌数据与加载的黑名单列表数据比对。其计算流程如图 13-1 所示，从中也可以看出，这是一个典型的“实时连续”流式计算过程。

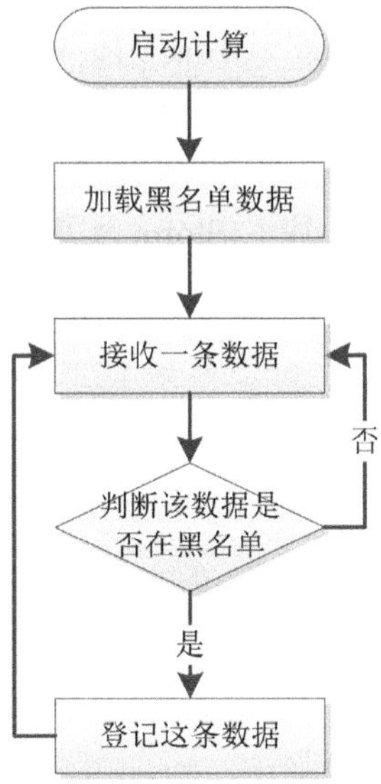

图 13-1 黑名单车辆甄别的业务计算流程

通过图 13-1 所示的流程也可以看出，这个计算过程明显分为几个子过程，包括数据加载、数据判断和数据登记。可以使用 Storm 的编程模型，将这个过程连同其子过程，构建为如图 13-2 所示的模型。

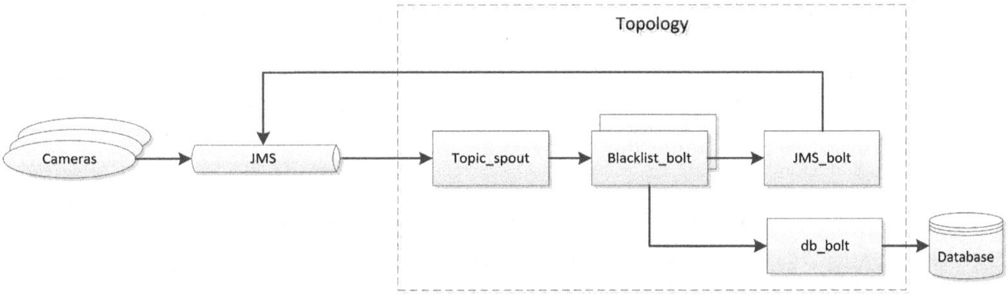

图 13-2 黑名单车辆甄别的业务计算模型

在这个模型中，具体分析如下。

- 多个前端摄像头设备 cameras，发射原始的车牌识别数据至消息中间件。这里以实现 JMS 协议的 ActiveMQ 中间软件为例说明。

- 实现 JMS 协议的消息中间件，以主题（topic）的形式缓存从前端接收的车牌数据。
- Storm 的一个 Topology，从消息中间件获取车牌数据，在黑名单进行检索计算，并将发现存在于黑名单车辆的结果数据，写回消息中间件或者持久化至关系数据库。在这个 Topology 中，Topic_spout 以队列连接的形式，从消息中间件接收数据，组织数据的 tuple 结构，传递至下游的 Blacklist_bolt；Blacklist_bolt 加载黑名单数据作为计算使用的基础数据，与接收的数据进行比对，将比对发现的数据向下游发送；JMS_bolt 从 Blacklist_Bolt 的一个输出流接收计算结果数据，作为新主题的数据，写回消息中间件；db_bolt 从 Blacklist_bolt 另一个输出流接收计算结果数据，作为一条记录存储至关系数据库的表中。为了提高计算的效率，Blacklist_bolt 可以设置并行度，即同时有多份实例任务处理检索计算。

有了上述分析和设计，我们可以基于 Storm 实现业务计算对应的 Topology 及其各个组件了。

13.2 业务计算的实现

13.2.1 Topology 的构建

根据上述设计，Topology 的构建如下。

```
public class BlackListTopology
{
  public static final String TOPIC_SPOUT = " topic_spout";
  public static final String BLACKLIST_BOLT = "blacklist_bolt";
  public static final String TOPIC_BOLT = "topic_bolt";
  public static final String DB_BOLT = " db_bolt";

  public static void main(String[] args) throws Exception
  {
        ConfigUtil cu = ConfigUtil.getInstance();

        JmsProvider jmsTopicProvider_source = new ActiveMQProvider
    ("failover:(tcp://"+ cu.getMessage_ip() + ":" + cu.getMessage_port() + ")",cu.getMessage_sb_topic(),
"", "");
        JmsSpout topicSpout = new JmsSpout();
        topicSpout.setJmsProvider(jmsTopicProvider_source);
        topicSpout.setJmsTupleProducer(new SB_Beijing_TupleProducer());
        topicSpout.setJmsAcknowledgeMode(Session.AUTO_ACKNOWLEDGE);
        topicSpout.setDistributed(false);
```

```
            JmsProvider jmsTopicProvider_target = new ActiveMQProvider
        ("failover:(tcp://"+ cu.getMessage_ip() + ":" + cu.getMessage_port() + ")",cu.getMessage_jjhmdbj_topic(),
"", "");
            JmsBolt topicBolt = new JmsBolt();
            topicBolt.setJmsProvider(jmsTopicProvider_target);
            topicBolt.setJmsMessageProducer(new JsonMessageProducer());
            topicBolt.setJmsAcknowledgeMode(Session.AUTO_ACKNOWLEDGE);


            TopologyBuilder builder = new TopologyBuilder();
            builder.setSpout(TOPIC_SPOUT, topicSpout);
            builder.setBolt(BLACKLIST_BOLT, new BlackListBolt(), 2)
                        .shuffleGrouping(TOPIC_SPOUT);
            builder.setBolt(TOPIC_BOLT, topicBolt, 1)
                        .shuffleGrouping(BLACKLIST_BOLT);
            RegisterBlackCarBolt dbBolt= new RegisterBlackCarBolt();
            builder.setBolt(DB_BOLT, dbBolt, 1).shuffleGrouping(BLACKLIST_BOLT);

            Config conf = new Config();
            conf.setNumWorkers(2);
            if (args.length > 0)
            {
                conf.setDebug(false);
                StormSubmitter.submitTopology(args[0], conf, builder.createTopology());
            } else
            {
                conf.setDebug(true);
                LocalCluster cluster = new LocalCluster();
                cluster.submitTopology("storm-traffic-blacklist", conf,builder.createTopology());
                Utils.sleep(6000000);
                cluster.killTopology("storm-traffic-blacklist");
                cluster.shutdown();
            }
        }
    }
```

可以看到，这个作业构建了 4 个组件：一个 Spout 和三个 Bolt。

其中，topicSpout 接收来自 JMS 消息中间件的主题数据，且不设置并行度（这是由 topic 在 JMS 协议中的语义决定的）。消息中间件的 IP 地址、端口和主题名称，都是在配置文件中维护的，此处是通过 ConfigUtil 对象从配置文件中获取的。

BlackListBolt 以随机分组的方式接收来自 JmsSpout 的数据，并行度被设置为 2。

topicBolt 和 dbBolt，均以随机分组的方式接收来自 BlackListBolt 的数据，分别向消息中间件和数据库写入计算的结果数据。

13.2.2 JmsSpout 的实现

上述 BlackListTopology，使用了 JmsSpout 类的实例，用于从 JMS 消息中间件获取数据，并向其它组件传递。这个类的实现代码比较长，这里我们分析其中几个关键的部分。

```
public class JmsSpout extends BaseRichSpout implements MessageListener
{
  private static final Logger LOG = LoggerFactory.getLogger(JmsSpout.class);
  private LinkedBlockingQueue<Message> queue;
  private ConcurrentHashMap<String, Message> pendingMessages;
......
  public void onMessage(Message msg)
  {
        try
        {
              LOG.debug("Queuing msg [" + msg.getJMSMessageID() + "]");
        } catch (JMSException e)
        {
        }
        this.queue.offer(msg);
  }

  public void nextTuple()
  {
        Message msg = this.queue.poll();
        if (msg == null)
        {
              Utils.sleep(50);
        } else
        {
              LOG.debug("sending tuple: " + msg);
              try
              {
                    Values vals = this.tupleProducer.toTuple(msg);
                    if (this.isDurableSubscription()
                                || (msg.getJMSDeliveryMode() != Session.AUTO_ACKNOWLEDGE))
                    {
                          LOG.debug("Requesting acks.");
                          this.collector.emit(vals, msg.getJMSMessageID());
                          this.pendingMessages.put(msg.getJMSMessageID(), msg);
                    } else
                    {
```

```
                    this.collector.emit(vals);
                }
            } catch (JMSException e)
            {
                LOG.warn("Unable to convert JMS message: " + msg);
            }
        }
    }

public void ack(Object msgId)
    {
        Message msg = this.pendingMessages.remove(msgId);
        if (msg != null)
        {
            try
            {
                msg.acknowledge();
                LOG.debug("JMS Message acked: " + msgId);
            } catch (JMSException e)
            {
                LOG.warn("Error acknowldging JMS message: " + msgId, e);
            }
        } else
        {
            LOG.warn("Couldn't acknowledge unknown JMS message ID: " + msgId);
        }
    }

    public void fail(Object msgId)
    {
        LOG.warn("Message failed: " + msgId);
        this.pendingMessages.remove(msgId);
        synchronized (this.recoveryMutex)
        {
            this.hasFailures = true;
        }
    }
……
}
```

JmsSpout 类继承了 BaseRichSpout 类并实现了 MessageListener 接口。

作为 JMS 的客户端，JmsSpout 实现了 MessageListener 接口，这里分析一下该接口声明的方法 onMessage()。方法 onMessage()在 JMS 消息中间件向它推送一个消息时调用，这里的实现是将得到的消息放入缓存队列 queue 对象中。

JmsSpout 类继承了 BaseRichSpout 类，实现了方法 nextTuple()，ack()和 fail()。在方法 nextTuple()中，这里的实现是从 queue 对象获取数据，组织为 tuple 结构后发送（emit）；JmsSpout 还设置了 AUTO_ACKNOWLEDGE 模式，发送时还需要向中间结果队列 pendingMessages 登记发送的数据项。方法 ack()在 tuple 需要被确认处理成功时调用，这里的实现是从中间结果队列 pendingMessages 移除相应数据项，并对这条消息调用 JMS 的方法 acknowledge()进行确认。方法 fail()在 tuple 需要被确认处理失败时调用，这里的实现是从中间结果队列 pendingMessages 移除相应数据项，并设置存在失败的标志位。

13.2.3 三个 Bolt 的实现

1. BlackListBolt

BlackListBolt 以随机分组的方式接收来自 JmsSpout 的车牌数据，并在黑名单基础数据中做检索，若发现该结果（在黑名单车牌存在该数据项），则继续向下游发送。这个类主要部分的实现如下。

```
public class BlackListBolt extends BaseRichBolt
{
  private static Logger logger = Logger.getLogger(BlackListBolt.class);
  private OutputCollector collector_;
  private Map<String, List<String>> blacklistMap_ = new ConcurrentHashMap<String, List<String>>();

  public void prepare(Map stormConf, TopologyContext context, OutputCollector collector)
  {
      collector_ = collector;
      Connection con = null;
      Statement jjhmd_statement = null;
      ResultSet jjhmd_resultSet = null;
      String jjhmd_queryString = "select ID, CPHID, SFSSBJ, SFCL from JJHMD";
      try
      {                                                  //加载黑名单数据
          con = DBUtil.getDataSource().getConnection();
          jjhmd_statement = con.createStatement();
          jjhmd_resultSet = jjhmd_statement.executeQuery(jjhmd_queryString);
          while (jjhmd_resultSet.next())
          {
              String jjhmd_cphid = jjhmd_resultSet.getString("CPHID");      //车牌号
              String jjhmd_sfssbj = jjhmd_resultSet.getString("SFSSBJ");    //是否实时报警
              String jjhmd_SFCL = jjhmd_resultSet.getString("SFCL");        //是否已经处理
              String jjhmd_id = jjhmd_resultSet.getString("ID");
              List<String> temp_info = new ArrayList<String>();
```

```
                temp_info.add(jjhmd_sfssbj);
                temp_info.add(jjhmd_SFCL);
                temp_info.add(jjhmd_id);
                blacklistMap_.put(jjhmd_cphid, temp_info);
            }
            jjhmd_resultSet.close();
            jjhmd_statement.close();
        } catch (SQLException e)
        {
            e.printStackTrace();
        } finally
        {
            if (con != null)
            {
                try
                {
                    con.close();
                } catch (SQLException e)
                {
                    logger.warn("", e);
                }
            }
        }
    }

    public void execute(Tuple tuple)
    {
        String no = tuple.getStringByField("no");
        String location = tuple.getStringByField("location");
        String tpid = tuple.getStringByField("tpid1");
        try
        {
            if (blacklistMap_.containsKey(no)) // 车牌在黑名单中
            {
                List<String> temp_info = blacklistMap_.get(no);
                if (temp_info.get(1).equals("否")) // 这个车牌尚未处理
                {
                    String msg = convertToMsg(tuple);
                    collector_.emit(new Values(msg));
                }
            }
        } catch (Exception e)
        {
```

```
                logger.error(e.getMessage());
            } finally
            {
            }
    }
    ......
}
```

方法 prepare()在类实例化时被调用，这里主要实现了从数据库中获取黑名单基础数据表，加载至内存中作为变量 blacklistMap_维护。这个变量是一个 Map 数据结构，每一项的键是车牌号，值是其他几个关键属性组成的列表，包括是否实时报警、是否已经处理等标志位的值。

方法 nextTuple()在每个 tuple 到达时被调用，这里主要实现了车牌在黑名单中的比对。当发现数据项中的车牌出现黑名单列表中时，会将这个 tuple 通过调用 convertToMsg()方法进行格式转换，然后通过 emit 方法发送至下游的数据流中。

2. RegisterBlackCarBolt

dbBolt 是类 RegisterBlackCarBolt 的对象，它以随机分组的方式，接收来自 BlackListBolt 的数据，也即黑名单检索的即时结果，然后向数据库写入计算的结果数据。这个类主要部分的实现如下。

```
public class RegisterBlackCarBolt implements IBasicBolt
{
  private static Logger log = Logger.getLogger(RegisterBlackCarBolt.class);
  private Connection con = null ;
  private String tableName = "JJHMDBJ";

  public void prepare(Map stormConf, TopologyContext context)
  {
        try
        {
              con=DBUtil.getDataSource().getConnection();
        } catch (SQLException e1)
        {
              e1.printStackTrace();
        }
  }
public void execute(Tuple input, BasicOutputCollector collector)
  {
        String json=(String)input.getValue(0);
        String[] tupleStrs = json.split(",");
        try
        {
              String   stmt   =   "insert   into   "   +   tableName   +   "   ("+TPID+","+JCDID+",
```

```
"+HMDID+","+CPHID+","+LRSJ+","+primaryKey+","+FQH+" ) values (?,?,?,?,?,?,?)";
                    PreparedStatement prepstmt = con.prepareStatement(stmt);
                    if(tupleStrs.length==5)
                    {
                        prepstmt.setString(1, tupleStrs[0]);
                        prepstmt.setString(2, tupleStrs[1]);
                        prepstmt.setString(3, tupleStrs[2]);
                        prepstmt.setString(4, tupleStrs[3]);
                        prepstmt.setTimestamp(5,   new   Timestamp((TimeUtil.string2datetime(tupleStrs[4])).
getTime()));
                        prepstmt.setInt(6, 1);
                        prepstmt.setInt(7, getPartNO(tupleStrs[4]));
                    }
                    else
                    {
                        log.error("tuple attribte size error!");
                    }
                    int r = prepstmt.executeUpdate();
                    log.info("insert "+r+" row");
                } catch (Exception e)
                {
                    e.printStackTrace();
                }
        }
        ……
    }
```

方法 prepare()在类实例化时被调用，这里主要实现了建立数据库的一个连接，并作为变量 con 维护。因为数据库建立连接的操作是耗时的，所以在实例化这个 Bolt 时建立连接，并一直使用这个不再关闭的连接进行数据库的操作。

方法 nextTuple()在每个 tuple 到达时被调用，这里实现了比对得到的黑名单车牌结果的数据库插入操作。当接收结果数据项后，会将这个 tuple 拆解并打包为 JJHMDBJ 数据表的一个记录，插入这个表中。在我们的实践中，数据库选型使用了 Oracle，因为它可以针对数据量大的大表进行分区以提高检索性能，所以这里我们也实现了为数据记录定位分区的方法 getPartNO()。

3. JmsBolt

topicBolt 是类 JmsBolt 的对象，它以随机分组的方式，也接收来自 BlackListBolt 的数据，即黑名单检索的即时结果，然后向消息中间件写入计算的结果数据。这个类主要部分的实现如下。

```
        public class JmsBolt extends BaseRichBolt
        {
          private static Logger LOG = LoggerFactory.getLogger(JmsBolt.class);
```

```
    private Connection connection;
   ......
    public void prepare(Map stormConf, TopologyContext context, OutputCollector collector)
   {
        if(this.jmsProvider == null || this.producer == null)
        {
            throw new IllegalStateException("JMS Provider and MessageProducer not set.");
        }
        this.collector = collector;
        try {
            ConnectionFactory cf = this.jmsProvider.connectionFactory();
            Destination dest = this.jmsProvider.destination();
            this.connection = cf.createConnection();
            this.session = connection.createSession(this.jmsTransactional, this.jmsAcknowledgeMode);
            this.messageProducer = session.createProducer(dest);
            connection.start();
        }
        catch (Exception e)
        {
            LOG.warn("Error creating JMS connection.", e);
        }
    }

   public void execute(Tuple input)
   {
        try {
            Message msg = this.producer.toMessage(this.session, input);
            if(msg != null)
            {
                if (msg.getJMSDestination() != null)
                {
                    this.messageProducer.send(msg.getJMSDestination(), msg);
                } else
                {
                    this.messageProducer.send(msg);
                }
            }
            if(this.autoAck)
            {
                LOG.debug("ACKing tuple: " + input);
                this.collector.ack(input);
            }
        } catch (JMSException e)
```

```
            {
                LOG.warn("Failing tuple: " + input+"Exception: "+e);
                this.collector.fail(input);
            }
        }
    ……
}
```

方法 prepare()在类实例化时被调用，这里主要实现了建立消息中间件的一个连接，作为变量 connection 启动。同时，通过这个连接，初始化了 JMS 发送消息的 messageProducer 对象。nextTuple()方法正是使用这个对象实现 JMS 消息写入的。

方法 nextTuple()在每个 tuple 到达时被调用，这里实现了检索得到的黑名单车牌结果向中间件写入。当接收结果数据项后，会将这个 tuple 转换为 msg 消息对象，写入消息中间件由调用方法 msg.getJMSDestination()结果指定的队列中。注意，这里使用的队列，与 JMSSpout 中使用的是不同的，不过也是在配置文件中维护的。在我们的实践中，消息中间件选型使用了 ActiveMQ，这里也借用了它的编程模型，如 Session 和 Producer 等。

13.3　本章小结

本章主要讲解了使用 Storm 开发的实际案例。在前两章给出的系统环境和开发环境下，这里通过一个具体的工程，说明了基于 Storm 实现业务计算的设计和开发过程。针对设计，我们讲解了一个具体的流式计算的需求分析，并通过分析给出了相应的概要设计。针对实现，通过案例讲解了 Topology 的组织和构建，以及各个组件（包括一个 Spout 和三个 Bolt）的实现细节。

通过学习本章的内容，读者能够对 Storm 实现的应用有更直观和深刻的印象，并可从中学习实现具体业务需求的方法。

附录

这里提供了本书中所用到的几个文件的详细内容。

1. defaults.yaml

在 Storm 的安装路径下存在 conf/storm.yaml，其中若无特殊指定的配置项，默认设置如下[1]。

```
# Licensed to the Apache Software Foundation (ASF) under one
# or more contributor license agreements.  See the NOTICE file
# distributed with this work for additional information
# regarding copyright ownership.  The ASF licenses this file
# to you under the Apache License, Version 2.0 (the
# "License"); you may not use this file except in compliance
# with the License.  You may obtain a copy of the License at
#
# http://www.apache.org/licenses/LICENSE-2.0
#
# Unless required by applicable law or agreed to in writing, software
# distributed under the License is distributed on an "AS IS" BASIS,
# WITHOUT WARRANTIES OR CONDITIONS OF ANY KIND, either express or implied.
# See the License for the specific language governing permissions and
# limitations under the License.

########### These all have default values as shown
########### Additional configuration goes into storm.yaml

java.library.path: "/usr/local/lib:/opt/local/lib:/usr/lib"
```

[1] https://github.com/apache/storm/blob/0.8.2/conf/defaults.yaml

```
### storm.* configs are general configurations
# the local dir is where jars are kept
storm.local.dir: "storm-local"
storm.zookeeper.servers:
    - "localhost"
storm.zookeeper.port: 2181
storm.zookeeper.root: "/storm"
storm.zookeeper.session.timeout: 20000
storm.zookeeper.connection.timeout: 15000
storm.zookeeper.retry.times: 5
storm.zookeeper.retry.interval: 1000
storm.zookeeper.retry.intervalceiling.millis: 30000
storm.cluster.mode: "distributed" # can be distributed or local
storm.local.mode.zmq: false
storm.thrift.transport: "backtype.storm.security.auth.SimpleTransportPlugin"
storm.messaging.transport: "backtype.storm.messaging.netty.Context"

### nimbus.* configs are for the master
nimbus.host: "localhost"
nimbus.thrift.port: 6627
nimbus.thrift.max_buffer_size: 1048576
nimbus.childopts: "-Xmx1024m"
nimbus.task.timeout.secs: 30
nimbus.supervisor.timeout.secs: 60
nimbus.monitor.freq.secs: 10
nimbus.cleanup.inbox.freq.secs: 600
nimbus.inbox.jar.expiration.secs: 3600
nimbus.task.launch.secs: 120
nimbus.reassign: true
nimbus.file.copy.expiration.secs: 600
nimbus.topology.validator: "backtype.storm.nimbus.DefaultTopologyValidator"

### ui.* configs are for the master
ui.port: 8080
ui.childopts: "-Xmx768m"

logviewer.port: 8000
logviewer.childopts: "-Xmx128m"
logviewer.appender.name: "A1"

drpc.port: 3772
drpc.worker.threads: 64
```

```
drpc.queue.size: 128
drpc.invocations.port: 3773
drpc.request.timeout.secs: 600
drpc.childopts: "-Xmx768m"

transactional.zookeeper.root: "/transactional"
transactional.zookeeper.servers: null
transactional.zookeeper.port: null

### supervisor.* configs are for node supervisors
# Define the amount of workers that can be run on this machine. Each worker is assigned a port to use for communication
supervisor.slots.ports:
    - 6700
    - 6701
    - 6702
    - 6703
supervisor.childopts: "-Xmx256m"
#how long supervisor will wait to ensure that a worker process is started
supervisor.worker.start.timeout.secs: 120
#how long between heartbeats until supervisor considers that worker dead and tries to restart it
supervisor.worker.timeout.secs: 30
#how frequently the supervisor checks on the status of the processes it's monitoring and restarts if necessary
supervisor.monitor.frequency.secs: 3
#how frequently the supervisor heartbeats to the cluster state (for nimbus)
supervisor.heartbeat.frequency.secs: 5
supervisor.enable: true

### worker.* configs are for task workers
worker.childopts: "-Xmx768m"
worker.heartbeat.frequency.secs: 1

task.heartbeat.frequency.secs: 3
task.refresh.poll.secs: 10

zmq.threads: 1
zmq.linger.millis: 5000
zmq.hwm: 0

storm.messaging.netty.server_worker_threads: 1
storm.messaging.netty.client_worker_threads: 1
storm.messaging.netty.buffer_size: 5242880 #5MB buffer
```

```
storm.messaging.netty.max_retries: 30
storm.messaging.netty.max_wait_ms: 1000
storm.messaging.netty.min_wait_ms: 100

### topology.* configs are for specific executing storms
topology.enable.message.timeouts: true
topology.debug: false
topology.optimize: true
topology.workers: 1
topology.acker.executors: null
topology.tasks: null
# maximum amount of time a message has to complete before it's considered failed
topology.message.timeout.secs: 30
topology.skip.missing.kryo.registrations: false
topology.max.task.parallelism: null
topology.max.spout.pending: null
topology.state.synchronization.timeout.secs: 60
topology.stats.sample.rate: 0.05
topology.builtin.metrics.bucket.size.secs: 60
topology.fall.back.on.java.serialization: true
topology.worker.childopts: null
topology.executor.receive.buffer.size: 1024 #batched
topology.executor.send.buffer.size: 1024 #individual messages
topology.receiver.buffer.size: 8 # setting it too high causes a lot of problems (heartbeat thread gets starved, throughput plummets)
topology.transfer.buffer.size: 1024 # batched
topology.tick.tuple.freq.secs: null
topology.worker.shared.thread.pool.size: 4
topology.disruptor.wait.strategy: "com.lmax.disruptor.BlockingWaitStrategy"
topology.spout.wait.strategy: "backtype.storm.spout.SleepSpoutWaitStrategy"
topology.sleep.spout.wait.strategy.time.ms: 1
topology.error.throttle.interval.secs: 10
topology.max.error.report.per.interval: 5
topology.kryo.factory: "backtype.storm.serialization.DefaultKryoFactory"
topology.tuple.serializer: "backtype.storm.serialization.types.ListDelegateSerializer"
topology.trident.batch.emit.interval.millis: 500

dev.zookeeper.path: "/tmp/dev-storm-zookeeper"
```

2. zoo.cfg

在 Zookeeper 的安装路径下存在 conf/zoo.cfg，其中若无特殊指定的配置项，默认设置如下。

```
# The number of milliseconds of each tick
tickTime=2000
# The number of ticks that the initial
# synchronization phase can take
initLimit=10
# The number of ticks that can pass between
# sending a request and getting an acknowledgement
syncLimit=5
# the directory where the snapshot is stored.
# do not use /tmp for storage, /tmp here is just
# example sakes.
dataDir=/home/username/zookeeper-3.4.5/tmp/zookeeper-data
dataLogDir=/home/username/zookeeper-3.4.5/tmp/logs
# the port at which the clients will connect
clientPort=2181

server.1=node1:2888:3888
server.2=node2:2888:3888
Server.3=node3:2888:3888
```

3．storm.thrift

在 Storm 的源码库中可以找到通信接口定义文件 storm.thrift[2]，这里完整地约定了 Storm 系统通信的数据结构和服务接口。

```
#!/usr/local/bin/thrift --gen java:beans,nocamel,hashcode

namespace java backtype.storm.generated

union JavaObjectArg {
  1: i32 int_arg;
  2: i64 long_arg;
  3: string string_arg;
  4: bool bool_arg;
  5: binary binary_arg;
  6: double double_arg;
}

struct JavaObject {
  1: required string full_class_name;
```

2 https://github.com/apache/storm/blob/0.8.2/src/storm.thrift

```
    2: required list<JavaObjectArg> args_list;
}

struct NullStruct {

}

struct GlobalStreamId {
    1: required string componentId;
    2: required string streamId;
    #Going to need to add an enum for the stream type (NORMAL or FAILURE)
}

union Grouping {
    1: list<string> fields; //empty list means global grouping
    2: NullStruct shuffle; // tuple is sent to random task
    3: NullStruct all; // tuple is sent to every task
    4: NullStruct none; // tuple is sent to a single task (storm's choice) -> allows storm to optimize the
topology by bundling tasks into a single process
    5: NullStruct direct; // this bolt expects the source bolt to send tuples directly to it
    6: JavaObject custom_object;
    7: binary custom_serialized;
    8: NullStruct local_or_shuffle; // prefer sending to tasks in the same worker process, otherwise
shuffle
}

struct StreamInfo {
    1: required list<string> output_fields;
    2: required bool direct;
}

struct ShellComponent {
    // should change this to 1: required list<string> execution_command;
    1: string execution_command;
    2: string script;
}

union ComponentObject {
    1: binary serialized_java;
    2: ShellComponent shell;
    3: JavaObject java_object;
}
```

```
struct ComponentCommon {
  1: required map<GlobalStreamId, Grouping> inputs;
  2: required map<string, StreamInfo> streams; //key is stream id
  3: optional i32 parallelism_hint; //how many threads across the cluster should be dedicated to this
component

  // component specific configuration respects:
  // topology.debug: false
  // topology.max.task.parallelism: null // can replace isDistributed with this
  // topology.max.spout.pending: null
  // topology.kryo.register // this is the only additive one

  // component specific configuration
  4: optional string json_conf;
}

struct SpoutSpec {
  1: required ComponentObject spout_object;
  2: required ComponentCommon common;
  // can force a spout to be non-distributed by overriding the component configuration
  // and setting TOPOLOGY_MAX_TASK_PARALLELISM to 1
}

struct Bolt {
  1: required ComponentObject bolt_object;
  2: required ComponentCommon common;
}

// not implemented yet
// this will eventually be the basis for subscription implementation in storm
struct StateSpoutSpec {
  1: required ComponentObject state_spout_object;
  2: required ComponentCommon common;
}

struct StormTopology {
  //ids must be unique across maps
  // #workers to use is in conf
  1: required map<string, SpoutSpec> spouts;
  2: required map<string, Bolt> bolts;
  3: required map<string, StateSpoutSpec> state_spouts;
}
```

```
exception AlreadyAliveException {
  1: required string msg;
}

exception NotAliveException {
  1: required string msg;
}

exception InvalidTopologyException {
  1: required string msg;
}

struct TopologySummary {
  1: required string id;
  2: required string name;
  3: required i32 num_tasks;
  4: required i32 num_executors;
  5: required i32 num_workers;
  6: required i32 uptime_secs;
  7: required string status;
}

struct SupervisorSummary {
  1: required string host;
  2: required i32 uptime_secs;
  3: required i32 num_workers;
  4: required i32 num_used_workers;
  5: required string supervisor_id;
}

struct ClusterSummary {
  1: required list<SupervisorSummary> supervisors;
  2: required i32 nimbus_uptime_secs;
  3: required list<TopologySummary> topologies;
}

struct ErrorInfo {
  1: required string error;
  2: required i32 error_time_secs;
}

struct BoltStats {
  1: required map<string, map<GlobalStreamId, i64>> acked;
```

```
    2: required map<string, map<GlobalStreamId, i64>> failed;
    3: required map<string, map<GlobalStreamId, double>> process_ms_avg;
    4: required map<string, map<GlobalStreamId, i64>> executed;
    5: required map<string, map<GlobalStreamId, double>> execute_ms_avg;
}

struct SpoutStats {
    1: required map<string, map<string, i64>> acked;
    2: required map<string, map<string, i64>> failed;
    3: required map<string, map<string, double>> complete_ms_avg;
}

union ExecutorSpecificStats {
    1: BoltStats bolt;
    2: SpoutStats spout;
}

// Stats are a map from the time window (all time or a number indicating number of seconds in the
window)
//      to the stats. Usually stats are a stream id to a count or average.
struct ExecutorStats {
    1: required map<string, map<string, i64>> emitted;
    2: required map<string, map<string, i64>> transferred;
    3: required ExecutorSpecificStats specific;
}

struct ExecutorInfo {
    1: required i32 task_start;
    2: required i32 task_end;
}

struct ExecutorSummary {
    1: required ExecutorInfo executor_info;
    2: required string component_id;
    3: required string host;
    4: required i32 port;
    5: required i32 uptime_secs;
    7: optional ExecutorStats stats;
}

struct TopologyInfo {
    1: required string id;
    2: required string name;
```

```
    3: required i32 uptime_secs;
    4: required list<ExecutorSummary> executors;
    5: required string status;
    6: required map<string, list<ErrorInfo>> errors;
}

struct KillOptions {
    1: optional i32 wait_secs;
}

struct RebalanceOptions {
    1: optional i32 wait_secs;
    2: optional i32 num_workers;
    3: optional map<string, i32> num_executors;
}

enum TopologyInitialStatus {
      ACTIVE = 1,
      INACTIVE = 2
}
struct SubmitOptions {
    1: required TopologyInitialStatus initial_status;
}

service Nimbus {
    void submitTopology(1: string name, 2: string uploadedJarLocation, 3: string jsonConf, 4: StormTopology topology) throws (1: AlreadyAliveException e, 2: InvalidTopologyException ite);
    void submitTopologyWithOpts(1: string name, 2: string uploadedJarLocation, 3: string jsonConf, 4: StormTopology topology, 5: SubmitOptions options) throws (1: AlreadyAliveException e, 2: InvalidTopologyException ite);
    void killTopology(1: string name) throws (1: NotAliveException e);
  void killTopologyWithOpts(1: string name, 2: KillOptions options) throws (1: NotAliveException e);

    void activate(1: string name) throws (1: NotAliveException e);
    void deactivate(1: string name) throws (1: NotAliveException e);
    void rebalance(1: string name, 2: RebalanceOptions options) throws (1: NotAliveException e, 2: InvalidTopologyException ite);

    // need to add functions for asking about status of storms, what nodes they're running on, looking at task logs

    string beginFileUpload();
    void uploadChunk(1: string location, 2: binary chunk);
```

```
    void finishFileUpload(1: string location);

    string beginFileDownload(1: string file);
    //can stop downloading chunks when receive 0-length byte array back
    binary downloadChunk(1: string id);

    // returns json
    string getNimbusConf();
    // stats functions
    ClusterSummary getClusterInfo();
    TopologyInfo getTopologyInfo(1: string id) throws (1: NotAliveException e);
    //returns json
    string getTopologyConf(1: string id) throws (1: NotAliveException e);
    StormTopology getTopology(1: string id) throws (1: NotAliveException e);
    StormTopology getUserTopology(1: string id) throws (1: NotAliveException e);
}

struct DRPCRequest {
    1: required string func_args;
    2: required string request_id;
}

exception DRPCExecutionException {
    1: required string msg;
}

service DistributedRPC {
    string execute(1: string functionName, 2: string funcArgs) throws (1: DRPCExecutionException e);
}

service DistributedRPCInvocations {
    void result(1: string id, 2: string result);
    DRPCRequest fetchRequest(1: string functionName);
    void failRequest(1: string id);
}
```

4．PHP 实现的 Storm 组件

这里给出了 PHP 实现的 Storm 组件，用于说明非 JVM 语言的 Storm 开发。

```
//Spout 的实现
<?php
function read_msg() {
    $msg = "";
```

```
        while(true) {
            $l = fgets(STDIN);
            $line = substr($l,0,-1);
            if ($line=="end") {
                break;
            }
            $msg = "$msg$line\n";
        }
        return substr($msg, 0, -1);
    }
    function write_line($line) {
        echo("$line\n");
    }
    function storm_emit($tuple) {
        $msg = array("command" => "emit", "tuple" => $tuple);
        storm_send($msg);
    }
    function storm_send($json) {
        write_line(json_encode($json));
        write_line("end");
    }
    function storm_sync() {
        storm_send(array("command" => "sync"));
    }
    function storm_log($msg) {
        $msg = array("command" => "log", "msg" => $msg);
        storm_send($msg);
        flush();
    }
    $config = json_decode(read_msg(), true);
    $heartbeatdir = $config['pidDir'];
    $pid = getmypid();
    fclose(fopen("$heartbeatdir/$pid", "w"));
    storm_send(["pid"=>$pid]);
    flush();
    $from = intval($argv[1]);
    $to = intval($argv[2]);
    while(true) {
        $msg = read_msg();
        $cmd = json_decode($msg, true);
        if ($cmd['command']=='next') {
            if ($from<$to) {
                storm_emit(array("$from"));
```

```
                $task_ids = read_msg();
                $from++;
            } else {
                sleep(1);
            }
        }
        storm_sync();
    }
    ?>
    //Bolt 的实现
    <?php
    function isPrime($number) {
        if ($number < 2) {
            return false;
        }
        if ($number==2) {
            return true;
        }
        for ($i=2; $i<=$number-1; $i++) {
            if ($number % $i == 0) {
                return false;
            }
        }
        return true;
    }
    function read_msg() {
        $msg = "";
        while(true) {
            $l = fgets(STDIN);
            $line = substr($l,0,-1);
            if ($line=="end") {
                break;
            }
            $msg = "$msg$line\n";
        }
        return substr($msg, 0, -1);
    }
    function write_line($line) {
        echo("$line\n");
    }
    function storm_emit($tuple) {
        $msg = array("command" => "emit", "tuple" => $tuple);
        storm_send($msg);
```

```
}
function storm_send($json) {
    write_line(json_encode($json));
    write_line("end");
}
function storm_ack($id) {
    storm_send(["command"=>"ack", "id"=>"$id"]);
}
function storm_log($msg) {
    $msg = array("command" => "log", "msg" => "$msg");
    storm_send($msg);
}
$config = json_decode(read_msg(), true);
$heartbeatdir = $config['pidDir'];
$pid = getmypid();
fclose(fopen("$heartbeatdir/$pid", "w"));
storm_send(["pid"=>$pid]);
flush();
while(true) {
    $msg = read_msg();
    $tuple = json_decode($msg, true, 512, JSON_BIGINT_AS_STRING);
    if (!empty($tuple["id"])) {
        if (isPrime($tuple["tuple"][0])) {
            storm_emit(array($tuple["tuple"][0]));
        }
        storm_ack($tuple["id"]);
    }
}
?>
```

参考文献

[1] Wikipedia, Big data[OL]. http://en.wikipedia.org/wiki/Big_data.

[2] Wikipedia, Cloud computing[OL]. http://en.wikipedia.org/wiki/Cloud_computing.

[3] Dean J, Ghemawat S. MapReduce: Simplified Data Processing on Large Clusters[C]. 6th Symposium on Operating System Design and Implementation (OSDI 2004), San Francisco, California, USA, 2004: 137-150.

[4] Ghemawat S, Gobioff H, Leung S. The Google file system [J]. *ACM SIGOPS Operating Systems Review*, 2003, 37(5): 43.

[5] Chang F, Dean J, Ghemawat S, Hsieh W, Wallach D, Burrows M, Chandra T, Fikes A, Gruber R. Bigtable: A distributed storage system for structured data[C]. 2006.

[6] 李国杰. 网络大数据应用提出的挑战性问题[R]. 2012.

[7] 孟小峰, 慈祥. 大数据管理:概念、技术与挑战 [J]. 计算机研究与发展, 2013, 50(01): 146-169.

[8] Wang L, Zheng Y, Xie X, Ma W-Y. A Flexible Spatio-Temporal Indexing Scheme for Large-Scale GPS Track Retrieval[C]. 9th International Conference on Mobile Data Management(MDM 2008), 2008: 1-8.

[9] Vavilapalli V K, Murthy A C, Douglas C, Agarwal S, Konar M, Evans R, Graves T, Lowe J, Shah H, Seth S, Saha B, Curino C, O'Malley O, Radia S, Reed B, Baldeschwieler E. Apache Hadoop YARN: Yet Another Resource Negotiator[C]. ACM Symposium on Cloud Computing, Santa Clara University in Santa Clara, CA, 2013.

[10] Henzinger M R, Raghavan P, Rajagopalan S Computing on data streams[R]. American Mathematical Society 0-8218-1184-3, 1998.

[11] Babcock B, Babu S, Datar M, Motwani R, Widom J. Models and issues in data stream systems [C]. Proceedings of the twenty-first ACM SIGMOD-SIGACT-SIGART symposium on Principles of database systems, Madison, Wisconsin, ACM, 2002: 1-16.

[12] Carney D, Cetintemel U, Cherniack M, Convey C, Lee S, Seidman G, Stonebraker M, Tatbul N, Zdonik S. Monitoring streams: a new class of data management applications [C]. Proceedings of the 28th international conference on Very Large Data Bases, Hong Kong, China, VLDB Endowment, 2002: 215-226.

[13] Sirish C F M. Streaming Queries over Streaming Data[C]. Proceedings of the 28th International Conference on Very Large Data Bases, Morgan Kaufmann Pub, 2002: 203-214.

[14] Golab L, Ozsu M T. Issues in data stream management [J]. *SIGMOD Rec*, 2003, 32(2): 5-14.

[15] Abadi D, Carney D, U Cetintemel, Cherniack M, Convey C, Erwin C, Galvez E, Hatoun M, Maskey A, Rasin A, Singer A, Stonebraker M, Tatbul N, Xing Y, Yan R, Zdonik S. Aurora: a data stream management system [C]. Proceedings of the 2003 ACM SIGMOD international conference on Management of data, San Diego, California, ACM, 2003: 666.

[16] Arasu A, Babcock B, Babu S, Datar M, Ito K, Nishizawa I, Rosenstein J, Widom J. STREAM: the stanford stream data manager (demonstration description)[C]. Proceedings of the 2003 ACM SIGMOD international conference on Management of data, San Diego, California, ACM, 2003: 665-665.

[17] Chandrasekaran S, Cooper O, Deshpande A, Franklin M J, Hellerstein J M, Hong W, Krishnamurthy S, Madden S R, Reiss F, Shah M A. TelegraphCQ: continuous dataflow processing[C]. Proceedings of the 2003 ACM SIGMOD International Conference on Management of Data, San Diego, California, USA, ACM, 2003: 668-668.

[18] Repantis T, Gu X, Kalogeraki V. Synergy: sharing-aware component composition for distributed stream processing systems[C]. Proceedings of the ACM/IFIP/USENIX 2006 International Conference on Middleware, Melbourne, Australia, Springer-Verlag New York, Inc., 2006: 322-341.

[19] Branson M, Douglis F, Fawcett B, Liu Z, Riabov A, Ye F. CLASP: collaborating, autonomous stream processing systems[C]. Proceedings of the ACM/IFIP/USENIX 2007 International Conference on Middleware, Newport Beach, California, USA, Springer-Verlag New York, 2007: 348-367.

[20] Lisa A, Henrique A, Ranjita B, Frank E, Richard K, Philippe S, Yoonho P, Chitra V. SPC: a distributed, scalable platform for data mining[C]. Proceedings of the 4th international workshop on Data mining standards, services and platforms, Philadelphia, Pennsylvania, USA, ACM, 2006: 27-37.

[21] Neumeyer L, Robbins B, Nair A, Kesari A. S4: Distributed Stream Computing Platform[C]. 10th IEEE International Conference on Data Mining Workshops (ICDMW), Sydney, Australia, 2010: 170-177.

[22] Twitter, Storm (v0.7.0)[OL]. https://github.com/nathanmarz/storm, 2012-02-15.

[23] EsperTech, Esper Reference Documentation 3.5.0[R]. 2009.

[24] Cloudera, Flume Documentation (v0.9.3)[OL]. http://archive.cloudera.com/cdh/3/flume/, 2011-06-08.

[25] Shao Z Real-time analytics at facebook [R]. XLDB 20112011.

[26] Arasu A, Babu S, Widom J. The CQL continuous query language: semantic foundations and query execution [J]. *The VLDB Journal*, 2006, 15(2): 121-142.

[27] Balazinska M, Balakrishnan H, Madden S R, Stonebraker M. Fault-tolerance in the borealis distributed stream processing system[C]. Proceedings of the 2005 ACM SIGMOD International Conference on Management of data, New York, USA, ACM, 2005: 13-24.

[28] Muthukrishnan S. Data streams: Algorithms and applications [M]. Now Publishers Inc, 2005.

[29] 丁维龙. 实时数据流处理的可靠链路保障研究 [D]. 中国科学院研究生院， 2012.

[30] Cugola G, Margara A. Processing Flows of Information: From Data Stream to Complex Event Processing[R]. Dip. di Elettronica e Informazione, Politecnico di Milano, Italy，2010.

[31] 刘建伟. 流数据查询系统结构及模式查询算法的研究 [D]. 东华大学, 2005.

[32] Rajaraman A, Ullman J. Mining of Massive Datasets [M]. Cambridge, United Kingdom: Cambridge University Press, 2011: 113-114.

[33] Caeiro-Rodriguez M, Priol T, Németh Z. Dynamicity in scientific workflows[R]. 2008.

[34] Wombacher A. Data Workflow-A Workflow Model for Continuous Data Processing[R]. Centre for Telematics and Information Technology, University of Twente，2010.

[35] Lipasti M H, Shen J P. Exploiting Value Locality to Exceed the Dataflow Limit [J]. *International Journal of Parallel Programming*, 1998, 26(4): 505-538.

[36] Jablonski S. MOBILE: A Modular Workflow Model and Architecture[C]. Int'l Working Conference on Dynamic Modelling and Information Systems, Nordwijkerhout, 1994.

[37] Ludascher B, Altintas I, Berkley C, Higgins D, Jaeger E, Jones M, Lee E, Tao J, Zhao Y. Scientific workflow management and the Kepler system [J]. *Concurrency and Computation*, 2006, 18(10): 1039-1057.

[38] Oinn T, Addis M, Ferris J, Marvin D, Senger M, Greenwood M, Carver T, Glover K, Pocock M, Wipat A. Taverna: a tool for the composition and enactment of bioinformatics workflows [J]. *Bioinformatics*, 2004, 20(17): 3045-3054.

[39] Bavoil L, Callahan S, Crossno P, Freire J, Scheidegger C, Silva C, Vo H. Vistrails: Enabling interactive multiple-view visualizations[C]. Citeseer, 2005: 135-142.

[40] Ding W, Wang J, Han Y. ViPen: A Model Supporting Knowledge Provenance for Exploratory Service Composition[C]. IEEE International Conference on Services

Computing(SCC), Miami Florida USA, 2010: 265-272.

[41] Gibbons P B, Matias Y. Synopsis data structures for massive data sets [C]. Proceedings of the tenth annual ACM-SIAM symposium on Discrete algorithms, Baltimore, Maryland, United States, Society for Industrial and Applied Mathematics, 1999: 909-910.

[42] Aggarwal C, Yu P. A Survey of Synopsis Construction in Data Streams [M]. Data streams: models and algorithms. Springer US. 2007: 169-207.

[43] Gibbons P B, Matias Y, Poosala V. Fast incremental maintenance of approximate histograms [J]. *ACM Trans Database Syst*, 2002, 27(3): 261-298.

[44] Gilbert A C, Guha S, Indyk P, Kotidis Y, Muthukrishnan S, Strauss M J. Fast, small-space algorithms for approximate histogram maintenance [C]. Proceedings of the thiry-fourth annual ACM symposium on Theory of computing, Montreal, Quebec, Canada, ACM, 2002: 389-398.

[45] Guha S, McGregor A. Approximate quantiles and the order of the stream [C]. Proceedings of the twenty-fifth ACM SIGMOD-SIGACT-SIGART symposium on Principles of database systems, Chicago, IL, USA, ACM, 2006: 273-279.

[46] Guha S, McGregor A. Stream order and order statistics: Quantile estimation in random-order streams [J]. *SIAM Journal of Computing*, 2009, 38(5): 2044-2059.

[47] Babcock B, Datar M, Motwani R, O'Callaghan L. Maintaining variance and k-medians over data stream windows [C]. Proceedings of the twenty-second ACM SIGMOD-SIGACT-SIGART symposium on Principles of database systems, San Diego, California, USA, ACM, 2003: 234-243.

[48] Datar M, Gionis A, Indyk P, Motwani R. Maintaining stream statistics over sliding windows: (extended abstract) [C]. Proceedings of the thirteenth annual ACM-SIAM symposium on Discrete algorithms, San Francisco, California, USA, Society for Industrial and Applied Mathematics, 2002: 635-644.

[49] Guha S, Koudas N, Shim K. Data-streams and histograms [C]. Proceedings of the thirty-third annual ACM symposium on Theory of computing, Hersonissos, Greece, ACM, 2001: 471-475.

[50] Gehrke J, Korn F, Srivastava D. On computing correlated aggregates over continual data streams [C]. Proceedings of the 2001 ACM SIGMOD international conference on Management of data, Santa Barbara, California, United States, ACM, 2001: 13-24.

[51] Peng X, He Y, Tian L. Communication Reduction for Continuous Extreme Values Monitoring Over Distributed Data Streams[C]. PEITS '08 Workshop on Power Electronics and Intelligent Transportation System, Shanghai, China, 2008: 181-187.

[52] 田李, 王乐, 李爱平, 邹鹏, 贾焰. 滑动窗口数据流上多极值查询资源共享策略研究[J]. 计算机研究与发展, 2008, 45(03): 548-556.

[53] Zhang L, Tian L, Zou P, Li A. A Cost-Efficient Method for Continuous Top-k Processing over Data Stream [C]. Proceedings of the 2008 The Ninth International Conference on Web-Age Information Management, IEEE Computer Society, 2008: 254-261.

[54] Stonebraker M, Cetintemel U, Zdonik S. The 8 requirements of real-time stream processing [J]. *SIGMOD Rec*, 2005, 34(4): 42-47.

[55] Zhu Y, Shasha D. StatStream: statistical monitoring of thousands of data streams in real time [C]. Proceedings of the 28th international conference on Very Large Data Bases, Hong Kong, China, VLDB Endowment, 2002: 358-369.

[56] 金澈清. 数据流上若干查询处理算法的研究 [D]. 复旦大学, 2005.

[57] 张立杰. 数据流中适应性查询处理机制的研究 [D]. 辽宁大学, 2006.

[58] Hwang J-H, Xing Y, Cetintemel U g, Zdonik S. A cooperative, self-configuring high-availability solution for stream processing[C]. 2007 IEEE 23rd International Conference on Data Engineering, Istanbul, Turkey, IEEE, 2007: 176-185.

[59] Repantis T, Kalogeraki V. Replica placement for high availability in distributed stream processing systems[C]. Proceedings of the Second International Conference on Distributed Event-based Systems, Rome, Italy, ACM, 2008: 181-192.

[60] Cherniack M, Balakrishnan H, Balazinska M, Carney D, ccetintemel U u, Xing Y, Zdonik S. Scalable Distributed Stream Processing[C]. First Biennial Conference on Innovative Data Systems Research(CIDR), 2003: 257-268.

[61] Guha S, McGregor A. Space-efficient sampling[C]. AISTATS, 2007: 169-176.

[62] NoSQLFan, Hadoop 生态图谱[OL]. http://blog.nosqlfan.com/html/3675.html.

[63] Hortonworks, Hadoop YARN[OL]. http://hortonworks.com/hadoop/yarn/.

[64] Slee M, Agarwal A, Kwiatkowski M. Thrift: Scalable cross-language services implementation [J]. *Facebook White Paper*, 2007.

[65] Twitter, Storm (v0.7.0)[OL]. https://github.com/nathanmarz/storm, 2014-01-29.

[66] Hunt P, Konar M, Junqueira F P, Reed B. ZooKeeper: wait-free coordination for internet-scale systems[C]. Proceedings of the 2010 USENIX conference on USENIX annual technical conference, Boston, MA, USA, USENIX Association, 2010: 11-11.

[67] Borthakur D, Gray J, Sarma J S, Muthukkaruppan K, Spiegelberg N, Kuang H, Ranganathan K, Molkov D, Menon A, Rash S, Schmidt R, Aiyer A. Apache hadoop goes realtime at Facebook [C]. Proceedings of the 2011 ACM SIGMOD International Conference on Management of data, Athens, Greece, ACM, 2011: 1071-1080.

[68] Lamport L. The part-time parliament [J]. *ACM Trans Comput Syst*, 1998, 16(2): 133-169.

[69] Wikipedia, LRU(Least Recently Used Cache algorithms)[OL]. http://en.wikipedia.org/wiki/Least_Recently_Used#LRU.

[70] Leibiusky J, Eisbruch G, Simonassi D. Getting started with storm [M]. O'Reilly Media, Inc., 2012.

后记

最初接触流式数据处理，是在 2010 年年末开始的项目中。这个项目的基本情况和需求在本书的第 3 章也有提及和简化，并在第 13 章给出了其中一个比较简单和直观的业务计算实现。项目来源于一线大型城市的具体需求，在我们刚接手这个项目时，系统只能支持路网中 600 个以下监控摄像采样设备，这与当地快速发展的网格交通形成了巨大反差，也极大地限制了系统规模的扩展。我们分析了造成这种现象的原因，其中最主要的就在于计算的响应和吞吐量，无法匹配高速并发的流式数据负载。这使得我们反思当时的系统设计，并根据业务数据特征重构合理的系统架构。

正是在这样的背景下，我们开始了流式计算的研究和开发。那时我作为中科院计算所的博士生，在 SIGSIT 研究团队老师的带领下，与同门师兄弟亓开元、吕晨和马强，一并参与了整个系统的理论调研和架构设计，并负责不同模块的实现。在当时对于实时大数据的流式计算，尚无成熟的系统可以借鉴。我们边研究边实践的系统，通过了支撑 10 000 个前端采样设备的并发测试，最终成功交付使用。在这个过程中，作为学生的我们收获颇丰，其中同学亓开元和我，分别在流式数据处理的功能性保障和非功能性保障方面，产生了一系列学术成果，完成了各自的博士论文，并在答辩时获得了专家的好评。

随着项目的进展，我们也发现了自行实现的系统存在不可回避的局限，主要源于并发模型的能力有限和健壮性不够成熟。在此期间，开源社区出现了分布式的流式数据处理系统 S4 并引发了业界热潮，而随后的 Storm 更将这个热潮推向了更实用的发展方向，出现了一系列工业界的应用案例。于是，在研究团队整体调至北方工业大学后，我们重新审视了原先系统的设计，并比较了各种开源工具的优劣，最终决定将之前版本的系统基于 Storm 这个开源社区相对最成熟、发展最快的流式数据处理工具上重新实现。而这时角色转变为教师的我，承担了这个任务。从 2013 年 6 月初至 7 月底，在这两个月时间内我从摸索 Storm 基本功能与使用开始，到最终完成了整个系统的重新实现和功能测试。特别是发现针对之前存在的两个局限，Storm 都有着强大的支持和可配置的优化。在这个过程中，通过学习，我深刻体会了 Storm 设计的巧妙和活跃开源社区的集体智慧；通过实践，我也开始领略了 Storm 作为业界最炙手可热、最受认可的流式数据处理工具的魅力。

本书最终能成稿付梓，要感谢为我们提供帮助的所有同仁和朋友。但愿通过我们微不足道的探索和实践，能为读者带来一点帮助和启示。而这本书之于我，是献给那段激情燃烧的研发岁月最好的纪念。

丁维龙

2014 年 9 月于北京

反侵权盗版声明

举报电话：（010）88254396；（010）88258888

传　　真：（010）88254397

E-mail:　dbqq@phei.com.cn

通信地址：北京市万寿路 173 信箱

电子工业出版社总编办公室

邮　　编：100036